密水家风

——高密历代名人家风集萃

槐常辉 代金喜 著

中国石油大学出版社

山东·青岛

图书在版编目（CIP）数据

密水家风:高密历代名人家风集萃 . / 槐常辉,代金喜著 . -- 青岛:中国石油大学出版社,2022.5

ISBN 978-7-5636-7449-7

Ⅰ. ①密… Ⅱ. ①槐… ②代… Ⅲ. ①家庭道德－高密－通俗读物 Ⅳ. ① B823.1-49

中国版本图书馆 CIP 数据核字（2022）第 074078 号

书　　名:密水家风——高密历代名人家风集萃

MISHUI JIAFENG——GAOMI LIDAI MINGREN JIAFENG JICUI

著　者:槐常辉　代金喜

责任编辑:徐伟（电话　0532－86983562）

封面设计:赵志勇

出　版　者:中国石油大学出版社

　　　　　　（地址:山东省青岛市黄岛区长江西路 66 号　邮编:266580）

网　　　址:http://cbs.upc.edu.cn

电子邮箱:erbians@163.com

排　版　者:青岛友一广告传媒有限公司

印　刷　者:沂南县汶凤印刷有限公司

发　行　者:中国石油大学出版社（电话　0532－86983437）

开　　　本:710 mm × 1 000 mm　1/16

印　　　张:20

字　　　数:306 千字

版 印 次:2022 年 5 月第 1 版　2022 年 5 月第 1 次印刷

书　　　号:ISBN 978-7-5636-7449-7

定　　　价:58.00 元

序

《说文》："家，居也。从宀，豭省声。"《尚书·虞书·皋陶谟》："日宣三德，夙夜浚明有家。"《易·师》："大君有命，开国承家。"《墨子·尚同下》："治天下之国，若治一家。"应劭《风俗通义·序》："缀文之士，杂袭龙鳞，训注说难，转相陵高，积如丘山，可谓繁富者矣……风者，天气有寒暖，地形有险易，水泉有美恶，草木有刚柔也"。《汉书·地理志》："齐地，虚、危之分壄也。东有甾川、东莱、琅邪、高密、胶东……吴札闻《齐》之歌，曰：'泱泱乎，大风也哉！'"

惟中华文明五千余年，家风国运，纲常丕振；《诗·大雅·文王》："周虽旧邦，其命维新。"按之沧桑，大漠烽烟，金戈铁骑，倭寇鲸鲵，罹祸百年。志士仁人恪承庭训，风雨鸡鸣，磨砺弥坚；砥柱中流，力挽狂澜，得修身齐家而治国平天下者也！

人命初生，襁褓受教，宗法祖训而浸润于父兄家门；庠序师授，髫龄立志则表扬于江湖庙堂。明明德而尊孔孟，忠孝悌则俎豆显，礼仪教化，崇道推仁。

考古发现高密大汶口文化时期即有人类繁衍生息；文献传称，夏属青州，商周隶东莱；春秋属齐之夷维，战国乃齐境上邑，吉金足证，沿名"高密"。汉魏以降，或封国立郡，且以县邑历世弥久。潍密胶莱，砺阜稻城；青史人文，由来称盛；阀阅簪缨，科甲绳绳。诸如先秦晏子卿相，清俊一门，垂范百代。东汉邓禹侯王，戎马疆场，司徒元勋，族望整饬，累世功名；郑崇仆射,郑玄经神,戒子之书,镜鉴高明。有清李门元直,数代皋、夔,朝廷台海,铁骨铮铮;三子"三李",卓然狂狷,人龙逸器,高蠹诗风。噫嘻!凡此世家风范,克绍箕裘,绵延三千有载,灿若星汉。如江河长奔涌,比云锦绚烂漫矣!

上所揭橥,乃管窥蠡测,若夫尤滋望洋兴叹之慨者!惟密水朱华,五龙盘桓,欣幸槐常辉、代金喜两君,世家泽霱,乡风包孕,刻励勤黾,专于桑梓文史,迩年乡邦著述数种葳事,都百万言,厥功至伟。今持《密水家风》书稿来,请为序之。幸识崖略:举凡高密里籍,先秦洎今,典范五十家,楷式千百例,家国情怀,俱足弘扬。清代史学家章学诚在《州县请立志科议》中云:"有天下之史,有一国之史,有一家之史,有一人之史。传状志述,一人之史也;家乘谱牒,一家之史也;部府县志,一国之史也;综纪一朝,天下之史也。"[1]大著如斯,诚乃一地一区之良史矣!风标若此,何啻一地一区之良史欤!余不敏,匆匆数语并与著者勖勉焉!

孙敬明

岁次壬寅四月初吉于潍水之湄白浪河干海岱复盒

(孙敬明,字鉴泉,号辰生。中国先秦史学会常务理事,中国殷商文化学会理事,中国钱币学会理事会学术委员会委员,山东省社会科学专家库成员,山东文物专家委员会委员,山东省文物鉴定委员会委员,山东大学、山东师范大学、烟台大学兼职教授及研究生导师、山东省博物馆特聘研究员、潍坊市博物馆特聘研究员。)

---

[1] (清)章学诚. 文史通义校注:卷下 [M]. 叶瑛,校注 . 北京:中华书局,1985:588.

目 录

密水家风
——高密历代名人家风集萃

忠孝立根本
清节冠古今

晏婴的家风

中国历史上，有一副传诵千年的楹联："陶朱事业，晏子家风"。陶朱是指范蠡，字少伯，春秋末期楚国宛邑人。他是中国古代商人的圣祖，人称陶朱公。晏子则是指晏婴，春秋时期著名的政治家、思想家和外交家，齐家有方，治国有道，留下了良好的家训、家风，深刻地影响了齐国大地，成为中华好家风中最为盛名的家风之一。

忠孝为本

《晏子春秋·内篇问下第四》之《叔向问人何若则荣，晏子对以事君亲忠孝第二十六》记载："叔向问晏子曰：'何若则可谓荣矣？'晏子对曰：'事亲孝，无悔往行，事君忠，无悔往辞；和于兄弟，信于朋友，不谄过，不责得；言不相坐，行不相反；在上治民，足以尊君；在下荐修，足以变人；身无所咎，行无所创，可谓荣矣'。"这段话较好地体现了晏子为人处世的根本准则，也是晏子家风的核心内容，被历代统治阶级和知识分子推崇。

晏婴（？—公元前500年），字仲，谥号"平"，俗称晏子，齐国夷维（今山东省高密市）人，曾任齐卿，后升任相国，历齐灵公、齐庄公、齐景公三朝。在晏婴辅佐下，齐国"三世显名于诸侯"。晏婴是高密古代"三贤"之一。孔子曾经说过，"晏平仲善与人交，久而敬之"。明清时期高密行政区划设四隅六乡（清中叶以后又改为九乡），其中古"高密八景"之一"晏冢穹碑"

所在地——久敬乡(今山东省高密市胶河生态发展区),即是后人依据孔子之意命名的,表达了高密人对晏婴这一古代先贤的敬意。

晏婴是一个大孝子。他的父亲晏弱(公元前635年—公元前556年),为齐国大夫,卒后谥曰"桓",史称"晏桓子",为春秋时期齐国名臣。晏弱富有卓越远见,齐顷公四年(公元前595年),当时的鲁国大夫公孙归父到齐会见齐国国君,公孙归父与晏弱谈论鲁国礼乐,晏弱从公孙归父的言谈举止中预言他会身败逃亡,后来果不其然,鲁国内乱,公孙归父逃亡齐国。晏弱作为齐国重臣,曾多次奉命出使他国,齐顷公七年(公元前592年),晏弱作为齐国使臣赴晋国会盟,被晋国人扣留,后逃回齐国。晏弱最大的历史功绩是率军攻灭莱国,使今天的山东东部归属入齐国。齐灵公二十六年(公元前556年),晏弱卒。《左传》记载,晏婴为父守丧,居倚草庐,睡苦枕草,食粥不语。当时历史上发生了一个大事件,齐灵公当政的齐国擅自发兵攻打鲁国,已经侵占鲁国北鄙,春秋霸主晋国率领诸侯国讨伐齐国,齐国兵败,齐灵公逃往邮棠(今山东省平度市东南)。此时晏婴仍在城外父亲墓边庐墓守制。晋将栾盈听到消息后,认为这真是少见的孝子,遂亲自去会见了晏婴,并称赞了一番,派兵把守晏墓区,不许军队去打扰晏婴。晏婴的孝名在晋军中很快传开,无不赞扬。不多久,晋军焚齐城郭而去。晋军的上军和下军曾东进至潍水,即流经今山东省高密市西部的潍河。听说潍水以东即是在战火中庐墓的孝子晏婴的家乡,即撤军折回了。

晏子是忠君爱国的模范,是古代统治阶级民本思想的先驱。古时,国君是国家的主宰和象征,忠君即是忠于国家,即是爱国,这是毋庸置疑的。晏子忠于国君的言行很多,《晏子春秋》共计八卷二百一十五篇,所记晏子言行,几乎都是忠君爱民,力行仁政,力图维护齐国长治久安。晏婴之父去世后,他继任为齐卿,后升任相国,先后辅佐齐灵公、齐庄公、齐景公三朝,执政五十余年,他的敢于直谏、勇义笃礼、克己奉公、为国纳贤和外交场合折冲樽俎、不辱使命的故事脍炙人口,不胜枚举。他坚持民本思想,关心民间疾苦,建言君主实行"德政""仁政",反对君主横征暴敛、奢靡腐败,因而取得广泛的民意基础。有一次,晏子出使鲁国,鲁昭公请教如何"安国众民"。晏子回答说:"婴闻傲大贱小则国危,慢听厚敛则民散。事大养小,安国之器也;谨听节俭,众民之术也。"意思是说,一个国家如果对大国傲慢,对小国轻视，这个国家就危险了；一个国家不重视民众的意见，征取过多的赋税就会使民心涣散。尊重大国、扶持小国就是安定本国的办法；细心听取民众意见、厉行节俭就是增多百姓的方法。

针对齐国君主奢靡之风，晏婴善于谏言，他的谏言极有特色，或锋芒毕露，或委婉含蓄，或严肃庄重，或幽默滑稽，取得绝佳的效果，《晏子春秋》记载了近百条晏婴劝谏齐景公的故事。例如，齐景公修建了长庲之台，而且打算豪华装饰一番。他与晏婴饮酒时说了这件事。晏婴于是歌曰："穗乎不得获，秋风至兮殚零落。风雨之拂杀也，太上之靡弊也。"歌终，顾而流涕，张躬而舞。公就晏子而止之曰："今日夫子为赐而诫于寡人，是寡人之罪。"遂废酒，罢役，不果成长庲。一年大雪三日不停，齐景公披着狐狸皮大衣，对前来朝见的晏子说："奇怪啊！雪下了三天，也不觉得冷。"晏子回答说："天真的不冷吗？我听说古代贤德的君主自己吃饱了能想到别人的饥饿，自己暖和了能想到别人的寒冷，自己拥有安逸的生活能想到别人的劳苦，现在您不曾想到别人啊！"齐景公明白晏婴的用意，命令拿出皮衣和粮食发给挨饿受冻的百姓。遇有灾荒，国家不发粮救灾，晏婴就将自家的粮食分给灾民救急，然后劝谏君主赈灾，深得百姓爱戴。晏婴对外则主张与邻国和平相处，不事挞伐。因为战事一起，国库耗费巨大，遭殃的还是老百姓。齐景公要伐鲁国，晏婴劝景公"请礼鲁以息吾怨，遗其执，以明吾德"，景公"乃不伐鲁"。

忠君爱国，就要为国招揽人才，所谓"士不可穷，穷不可任"。晏婴身为国相，位高权重，而他谦和勤谨，虚怀大度，虚心下位，不苟一格招揽人才，待人以诚，推心置腹，人才也尽为其用。他有一次外出，遇到一个叫作越石父的奴隶，很有才干。他二话没说，卖了一匹驾车的马，为越石父赎身，车载回家。车到自家门口，他忘记招呼越石父，自个儿先进屋里。越石父见他没有礼貌，请求离去，晏婴询问原因，越石父说："君子因为得不到别人理解而感到委屈，被人理解了则感到舒畅。所以贤者不会因为有了功劳而看轻别人，也不会因为别人对自己有恩而委身于别人。我当了多年奴隶，大人替我赎身，我以为大人是理解我了；而大人带我回家，没有礼貌，其实还是把我当奴隶看待。因此，我还待在这里干什么呢？"晏婴大为惭愧，赶忙说："先前，我只看到先生的外表；现在，我看到了先生的气节。我确实无礼,诚恳地向先生道歉。"说罢,他命人打扫庭院,置酒设宴,用上客礼仪,恭敬地迎请越石父,留下为朝廷效力。越石父从此帮助晏婴,出谋划策,为治理齐国作出了很大贡献。他荐举一代名将田穰苴的故事更是令人津津乐道。齐景公的时候,晋国进攻齐国的阿、鄄地区,同时燕国又侵略齐国黄河南岸一带,齐国军队不敌,齐景公为此忧心忡忡。于是晏婴向齐景公进言,推荐了田穰苴,说:"田穰苴虽然是田氏门中偏室所生,但是他这个人,文能令人信服,武能威慑敌人,希望大王能起用他。"于是,齐景公召见田穰苴,同他谈论军事,对他的才干非常欣赏,就任命他做大将,率军出征。田穰苴怕不服众,就请求齐景公给他派一个人协助他。齐景公于是派他的宠臣庄贾作监军。结果庄贾刚愎自用,没有按约定时间赶到军营门口会合。田穰苴大怒,将其军法从事,赶在齐景公派人解救前夕,斩了庄贾祭旗。齐景公的使者手持符节乘车来救庄贾,因为急切,冲撞了军营,按律当斩,使者大惊失色,急忙求饶。田穰苴斩了使者的仆人,砍断了车子左边的车辕,杀了左边驾车的马匹来示众。消息传开,全军肃穆,军纪严明,将士莫不奋勇争先。晋国、燕国听到这个消息,急忙撤兵,田穰苴乘胜追击,收复了全部沦陷国土。后来田穰苴官至大司马,掌管齐国军事,与晏婴相得益彰,演绎了中国历史上最早版本的"将相和"的故事。

晏婴之子晏圉,生卒年不详,仕齐,为大夫。晏婴辞世后,曾尊父遗命将其葬在故宅旁边。他的儿子继父业仕于齐。晏氏与高氏、国氏、鲍氏并称齐国四大望族。晏婴在世时,齐国大臣田乞以大斗借出、小斗收进的方法笼络民心,田氏宗族日益强大,晏婴曾规劝齐景公防范,但齐景公不听劝谏。田乞并非齐国吕氏宗族,他是陈厉公的后人。当初陈厉公太子陈完投奔齐国,齐桓公收留他,后裔仕齐为大夫,发展为齐国名族。晏婴卒时,其子尚年幼。《晏子春秋·内篇杂下》记载:"晏子病,将死,凿楹纳书,命子壮而示之"。晏婴在遗书中说:"布帛不可穷,穷不可饰;牛马不可穷,穷不可服;士不可穷,穷不可任;国不可穷,穷不可窃也。"这是政治遗训,也是家训,遗书虽然仅四句话,但字里行间都是晏婴对儿孙的殷切嘱托,是中国古代忠君爱国好家风的源头之一。公元前四八九年,齐景公去世,齐国公族国惠子、高昭子奉遗命立公子吕荼为国君。齐国大臣田乞联合鲍牧等其他大族发动宫廷政变,拥立公子吕阳生为国君,是为齐悼公。高昭子、国惠子战败,高昭子被杀,国惠子逃奔莒国,拥护吕荼的晏圉逃到鲁国避难,客死他乡。

以善为师　节俭力行

晏婴以节俭力行重于齐,被后人传为千古佳话。据《晏子春秋》记载,晏婴虽贵为齐国国相,但在衣食住行的方方面面都极为简朴。齐景公认为一朝国相这样俭朴,有失国体,于是趁晏婴出使晋国的机会,派人偷偷改建晏婴的房子,还拆毁许多邻家的房屋。晏婴回来后,坚决不住新宅,并请求齐景公把老邻居的房子重新修好,把自己的旧宅复原。景公不答应,晏婴又托大臣陈桓子去说情,最后齐景公才无奈答应了。晏子上朝的时候坐着破车,驾着劣马。齐景公看到这般情景,心想,我给他的俸禄少吗?为何乘坐破车?于是退朝之后,他就派梁丘据送给晏子一辆四马拉的大车,但是送去了多次,晏子都不接受。齐景公认为晏婴扫兴,不给面子,让人立即召晏子入宫。晏子到了之后,景公就对他说:“您如果不接受所赠的车马,那我以后也不乘坐马了。”晏子说:“大王,您让我监督群臣百官,因此我节衣缩食,减少不必要的供养,目的是为国人做出表率。尽管如此,我仍然担心百姓会奢侈浪费,而不顾自己的行为是否得当。您作为君主乘坐四马大车,而我作为臣子,如果也乘坐四马拉的大车,这是不符合礼的。百姓中不讲道义、衣食奢侈,而不考虑自己的行为是否得当的人就会愈来愈多,上行下效,养成奢靡风气,那时再去禁止和纠正,就相当难了。”晏子最终没有接受齐景王赠车的好意。《晏子春秋·内篇杂下第六》记载:“晏子相齐,三年,政平民说。梁丘据见晏子中食,而肉不足,以告景公,旦日,割地将封晏子,晏子辞不受。曰:‘富而不骄者,未尝闻之。贫而不恨者,婴是也。所以贫而不恨者,以善为师也。’”一次午餐时,景公的使者来访,晏婴把桌上的饭菜分成两份与使者共餐,结果谁也没有吃饱。他穿粗布衣服,“一狐裘三十年”,一件毛皮大衣缝缝补补穿了三十年都不舍得丢,后人因此用“晏子裘”来概括为人节俭朴素的品行。晏婴严于律己,对家人更是严格要求。他要求妻子要衣着朴素,勤俭持家,甚至在临死之前都再三嘱托妻子要保持勤俭家风。《晏子春秋·内篇杂下第六》记载:“晏子病,将死,其妻曰:‘夫子无欲言乎？’子曰：‘吾恐死而俗变，谨视尔家，勿变尔俗’。”

有一次，晏婴出使楚国不辱使命，回到齐国，齐景公嘉其功，尊为上相，又赐千金之裘。晏婴拜谢说：“一个人只要有十稯（音 zōng，古代布八十缕为稯）布、一豆食的量，就足以免于饥寒了。况且，臣家里并不缺钱物。臣将君王的恩赐泽被于父、母、妻三族，又延及交往的志士，多救济百姓，主公的赏赐实在是太厚重了，臣再也不能多要了。臣听说，将从君王那里得到的赏赐厚施于百姓，以君之惠，施之于民，这是忠臣之道；从君王那里得到的赏赐，却不肯施于民，私藏己用，是仁者所不屑。”齐景公看到晏婴不要钱物，便要将都昌封给晏婴，晏婴仍不肯受，说：“富贵而不骄的人，臣还未曾听说过。贫穷而能没有怨言的人，臣算一个。臣所以能处贫困而没有怨言，是以贫为师。以贫为师，就可以安于贫困，心无旁骛。如今主公封臣都昌，即是改变臣以贫为师的初衷，轻师重封，就使自己被外物所惑，丧己于物，臣万万不敢接受啊！”

晏子辅佐齐国三公，一直勤恳、廉洁从政，清白公正做人，主张“廉者，政之本也，德之主也”。因为“廉”和“俭”是不分家的。只有廉洁，才能做得节俭；只有节俭，才能实现廉洁。他管理国家秉公无私，亲友僚属求他办事，合法者办，不合法者拒。他从不接受礼物，大到赏邑、住房，小到车马、衣服，都被他辞绝。晏婴屡屡谏诤齐君，匡正君过，为齐国百姓减除了赋税徭役之苦，也使得齐国在诸侯混战的春秋末期依然保持强国地位，“外无诸侯之忧，内无国家之患”。他奉行节俭，并坚持“国奢示之以俭”，对齐国风气产生了积极影响。史书记载“齐地汉以后尚俭、倡廉，与晏子移俗不无关系”。

管好身边人

“身边人”的做派关乎“主人”的声誉，关乎“主人”的家风。晏婴严于律己，以身作则，无论在公务还是在私生活方面，都做出了榜样。《晏子春秋·内篇杂下第五》记载了一个“晏婴逐高纠”事件。高纠是晏子的管家，做事尽心尽力，以至于都传到齐景公的耳朵里。一日齐景公问晏婴：“听说你府上的管家高纠是个人才，人人都称赞他做事得体，能不能招来让我见见？"晏婴沉思了一会儿说："我听说为了土地而去打仗的人，不能成就大的事业；为了薪水而去当官的人，不能匡正君王的过失。高纠给我做管家三年了，却从来没有干预过我的言行，他只是个为了赚薪水才去工作的人，你见他会有什么益处呢？"谈话之后，晏婴回家就辞退了高纠。高纠对于辞退一事颇感委屈，离去之时说道："我侍奉先生三年，我觉得没有做错什么呀！即便没有功劳也有苦劳吧，现在不但一无所获，反被您赶出家门，能给一个什么样的说法吗？"晏婴回答说："我的家风有三条。第一是'闲处从容，不谈义，则疏'（平时闲居中从容不迫，但处事没有原则道义，就疏远他）；第二是'出不相扬美，入不相削行，则不与'（出门在外隐恶扬善，称誉其美；在家内劝善规过，直言谏诤。若不如此，则不与其共事）；第三是'通国事无论，骄士慢知者，则不朝也'（通晓国事却没有建言，对智能之士傲视轻慢。对于这样的人，不能重用）。你虽然看似勤勤恳恳，但以上这三条你一条都没有做到，所以才要辞退你啊！"在晏婴看来，自己也是一个时常会犯错误的人，高纠作为自己的管家，应该最了解自己，能够帮自己指正错误。但高纠却对自己的过错视而不见，三年来，从未有"劝善规过，直言谏诤"之举，一味逢迎求"同"。这样的人即使没有什么大的错误，也一定不能留在身边，必须辞退。由此可见，晏婴家风之严谨，治家之严格。

还有一个车夫改过自新的故事，也体现了晏婴对待"身边人"之道。车夫吕成，依仗主人的权势非常骄傲自大。车夫的表现让他的妻子感到很不安。这天，听说晏子车马要经过自家的门口，吕成的妻子便从门缝里看了个一清二楚。吕成高扬着马鞭，大声地喊着让众人让道，那种傲慢的气势让人看了就生气。晚上，车夫吕成一回到家，他的妻子便提出要跟他离婚。这简直就是晴天霹雳，吕成顿时惊呆了："好端端地，你怎么能说散就散呢？"只听妻子说道："晏子个头不高，却肩负着国家宰相的重任，名扬天下。他坐在车上，神情稳重深沉，若有所思，没有一点骄傲自满的样子。而你呢，虽然身材高大，也不过是个车夫而已，却那么张扬炫耀、得意扬扬、妄自尊大，我都替你脸红，怎么继续跟你过下去啊！"听了妻子的这番话，车夫羞愧不已，从此以后行为检点，对人也变得温和谦虚了。晏子感到很奇怪，细问之下，才知道原来是这么一回事。晏子赞赏车夫勇于改过，是个好男儿。后来，在晏子的举荐下，车夫还担任了大夫的官职。

糟糠之妻不下堂

"贫贱之知不可忘,糟糠之妻不下堂"本来典出《后汉书·宋弘传》,其实历史上最早的版本应该归于晏婴。"糟糠之妻不下堂",最能反映出一个人的人品。晏婴就是一个重人伦、明大义、洁身自好的人,是一个重视家庭美德的人,是"富贵不能淫"的人。他拒绝了种种美色诱惑,和他的结发妻子相濡以沫,结伴终生,可谓一个道德完人。

一天,齐国权臣田无宇在晏婴家做客,见了晏婴夫人,问晏婴说:"这位是谁呀?"晏婴回答说:"她是贱内。"田无宇很是惊讶,说:"晏相位居百官之首,俸禄高达七十万石,家中却畜养个又老又丑的女人,真不可思议。晏相为何不再娶个年轻美貌的妻子呢?"晏婴说:"弃老取(通'娶')少,谓之瞀;贵而忘贱,谓之乱;见色而说,谓之逆。吾岂以逆乱瞀之道哉!"

《晏子春秋·内篇杂下第六》也有记载齐景公欲嫁爱女给晏婴的故事:"景公有爱女,请嫁于晏子,公迺往燕晏子之家,饮酒,酣,公见其妻曰:'此子之内子耶?'晏子对曰:'然,是也。'公曰:'嘻!亦老且恶矣。寡人有女少且姣,请以满夫子之宫。'晏子违席而对曰:'乃此则老且恶,婴与之居故矣,故及其少且姣也。且人固以壮讬乎老,姣讬乎恶,彼尝讬,而婴受之矣。君虽有赐,可以使婴倍其讬乎?'再拜而辞"。齐景公感慨地说:"卿不背其妻,况君父乎?"于是,齐景公对晏婴更加信服敬重。

总之,晏婴以卓超的政绩和高尚的人品得到了当时乃至后人的广泛赞扬,齐景公有言曰:"无晏婴政不清,无田穰苴国不宁。"《晏子春秋·外篇第八》记载:"景公游于菑,闻晏子死,公乘侈舆服繁驱驰之。……比至于国者,四下而趋,行哭而往,伏尸而号。"君臣之谊,由此可见。孔子赞扬说:"救民百姓而不夸,行补三君而不有,晏子果君子也"。汉代史学家司马迁对晏婴佩服至极,他在《史记·管晏列传》中说:"假令晏子而在,余虽为之执鞭,所忻慕焉。"

晏婴家风,两千多年前,就已吹过潍水胶河,飘扬泰山渤海,成为中华大地优秀家族传统和民族传统的文化源头和精神内核,值得我们歌颂和传承。

高位遵法度
一艺谋立身

邓禹的家风

南北朝时期的历史学家范晔在其《后汉书·邓禹传》中说："（邓）禹内文明，笃行淳备，事母至孝。天下既定，常欲远名势。有子十三人，各使守一艺。修整闺门，教养子孙，皆可以为后世法。资用国邑，不修产利。"这一段话，生动地记载了一位政治家卓越的个人品德和良好的家风，成为后人学习的标杆和榜样。

注重德行　忠孝传家

功臣三十二，剑佩蔼云台。

第一人知否，曾闻孝母来。

——宋·林同《贤者之孝二百四十首·邓禹》

邓禹（2—58年），字仲华，南阳新野人，东汉开国功臣，封高密侯，"云台二十八将"之首。

西汉末年，王莽专政，进而篡汉自立皇帝，国号"新"。"新"政权没有解决土地兼并和贫富不均问题，反而日益严重，农民起义风起云涌，各地豪强纷纷拥兵自立，乡里豪杰多推邓禹起事，邓禹不肯。"更始帝"刘玄拜刘秀为破虏大将军，封武信侯，不久命刘秀前往河北镇抚州郡。邓禹曾在长安与刘秀同学，闻讯，即策杖北渡，追至邺地，与刘秀相见。邓禹劝刘秀招揽天下英雄,建功立业,光复汉室。《后汉书》记载一次他们行军到广阿,刘秀在城楼上披舆地图,对邓禹说:"天下郡国如是,今乃始得其一,子前言以吾虑天下不足定,何也?"邓禹回答道:"方今海内淆乱,人思明君,犹赤子之慕慈母。古之兴者,在德薄厚,不以大小。"刘秀十分高兴,对邓禹格外敬重,令左右呼邓禹为邓将军,每遇大事,必与商讨。刘秀任命诸将,多访问于邓禹,邓禹每有所举之人,皆当其才,光武帝认为邓禹知人善任。建武元年(25年)正月,邓禹率军越太行山,出箕关,进取河东,大破守军,夺获大批军用物资和粮食。后来,邓禹与王匡所带领的十余万人相逢,王匡尽出其军攻打邓禹,邓禹令军中不得妄动,严阵以待,坚守不出。待王匡军冲到营前,出其不意,突然间鼓声震动,全师猛扑,大破王匡军。王匡等皆弃军而逃,邓禹率轻骑乘胜追击,遂定河东。刘秀称帝后,派遣使者持节拜邓禹为大司徒。策曰:"制诏前将军禹:深执忠孝,与朕谋谟帷幄,决胜千里。孔子曰:'自吾有回,门人日亲。'斩将破军,平定山西,功效尤著。百姓不亲,五品不训,汝作司徒,敬敷五教,五教在宽。进遣奉车都尉授印绶,封为酂侯,食邑万户。敬之哉!"那时邓禹才二十四岁,已封万户侯。建武十三年(37年),天下平定,光武帝刘秀加封功臣,改封邓禹为高密侯,食邑高密、昌安、夷安、淳于四县。汉明帝即位,以邓禹为先帝元勋,拜为太傅。同年邓禹病逝,终年五十七岁,谥"元侯"。东晋袁宏《后汉纪•孝和皇帝纪下卷第十四》记载,(邓禹曰)"我常将百万众,秋毫不犯,未尝妄杀一人,子孙必当大兴"。果如其言,邓禹的孙女邓绥后来贵为皇后,光耀了邓氏一族。宋代徐钧有《邓禹》一诗赞颂邓禹:

> 久从游学识英雄,杖策南来见略同。
>
> 首建雄谋恢汉业,云台端合议元功。

矜持内敛　谨遵法度

刘秀建立东汉政权以后,就想放马南山,偃旗息鼓,"偃干戈,修文德"。邓禹是个有大智慧的人,知己功高权重,怕有功高震主之嫌,遂与贾复"去甲兵,敦儒学"。天下既定,他"常欲远名势""勋成智隐,静其如愚",宠辱不惊,明哲保身。

邓禹教导子孙皆遵法度,子孙世传祖训。邓绥,史称和熹邓皇后,和帝永元七年(95年)选入宫,永元八年(96年)为贵人,永元十四年(102年)立为皇后。元兴元年(105年),殇帝即位,尊为皇太后,临朝。次年安帝即位,犹临朝。殇、安之时,和熹邓皇后临朝称制,兄弟辅政。邓后效法父祖,检敕宗族,教学子弟,邓骘兄弟子侄也勤谨自守,颇有德望。《后汉书·和熹邓后纪》载,邓太后临朝,"诏告司隶校尉、河南尹、南阳太守曰:每览前代外戚宾客,假借威权……今车骑将军骘等虽怀敬顺之志,而宗门广大,姻戚不少,宾客奸猾,多干禁宪。其明加检敕,勿相容护。自是亲属犯罪,无所假贷"。《后汉书·邓骘传》云:"自祖父禹教训子孙皆遵法度,深戒窦氏,检敕宗族,阖门静居。骘子侍中(邓)凤,尝与尚书郎张龛书,属郎中马融宜在台阁。又中郎将任尚尝遗(邓)凤马,后尚坐断盗军粮,槛车征诣廷尉,(邓)凤惧事泄,先自首于骘。骘畏太后,遂髡妻及(邓)凤以谢,天下称之。"永初元年(107年),安帝封邓骘兄弟为侯。骘等辞让,不获准许,遂逃避使者,上疏自陈,中有"常母子兄弟,内相敕厉"之语。邓后从兄、夷安侯邓珍之子邓康,从小就有德行志气,其兄邓良继承爵位,没有后嗣,邓康继封夷安侯。当时继封爵位的人都享有原食邑一半的赋税,邓康因是皇太后的堂弟,独自享有原食邑三分之二的赋税,并以侍祠侯的身份任越骑校尉。邓康认为太后长期临朝处理政事,尽管对族人有意抑制,还是不免权势过盛,多次上书规劝,太后不听。后来,邓后听信谗言,免去邓康官职,遣归高密国,绝属籍。及从兄邓骘被诛,安帝征邓康为侍中。顺帝立,邓康为太仆,为人正直不阿,在朝中享有很高的声望,"有方正称",名重朝廷。后以病免,加位特进。卒后谥曰义侯。邓氏家族的文德教育总归一个"律"字——律己、律宗亲。这种高度自律的宗族精神强化了邓氏家族的凝聚力,也提升了邓氏家族的朝野名望。安、顺之际,邓氏几乎遭遇灭门之灾,以大司农朱宠为代表的公卿士大夫多为邓氏鸣不平,顺帝亦"追感太后恩训",邓氏家族方转危为安。邓禹家族人丁众多,累世显贵,在史书中却未留下明显劣迹,这在两汉外戚史上绝无仅有。

东晋袁宏《后汉纪·孝和皇帝纪下卷第十四》载:"(和熹邓皇后)与叔父邠及诸兄语,常问祖父禹为布衣佐命时事。邠为说结发殖业,著名乡间。遭世祖龙飞，杖策归德，征伐四方，天下大定。功成之后，闭门自守，事寡姊尽礼敬，训子孙有法，遭光武皇帝忧，悲哀吐血，因发病薨。后未尝不叹息流涕，言：'立德之苦，乃至于斯。'"可见，邓禹在子孙教育方面用心良苦，于家族发展泽被久远。邓氏家族人丁兴旺，俊才辈出，成为东汉世家大族之翘楚。《后汉书·邓禹传》中记载："邓氏自中兴后，累世宠贵，凡侯者二十九人，公二人，大将军以下十三人，中二千石十四人，列校二十二人，州牧、郡守四十八人，其余侍中、将、大夫、郎、谒者不可胜数，东京莫与为比。"

尚文好学　人守一艺

东汉光武帝刘秀登基后尊崇儒术，多选用经学博通之士入朝参政，开创了"户习七经""士民秉礼"的儒学繁荣局面。东汉世家大族无不以经学为传家之本，邓禹家族更胜一筹。邓禹有十三子。他教诸子每人精通一项经学，兼习其他技艺，被后世尊为教子的典范。邓禹儿子中，只有少子邓鸿不好经学，但他好筹策，爱好军旅。汉明帝与邓鸿议论边事，认为他具将才，就拜为将兵长史。章帝时，邓鸿为度辽将军。和帝初，邓鸿随窦宪击匈奴，有功，征行车骑将军。

《后汉书·邓训传》亦曰："训虽宽中容众，而于闺门甚严，兄弟莫不敬惮，诸子进见，未尝赐席接以温色。"《后汉书·和熹邓后纪》亦载："六岁能《史书》，十二通《诗》《论语》。诸兄每读经传，辄下意难问。志在典籍，不问居家之事。……父训异之，事无大小，辄与详议。"可以看出，邓训家中，子弟从小都要接受严格的文学教育，兄弟姊妹之间，讨论问难，切磋琢磨，学风很好；同时，邓氏家教，宽严相济，形成了良好的自律传统。从邓训对待子女经传研习的态度看，邓训所谓"不好文学"，应当是指不好死守"家法"的章句之学，对于经世致用的博通之学，他是不排斥的。邓训长子邓骘今存一文，严可均《全后汉文》题名《上疏自陈》；四子邓弘少习《欧阳尚书》，入授安帝，诸儒多归附之。次女邓绥好学成习，终身不辍。《后汉书·和熹邓后纪》云："太后自入宫掖，从曹大家受经书，兼天文、算数。"今存邓绥自拟诏书若干篇。

邓绥以光大父祖之德、教养子孙为己任，对文学教育非常重视。《后汉书•本纪•皇后纪上》云："（元初）六年，太后诏征和帝弟济北、河间王子男女年五岁以上四十余人，又邓氏近亲子孙三十余人，并为开邸第，教学经书，躬自监试。尚幼者，使置师保，朝夕入宫，抚循诏导，恩爱甚渥。乃诏从兄河南尹豹、越骑校尉康等曰：'吾所以引纳群子，置之学官者，实以方今承百王之敝，时俗浅薄，巧伪滋生，《五经》衰缺，不有化导，将遂陵迟，故欲褒崇圣道，以匡失俗。'邓绥还从父祖那里继承了心忧天下的精神。她对刘氏子弟与邓氏子弟的经学教育一视同仁，并推及国家文化教育和文化建设规制中。《后汉书•本纪•皇后纪上》云："永初三年，邓太后又诏中官近臣于东观受读经传，以教授宫人，左右习诵，朝夕济济。"为东汉经学发展做出了重要贡献。邓后侄辈中，从子邓甫德学传父业《欧阳尚书》，从子邓嗣博学能文。《后汉书•邓禹传》载，邓太后去世，安帝听信谗言，迫害邓氏，邓骘、邓闿等被逼自杀，"闿妻耿氏有节操，痛邓氏诛废，子忠早卒，乃养河南尹豹子，嗣后闿后。耿氏教之书学，遂以通博称。"从耿氏教子看，邓氏家族，无论男女，都秉承了好学重文之家风。

值得注意的是，邓氏家教不仅重视"文德"，而且不弃"武略"。邓太后特别提到祖父的教导——"先公既以武功书之竹帛，兼以文德教化子孙"。《三国志•卷四十五•蜀书十五•邓张宗杨传第十五》载，邓芝，字伯苗，新野人，邓禹之后，于汉末入蜀，曾任尚书郎等职，官至车骑将军，对平定吴蜀贡献卓著。本传曰："芝为大将军二十余年，赏罚明断，善恤卒伍，身之衣食，资仰于官，不苟素俭，然终不治私产。"邓禹家族文德武略兼修之风至汉末而不坠，绍续家风者大有人在。

清初翰林、高密人单若鲁在其总结历代名人家风的《单氏世宝》一书里，曾对邓禹与唐代匡扶社稷有功的汾阳王郭子仪的家风做了比较，他说："邓高密首诣汉光，郭汾阳再恢唐祚，勋名、富贵相当也。顾高密子十三人，各执一艺以自食其力，汾阳子二十有四皆骄纵侈肆，而不知检其末也。追高密之美奕世显荣，咏汾阳之衰古槐疏冷，何大相悬哉。"

经术通神明
名士唱高风

郑玄的家风

郑玄（127—200 年），字康成，东汉北海郡高密县郑公乡人，为中国历史上著名的经学家、思想家和教育家，被称为经学集大成者和一代"经神"。他写给儿子郑益恩的《戒子益恩书》是传颂一千八百多年的家训，成为家风建设的宝典。

一代经神　前赴后继

郑玄出身于没落的官宦世家。其先祖郑崇，西汉末年任尚书仆射。郑玄年轻时曾任乡啬夫，但他不乐为吏，而潜心经学，多次遭到父亲责备。北海太守杜密巡视高密，见郑玄有才识，即调至北海郡任职，不久又举荐郑玄到太学学习。先后师从著名经学大师第五元、张恭祖，后入关中求学，师从经学大师马融。马融门生弟子众多，能登堂入室当面聆听其教授者只有五十多人。郑玄在马融门下三年，竟无缘见马融一面。一次，马融召集众弟子讨论学问，遇到难题。听说郑玄精通算术，就请郑玄来见，问题迎刃而解。马融与其弟子皆惊叹不已，此后马融对郑玄格外器重，郑玄虚心向马融请教，学业突飞猛进。后来郑玄告别马融归乡时，马融感慨地说："郑生今去，吾道东矣！"预言郑玄将成为一代经学大家，甚至超越自己。

郑玄归里后，聚徒讲学，门下弟子多达成百上千人。不久郑玄因曾为杜密故吏，不幸遭遇党锢之祸，被禁锢乡里，此后闭门不出，潜心著述，遍注群经。中平二年（185 年），党锢解除后，大将军何进执掌朝政，闻郑玄高名，特召入朝。郑玄迫不得已入京，第二天就逃离洛阳。中平三年（186 年），黄巾军攻占青州，郑玄逃至徐州避难，徐州牧陶谦以礼相待。郑玄在徐州时，刘备曾求教于门下。郑玄举荐同乡孙乾给刘备，孙乾后来成为刘备的重要谋士。

中平四年（187 年），三司府两次召郑玄为官，郑玄借故谢绝。次年郑玄被征为博士，以父丧不赴。中平六年（189 年），公卿举荐郑玄为赵相，亦不赴诏。当时"建安七子"之一的孔融任北海相，对郑玄非常仰慕，多次登门拜访，并命高密县特为郑玄立一乡，名为"郑公乡"，令广开门衢，号为通德门，以示褒扬。

建安元年（196 年），郑玄自徐州返回高密，路遇黄巾军数万人，黄巾军闻知是郑玄，都伏地而拜，并相约不入高密县境。建安二年（197 年），袁绍为大将军，称雄河北，一次设宴大会宾客，特请郑玄。在座之人多是豪俊，故意出题刁难。郑玄引经据典，如数家珍，众皆叹服。当时著名学者应劭自我介绍说："故太山太守应中远，北面称弟子何如？"郑玄笑着回答说："孔子之门有德、言、政、文四科。颜渊、闵子骞、子游、子夏为高足，都不自称官阀"，应劭顿觉惭愧。袁绍举郑玄为茂才，又表为左中郎将，皆辞不受。建安三年（198 年），汉献帝征拜郑玄为大司农，乘车至许昌，未及就任即又告老还乡。建安五年（200 年），郑玄年老染病。此时袁绍与曹操相拒于官渡，为壮大声势，袁绍遣人逼迫郑玄前往，不幸途中至元城病故。

郑玄是中国经学史上一位划时代的宗师。他以古文经学为基础，兼采今文经学，遍注群经，以丰富的著述开创了"郑学"，魏晋以后的经学，主要是"郑学"。《高密县志》（民国版）（以下简称《旧志》）卷十六《杂稽志·著述》记载，郑玄著述八十九种四百五十二卷，可谓汗牛充栋，震古烁今。

郑玄之所以能有这么大的成就，与其克绍先世家学不无关系。郑玄八世祖郑崇就是一位经学专家，字子游，少为郡文学史，后任丞相大车属。汉哀帝时，经高武侯傅喜推荐，任尚书仆射。自从西汉汉武帝刘彻"罢黜百家，独尊儒术"以来，经学自是显学。郑崇少时即担任郡文学史，可见其经学造诣深厚。进入东汉，郑氏族人中又出了两位经学大师。郑兴，字少赣，东汉经学家,任太中大夫,初治《公羊传》,曾师事刘歆,兼治《左传》及《周礼》。郑众,字仲师,为郑兴之子,东汉经学家,曾任大司农,世称"郑司农",传其父《左传》之学,兼通《易》《诗》。郑兴、郑众父子皆曾作《周礼解诂》,已佚。郑玄注《周礼》有"郑司农云",即引郑众之说,经学家称郑兴、郑众父子为"先郑",称郑玄为"后郑",加以区别。郑兴、郑众父子又称"二郑"。因此郑玄继承先世遗志,统一四分五裂、各执一端的古文经学和今文经学,家风使然。后来郑玄之孙郑小同,继承祖父遗风,曾整理祖父郑玄遗作成《郑志》十一卷,早已亡佚,今有辑本传世,另辑有《礼仪》四卷。郑小同著有《日蚀考负议》,载《通典》卷七十八。

郑玄刻苦钻研学问的家风,不仅影响了子孙,而且影响了身边人。世传郑玄家的牛能识字、婢女解诗即是美谈。《世说新语·文学》中记载:"郑玄家奴婢皆读书。尝使一婢,不称旨,将挞之,方自陈说,玄怒,使人曳著泥中。须臾,复有一婢来,问曰:'胡为乎泥中?'答曰:'薄言往诉,逢彼之怒'。"发生在二位侍婢的取笑对应之语,均出之《诗经》中《邶风·式微》和《柏舟》中的句子。翻译为现代汉语意思是,问:为什么跪在泥水地上?答:正要向他诉说,不料正遇上他在火气头上。郑玄家里的侍婢都会读书,《诗经》中的句子信手拈来,谐趣横生,成为千古美谈。

高士气节　万世景仰

郑玄一族有"名士情结",有清高的节操。九世祖郑宾,明法令,曾为御史。汉元帝时,与御史大夫贡禹共事,有公直的名声。八世祖郑崇,官至尚书仆射,多次谏争汉哀帝,帝初纳用,后因谏讽傅太后从弟商,帝不悦,又以董贤贵宠过度谏而得罪皇上。《汉书·郑崇传》记载:"尚书令赵昌佞谄,素害崇,知其见疏,因奏崇与宗族通,疑有奸,请治。"皇上发怒,责问郑崇说:"你门如市人,为什么禁绝主上?"郑崇回答:"臣门如市,臣心如水一样清,希望能考察审核。"皇上震怒,把郑崇下到监狱,迫害而死。据《汉书·郑崇传》记载,郑氏"本高密大族,世与王家相嫁娶"。崇死后,家境败落。崇子名好古,字敏斋,儒士。好古之子名苌臣,字念祖,举孝廉。苌臣之子名敬,字次都,"清志高世,光武连征不到""新迁都尉逼为功曹。厅事前树时有清汁，以为甘露。敬曰：'明府政未能致甘露，此清木汁耳。'辞病去，隐处精学蛾坡中。阴就、虞延并辟，不行"。郑氏到郑玄祖父郑明、父亲郑谨这几代，家境贫困，以致不能供郑玄完成学业。但是郑玄治经有成后，抱定"述先圣之元意，思整百家之不齐"的志向，面对官场的腐败和险恶，根据先世从政经历的血的教训，他多次拒绝朝廷征辟，显示出了高士风范。即使被逼应招，也是多次挂冠而去。"大司农"这个职务，也是个虚名，他实际上并没到任履职。他在《戒子益恩书》中自叙道："吾虽无绂冕之绪，颇有让爵之高。自乐以论赞之功，庶不遗后人之羞。"《抱朴子·逸民篇》载："献帝时，郑康成州辟举贤良、方正、秀才，公府十四辟，皆不就。"今据文献记载，可知郑玄有九辟，皆未就职。

郑玄之子郑益恩也是讲求名节的人，最终也为道义、名节而献身。郑益恩（170—196年），名益，一说名永，字益恩，自幼得受郑玄的教诲，郑玄曾作《诫子益恩书》："勖求君子之道，研钻勿替，敬慎威仪，以近有德，显誉成于僚友，德行立于己志。"据《郑玄别传》记载，郑益恩二十三岁时，北海相孔融举其为孝廉。孝廉是孝顺亲长、廉能正直的意思，是汉代察举制的科目之一。时逢汉末大乱，黄巾军四起，四方军阀相互攻伐。建安元年（196年），袁绍之子袁谭率军围困孔融于北海（今山东省潍坊市），郑益恩奉父命率家丁前来营救，城被攻陷后孔融逃往东山，郑益恩却不幸遇难。

郑玄之孙郑小同，字协卿，一说字子真，三国时属于魏国高密人，为其父遗腹子，由祖父郑玄抚养，其手纹与郑玄相似，郑玄为其取名小同。汉末三国名士华歆曾举荐他说："少有令质，学综六经，行著乡邑。海岱之人，莫不嘉其自然，美其气量，迹其所履，有质直不渝之性，然而恪恭静默，色养其亲，不治可见之美，不竞人间之名。"魏文帝时拜郎中，齐王曹芳在位时拜为侍中，高贵乡公曹髦时赐爵关内侯。甘露三年（258年），诏以关内侯王祥为三老，郑小同为五更，陈留王时加授光禄大夫。魏国末年，司马氏操纵朝政。郑小同为司马氏所不喜。一日，郑小同遇司马昭，司马昭有密疏未加密封，如厕归来，怀疑郑小同窥视，说："宁我负卿，卿勿负我"，遂将郑小同毒杀。郑小同被杀年月不详，魏景元元年（260年）尚在世。小同有二子，长子名慎修，次子名自修。慎修痛父以谏遭害，遗命后人终不仕晋。所以郑氏后代多躬耕农桑，隐居不仕。但是根据郑贤惠《郑氏族谱》记载，郑小同有一子郑浩,字灿直。少修操行,仕为郡功曹,辩孝妇之冤,授益州太守,兴利去弊,人称神明。郑浩之子郑喜,字公武,以宽厚著称,仕晋,为河间王郎中,累迁东郡太守。

传世家书　彪炳千秋

汉献帝建安元年(196 年),郑玄时年七十岁。他的儿子益恩时年二十七岁。当时黄巾军起义风起云涌,所向披靡,山东青州、北海(潍坊)一带的义军也是铺天盖地。这年,时任北海相的孔融敦请郑玄返乡。郑玄精通周易、术数之学,也许知道汉朝气数将尽,也许知道自己在世时间已经不多,就在这一年,他写下了《戒子益恩书》,叙说了自己一生的经历和抱负、实践,嘱托儿子绍续家学,勤俭持家,立志立德,不堕清名,所谓"显誉成于僚友,德行立于己志"是也。现把这封家书原文抄录如下,以便让我们深刻领会它所体现出的家风内涵。

"吾家旧贫,不为父母群弟所容,去厮役之吏,游学周、秦之都,往来幽、并、兖、豫之域,获觐乎在位通人,处逸大儒,得意者咸从捧手,有所受焉。遂博稽六艺,粗览传记,时睹秘书纬术之奥。年过四十,乃归供养,假田播殖,以娱朝夕。遇阉尹擅势,坐党禁锢,十有四年,而蒙赦令;举贤良方正有道,辟大将军三司府。公车再召,比牒并名,早为宰相。唯彼数公,懿德大雅,克堪王臣,故宜式序。吾自忖度,无任于此,但念述先圣之元意,思整百家之不齐,亦庶几以竭吾才,故闻命罔从。而黄巾为害,萍浮南北,复归邦乡。入此岁来,已七十矣。宿素衰落,仍有失误,案之礼典,便合传家。今我告尔以老,归尔以事,将闲居以安性,覃思以终业。自非拜国君之命,问族亲之忧,展敬坟墓,观省野物,胡尝扶杖出门乎!家事大小,汝一承之。咨尔茕茕一夫,曾无同生相依。其勖求君子之道,研钻勿替,敬慎威仪,以近有德,显誉成于僚友,德行立于己志。若致声称,亦有荣于所生,可不深念邪!可不深念邪!吾虽无绂冕之绪,颇有让爵之高。自乐以论赞之功,庶不遗后人之羞。末所愤愤者,徒以亡亲坟垄未成,所好群书率皆腐敝,不得于礼堂写定,传与其人。日西方暮,其可图乎!家今差多于昔,勤力务时,无恤饥寒。菲饮食,薄衣服,节夫二者,尚令吾寡恨。若忽忘不识,亦已焉哉!"

孝义感天下
忠正堪报国

鞠仲谋的家风

钟高密地灵,官居著作;

兴连江水利,民祀春秋。

——鞠姓宗祠楹联

这是一副鞠姓宗祠通用联。上联典指后汉乾祐二年(949年)进士鞠常,字可久,高密人,北宋开宝中期为著作佐郎,后为清河令。下联典指宋代雍熙二年(985年)进士鞠仲谋,字有开,鞠常之子,曾任连江知县,终官侍御史,名列"景德二十四贤"之二。

著作等身更读书

美丽的胶河自南而北逶迤而来,在现今山东省高密市姚哥庄社区南姚村以南转了一个大弯,形成了蔚为壮观的湖心岛。民谚云:"河拐弯,出大官"。临河而居的姚哥庄村(现在的南姚、西姚、东姚村)历代人文荟萃,名人辈出。宋代的鞠氏就是名门望族,史称"明经神童,里选乡举,擢第从官,不可胜数"。其中,鞠常《宋史》有传,鞠仲谋《宋会要辑稿》有载,鞠咏《续资治通鉴》有名,书香簪组,世不乏人。

鞠常生于五代后唐天成三年(928年),卒于北宋开宝七年(974年)。本名恒,因避宋真宗赵恒名讳,后人改曰常。宋代著名文学家、政治家王禹偁在《著作佐郎赠国子博士鞠君墓碣铭》中讳其名曰兴,称其族世为东莱著姓。鞠常曾祖孝悌力田,不求闻达。祖父鞠直曾任登州黄县(今山东省龙口市)令,父鞠庆孙,官申州团练判官,有诗名。母亲王氏,外祖父是曾任后周即墨县令、官至刑部尚书、太子少保的王延,史称王延"为人重然诺,与其弟规相友爱,五代之际,称其家法焉"。

鞠常少时即聪明好学,善做文章,后汉乾祐二年(949年)参加进士科考试,一举中第,时年二十一岁,被誉为"明经神童,探花少年"。鞠常登进士后,授秘书省校书郎。后周时宰相范质知鞠常才名,荐为集贤校理,掌管图书编修国史,后出任郓州观察支使,永兴军节度掌书记,伊阳县令,蔡州防御判官,介休、魏县县令。宋朝开宝五年(972年),宰相赵普擢鞠常为著作佐郎,时任此官,唯鞠常与杨徽之、李若拙、赵邻几四人而已,"一时才名第望,辉耀缙绅"。不久鞠常出任清河令。开宝七年(974年)卒,年仅四十七岁。

鞠常富有才名,为宋初著名才子。据《宋史》记载,鞠常应举时,著《四时成岁赋》万余言,声震天下。又著《春兰赋》,状物寄兴,言志抒怀,当时士子争相传诵。担任著作佐郎后,徜徉流连于翰香墨海之中,乐此不疲,认为"披阅金匮石室之珍储,讨论鸾台凤阁之故,实儒生之至荣遇也",以致按例当晋升时,常辞不就。鞠常著作丰富,辞世以后,其子鞠仲谋曾集其父所为文成二十卷,可惜早已亡佚。鞠常另著有《礼经》,亦早不见传本。王禹偁对鞠常"高才下位,含章遁世"深表叹息。当时同列东台的著作佐郎杨徽之后来官至兵部侍郎兼秘书监,李若拙官至兵部郎中、知制诰,赵邻几官至左补阙、知制诰,而鞠常却以县令之职卒于任上,英年早逝。

鞠常弟鞠愉,后周广顺二年(952年)进士,曾出仕,因为早逝,官位不显,官职不详。有文集行世,与兄齐名,《宋史·文苑》有传。

鞠常妻子于氏,北宋太常少卿于鹏的次女,生于后唐清泰三年(936年),卒于宋朝太平兴国七年(982年),享年四十七岁。于氏生有二子二女,长女嫁太子中舍聂巨川;次女嫁北宋著名文学家、诗人、太常丞王禹锡,王病故后改嫁聂巨荣;长子鞠仲谋,宋雍熙二年(985年)进士,有才干,历任东京留守推官、陕西转运使、兵部员外郎、开封府判官,终官侍御史。次子鞠仲渊不仕。

孝友原是天性来

鞠仲谋是高密鞠氏家族史上一个重要人物,既把高密鞠氏推向辉煌,又开辟了南迁江西的千年基业。

鞠仲谋,字有开,生于五代后周的显德年间(954—960年),于北宋真宗大中祥符年间(1008—1016年)卒于任上。鞠仲谋自幼生长在高密,当时由于父亲和叔父均在外地做官,母亲于氏率子女留守故居。叔母张氏亡故后,两院子女一共九人皆由于氏抚养,她将侄儿侄女视如己出,悉心照料,深受乡里敬重。太平兴国七年(982年),母亲于氏病逝,鞠仲谋悲痛万分。他将母亲的遗体同八年前故去的父亲合葬后,又做出一件惊天动地的大事,历尽千辛万苦、千难万险,将远在陕西、河南等地的祖父母、叔父母及其堂兄的遗骨迁葬回高密,完成了他们落叶归根、归葬祖坟的夙愿,鞠仲谋"扶丧万里,负骨归葬"的孝行壮举,一时被高密邑民传为佳话。他的事迹也受到了高密籍同乡、北宋乾德元年(963年)状元、时任殿中丞的苏德祥,以及太平兴国八年(983年)进士、时任成武县主簿王禹偁的高度评价。后来,王禹偁为之撰写了《送鞠仲谋序》《著作佐郎赠国子博士鞠君墓碣铭》,收录于《王黄州小畜集》中。

唯有忠正堪报国

鞠仲谋于宋太宗雍熙二年(985年)中进士,随后被派往康乐县(今江西省万载县)任主簿,端拱二年(989年),迁升连江县(今福建省连江县)县令。期间,他兴修水利,为民造福,将为患一方的东塘湖疏浚,打造成灌溉周围四万亩良田的利民之湖,并把原来所有放水闸门的木质门柱"琢石以代",并在闸门上修建廊桥,在湖外河道上修建六座桥梁,用以便利放牧时牛羊通过,在河湖堤坝上栽种成排的柳树用以护堤。鞠仲谋又奏降特敕约束民间,四山野地不许请佃,制订章程,派专人管理。淳化二年(991年)十月,工程告竣,鞠仲谋亲手撰写《连江县重浚东湖记》并刻石以志,当地百姓自发地为他募捐建祠立庙。该文收藏于《福州府志·艺文》(明万历版)

中。由于政绩卓著,造福一方,鞠仲谋被调进京城供职,开始任东京留守推官,办公地点设在开封府衙门。当时的开封府尹正是宋太宗皇帝的第二子寿王赵元侃,赵元侃被立为皇太子后改名赵恒,仍兼开封府尹,判官是毕世安。由于工作出色,深受储君信任,鞠仲谋几年内便接连提升为陕西转运使、兵部员外郎、开封府判官。在任开封府判官期间,忠于职守,正直敢言,慧眼识才,推荐时任章丘县尉、缉捕群盗有功的同乡王仲宝觐见皇帝。王仲宝不负众望,受到重用,后来成为一代名将,官至左枣卫大将军,名载《宋史》。宋真宗赵恒即位后,毕世安拜相,鞠仲谋升任殿中丞,专司朝廷重要公文的起草和呈达。宋真宗景德二年(1005年)六月,朝廷下令推举官员留任,鞠仲谋被宋真宗钦点为"景德二十四贤",名列第二,并被提升为侍御史,职司管理大臣上朝、监察朝纲朝纪,成为皇帝的耳目近臣。期间担任过国子监考试知举官,为国举才。宋真宗大中祥符年间鞠仲谋病逝于侍御史任上,享年六十岁。

鞠仲谋病逝后,为了表彰他忠孝传家的品德和对朝廷所作的贡献,宋真宗钦敕:"柩葬大岭,命子孙就而居焉,盖欲不忘乎先人之遗泽,敦乎本源之思也(《金田鞠氏重修族谱小引》)。"葬地位于今江西省新建区西山镇的万寿玉隆宫前。后来这里成为道教净明忠孝道的发祥地,是江南著名道教宫观和游览胜地,被誉为道教三十六洞天的第十二小洞天和七十二福地的第三十八福地。鞠氏子孙聚族而居,昌盛大江南北。

鞠仲谋生二子,长子鞠砺,次子鞠砥。鞠砥耕读,没有入仕。鞠砺学业优秀,经过荐举入仕,先任尚书善部员外郎,后任广南转运使,官运亨通。可惜英年早逝,先于其父去世,儿子的死对于鞠仲谋打击很大。

鞠仲谋孙辈中,鞠咏最为有名。鞠咏乃鞠砺之子,十岁而孤。长大成人后,于宋仁宗天圣元年(1023年)担任监察御史,耿直敢言,奸邪小人望之生畏。天圣元年(1023年)八月,有灵芝生于天安殿柱,宋仁宗招辅臣观看,退后群臣奉表称贺,鞠咏谏道:"陛下新即位……臣愿陛下以援进忠良、退斥邪佞为国宝,以训劝兵农、丰积仓廪为天瑞,草木之怪,何足尚哉!"他多次检举弹劾奸臣钱惟演、王钦若,反而被王钦若诬陷,以太常博士担任信州判官,后又复官为监察御史。天圣八年(1030年)十月担任天章阁待制,位于龙图阁待制之下,期间弹劾权臣张士逊,使其谋取宰相的企图落空。天圣九年(1031年)去世,终官礼部员外郎、天章阁待制。以上事迹载于《续资治通鉴》之《宋纪三十六》《宋纪三十八》。

鞠仲谋从弟鞠仲议,也是宋太宗雍熙年间(984—987年)进士。鞠真卿,字颜叔,为鞠仲谋的高密同族。《旧志·仕绩》记载,真卿不是进士出身,经过荐辟保举,于宋仁宗庆历年间(1041—1048年)任将作监主簿,后出任长洲县(今属江苏省苏州市)县令,所至有威名。嘉祐年间(1056—1063年)担任苏州知府,政事无他设施,而人自惮之,庭讼寂然。宋英宗治平年间(1064—1067年),升任两浙提刑,执掌一路司法巡察之事。鞠氏一族,直至元朝初年,仍有鞠茂、鞠从担任官职。鞠茂官至内史,鞠从担任曹州知州。可见,宋代高密鞠氏家族不愧是胶河水养育的名耀古今的世家大族,他们让历史刻下了高密的烙印,高密的后人不该忘记他们。

高遁吏之誉
开后嗣之贤

綦崇礼的家风

箕裘绍弓冶，不绝仅如发。

遇主当艰虞，持身敢怠忽。

谬随供奉班，更直淹岁月。

出领东诸侯，羽书忧调发。

丘壑从素心，朝廷怜旧物。

桑榆不自收，我驾将焉歇。

——南宋·綦崇礼《自述》

綦崇礼（1083—1142 年），字叔厚，一字处厚，宋代密州高密人，迁居北海（今山东省潍坊市），南渡后寓居浙江临海，累官翰林学士，赠左朝议大夫，宋代著名的骈文家、诗人。

腹有诗书气自华

綦氏家族为北宋山东名族，北宋初年已居高密。綦崇礼的高祖綦备，字时周，屡次参加科举，皆不第，隐居乡里，工于诗赋，善于交游，"无间寒暑，唱和诗章"。他为人乐善好施，乡人孤寡者皆给周恤。綦备家法甚严，亲教诸子习科举之业。在他的教诲下，三个儿子皆中科第。长子綦永孚、三子綦世昌皆中进士，其次子綦朝弼，中明经科举人。其孙辈中綦元景、綦元章、綦元功后来又中进士。自从綦崇礼的曾祖父綦永孚中进士起，到綦崇礼又中进士,已经四世进士,累世从宦,缙绅连绵,簪缨繁续。

綦崇礼出生于望族世家。曾祖綦永孚,字允诚,宋真宗咸平年间(998—1003 年)中乡贡进士(举人),景德年间(1004—1007 年)中进士,后授龙冈(今河北省邢台市)县令。祖父綦元景,字豫春,进士,世居高密县城三里吕村,娶宋代高密望族吕氏女,侧室李氏,终官朝议大夫。父亲綦亢以明经任县令、郡从事。綦崇礼任宝文阁直学士时,朝廷特赠其父綦亢银青光禄大夫,其制文由南宋名臣张嵲撰写,其敕文曰:"故父某,学问深博,经术通明。官政饰修,独高循吏之誉;阴德凭厚,可开后嗣之贤。德义文章,著称当世。还以所袭,上休其先。三品崇阶,荣其告第。九原英爽,尚服予恩。"制文对綦亢给予了很高的评价。綦亢之妻赵氏也因子贵,赠文安郡夫人。

綦崇礼自幼聪明过人,十岁能为人写墓志铭。宋政和八年(1118 年)中进士,授临淄县主簿,累升起居郎,摄给事中。召试政事堂,为制诰三篇,片刻立就,词翰奇伟,南宋高宗皇帝赵构以为得之晚,拜中书舍人,赐三品服,进用之快,当时未有。后任吏部侍郎兼直学士、翰林学士、宝文阁直学士等职,加封高密县开国侯。晚年居台州。《宋史》称赞綦崇礼:"妙龄秀发,聪敏绝人。"綦崇礼的表弟、南宋中书舍人赵思诚在《祭綦崇礼文》中亦称赞他说:"辞章之妙,迫作古者,博习诗书六艺之文,旁通诸子百家之编,下逮传记小说,靡不该贯,弈棋音律,悉皆洞晓,议论风生,长歌慷慨,旁若无人,真一时之英也。"其任翰林学士,"所撰诏命数百篇,文简意明,不私美,不寄怨,深得代言之体"。宋高宗曾称赞他说:"知词体,语言轻重得宜,无可点检者。"

綦崇礼著有《北海集》六十卷,由其侄孙綦焕、綦更生等整理刊行于世。此处摘录一首《和人见寄》,可见其读书之诚心致意:

> 江海同为客,山林不并居。
>
> 经时占喜鹊,今日剖双鱼。
>
> 拥鼻还成咏,撑肠未废书。
>
> 孤吟聊自遣,谁复借吹嘘。

綦崇礼的侄孙綦更生,于嘉定八年(1215 年)任六部架阁官,他将狭小的三间阁楼扩建为十六间,将三省、枢密院的档案分放在四个库房里。库内按机构排列档案,将皇帝的有关档案放在特别的朱箱中封锁。"扁插森严,出纳有籍,规式详备,吏不得欺。"嘉定九年(1216年)綦更生曾作《三省枢密院架阁库题名记》,文采斐然。

綦崇礼侄孙綦焕,南宋密州高密人,饶州从事、江西德兴令。南宋淳熙年间(1174—1189年),綦焕以叔祖綦崇礼荫,授通直郎、饶州从事,知德兴县,主管劝农事。綦焕为南宋知名文士,雅好诗文,曾整理叔祖綦崇礼的文集刊行于世,《四库全书》中收录了綦焕整理的《范文正公集》,此文集是淳熙年间綦焕任职饶州,政务闲暇之余与同僚整理范仲淹的文集而成,綦焕为之作序。

綦崇礼侄曾孙綦奎,字仲文,南宋密州高密人,寓居浙江临海,官至湖广总领、直敷文阁。他好风雅,知军事,在平江府任上,曾重修祀奉韦应物、白居易、刘禹锡、王仲舒、范仲淹的思贤堂。据《太平府志》记载,当涂县采石驿,原有谈笑亭,为綦奎谈笑灭寇处,明代已不存。綦奎工古文,今存其文《读书室记》《白桧轩记》,清新隽永,可称古文中的佳作。

忠君爱国济世艰

一一二七年,宋高宗即位,綦崇礼得知后投奔而来,被朝廷授予起居郎兼给事中的官职,成为为皇帝起草诏书的近臣。一一二九年,南宋朝廷在金兵的攻掠下被迫渡江南迁,几近覆亡,最终逃到江南,定都临安(今浙江省杭州市)。当时金兵攻势正盛,战局吃紧。为征调各支抗金队伍抗击金兵南侵,皇帝需要颁发很多圣旨诏书,而这些圣旨诏书,大多出自綦崇礼之手。不久,他就被宋高宗擢升为中书舍人,专替皇帝起草圣旨诏书,成为皇帝身边的三品大臣。由于綦崇礼才华出众,替宋高宗起草的圣旨诏书不但深符帝意,而且出语不凡、义正词严,大大激发了全国军民的抗金斗志。其所拟诏书中有"处心不欺,养气至大。言期窜意,引裾尝犯于雷霆;计不顾身,去国再迁于岭徼。群臣动色,志士倾心"之句,又有"英爽不忘,想生气之犹在;奸谀已死,知朽骨之尚寒"之句,受到朝野内外的一致推崇。建炎四年(1130年),綦崇礼官至吏部侍郎兼直学士院,不久,以徽猷阁直学士的身份兼任漳州(今福建省漳州市)知府。因为按宋朝的规定,地方行政长官必须由朝廷官员兼任。当时的漳州，民风强悍，加之连年战乱，匪盗蜂起，民心不稳，波及邻县，号称难治。綦崇礼到任后，剿匪安民，修兵备战，赈灾扶弱，发展生产，很快就把漳州治理得井井有条，盗匪敛迹，政治清明，人民安居乐业。不久，又调任明州（今浙江省宁波市）知府。

綦崇礼为人端方亮直，直气敢言，不怵权贵，高宗皇帝每遇大事必征求他的意见，"故内外惮之，如台谏然"。他曾奉高宗御笔撰写诏书，大胆揭露奸相秦桧的卖国行径。宋高宗想要重用綦崇礼，为秦桧所阻。秦桧再任宰相时，矫诏下台州，到綦崇礼女婿家索要宋高宗御笔，当时綦崇礼已去世，身后应得恩泽。其家人畏惧不敢陈奏，士大夫亦无人敢为其担保，因此綦崇礼子孙未能及时得到朝廷恩赐。据记载，綦崇礼长子綦淡然，后裔居浙江，宋元时期为衣冠名族。次子綦峻，号岐庵，入赘湖南衡阳，今湖南省东部一带多其后裔。

綦崇礼堂兄弟綦审礼官刑部郎中，綦执礼曾任淮阳军司工曹事；族侄綦杨官右奉议郎，綦楫官承务郎；侄孙綦焕官德兴县令，綦炜官迪功郎，皆有善政可闻。

綦崇礼侄曾孙綦奎，南宋开禧年间（1205—1207年）以通直郎出任建宁府建阳县知县，其在建阳任上，史称"官业可称"，其事迹载入《福建通志·名宦传》。南宋著名文学家楼钥在《举阎一德、綦奎、赵积谦充边郡状》中曾称赞綦奎："官业建阳最号剧邑，奎勤于抚字，号称治办，列剡政绩，未蒙擢用，曾叔祖故翰林学士崇礼，建炎艰难之时，实掌书命，著《兵筹机要》上之，奎习熟闻见，使之乘障，必有可观。"綦奎得到楼钥举荐后，于嘉定五年（1212年）以承奉郎知衢州，时衢州遭水患不久，前任知州修城未完而离任，綦奎继任完成。嘉定七年（1214年）綦奎迁大府少卿、湖广总领。嘉定十二年（1219年）綦奎以朝散郎、直敷文阁知平江府。嘉定十四年（1221年）六月因"调遣军马五关策应剿逐残虏委有劳绩"，特转朝奉大夫。嘉定十五年（1222年）实转朝散大夫，除主管亳州明道宫，又以朝议大夫、直敷文阁知太平州。绍定二年（1229年）任大理卿。

綦奎之子綦鏊，以父荫授朝请郎，端平元年（1234年）五月至嘉熙元年（1237年）七月任休宁县令。《徽州府志》（明代弘治刻本）记载："以廉平恺悌得民心，及去，民立像祀之。"

德茂而学丰
气充而操笃

仪智的家风

出身寒微的明太祖朱元璋登基做了皇帝,他深知百姓疾苦,体民心,顺民意,广开招贤纳士之门,不拘一格选拔和任用人才。《明史·卷七十一·志第四十七·选举三》载,洪武六年(1373 年)"遂罢科举,别令有司察举贤才,以德行为本,而文艺次之。其目,曰聪明正直,曰贤良方正,曰孝悌力田,曰儒士,曰孝廉,曰秀才,曰人才,曰耆民。皆礼送京师,不次擢用。"有"九曲玉堂水"之称的高密母亲河——胶河边上的仪智,则以兼有"儒士""耆民"的"耆儒"之身,步入仕途,开启了辉煌的人生之旅,并把仪家带入大明江山的荣誉殿堂,名垂青史。他们家族留下哪些良好家风垂范后世的呢?

经纶国事心唯切

仪智(1342—1422 年),字居真,元末明初高密南曲社人,徙居城里二街,永乐年间(1403—1424 年)以耆儒官至礼部左侍郎。

仪智之族,世为儒家。祖父仪均祥曾任弘化司照磨,父亲仪仲和为税课司副使。仪智"生而环伟,广颡方面,美须髯,人望而敬之"。他自幼聪敏,五六岁即知读书,长大后,博览群书,过目不忘,即使兵荒马乱之际,读书也不懈怠。洪武末年,仪智以耆儒被举荐,授高密县学训导,不久改任莘县教谕,洪武三十年(1397 年)升任高邮州知州,为政宽猛相济,课农兴学,吏民爱之。《高邮州志》(清乾隆版)记载:"廉能公正,勤于庶务,凡农桑学校极力兴举,吏民悦服""高邮人皆爱之,称知州长者"。永乐元年(1403 年),

仪智升任宝庆府（今湖南省邵阳市）知府。《宝庆府志》（清道光版）称："为政惇厚,深得民心。"当地百姓民风彪悍,经常滋事,唯独敬畏仪智,称"太守不可犯"。永乐二年（1404年）四月调入京城,任通政司右通政兼右春坊右中允。不久出任湖广右布政使,因坐事谪役通州。永乐六年（1408年）十二月经湖广指挥使龚忠举荐,拜礼部左侍郎。史料记载,其在礼部"详于典故,达于政体,雍容直谅,有大臣之度"。

仪智为人正直,遇事不肯附会,敢于直言。永乐十一年（1413年）元旦发生日食,尚书吕震奏请照常朝贺,仪智以为不可。正好左谕德杨士奇也这么说,于是如仪智所言免朝贺。永乐十四年（1416年）,朱棣诏令吏部、翰林院选择耆儒侍奉太孙。杨士奇和蹇义首先推荐仪智。太子说："我曾推举李继鼎,大错,悔之不及。仪智诚然是端正之士,可惜老了。"杨士奇回答道："仪智以学官起家,明理守正,虽然老了,但精神不衰。廷臣中论起老成正大,还没有人超过仪智。"有一天午朝,永乐皇帝朱棣问太子说："侍奉太孙讲读找到人了没有？"太子回答说："推举礼部侍郎仪智,但还没有决定。"皇上高兴地说："得人矣,此人虽老,识朝廷大体,能直言不阿,可以用。"遂命仪智辅导皇太孙。史料记载,仪智辅导皇储,朝夕侍奉左右,多所启沃,进讲书史时"反复启迪,以正心术为本""端庄严正,非圣贤之道不陈"。永乐十九年（1421年）四月十九日,仪智以年老奉敕归里,敕文中称赞："卿以淳朴之资,笃实之学,职居师儒,夙典教育……授任方岳,历试任使,灼有能声……小心敬慎,益见老成。既而以皇太孙年长,资卿辅弼,尤能克躬乃事,朝夕讲诲,启沃良多。"永乐二十年（1422年）十月十三日卒于故里,享年八十一岁。洪熙元年（1425年）赠太子少师,谥"文简"。明代理学大师薛瑄作《有恒斋铭》赞美仪智："有海之濒,有岱之麓,挺生仪公,质纯魁笃。"

仪智后裔仕宦者代不绝人,其少子仪铭,累官兵部尚书、太子太保、太师,亦为一代名臣。

奇功缘因有奇节

仪铭（1382—1454年）,字子新,仪智少子,明代高密南曲社人,徙居城里,明朝景泰年间(1450—1457年)官至兵部尚书、太子太保,卒赠太师,谥号"忠襄",《明史》有传。

据《国朝献徵录·卷之三十八》记载,明代景泰年间华盖殿大学士兼文渊阁学士陈循撰写了《荣禄大夫太子太保兵部尚书兼掌詹事府赠太师谥忠襄仪公铭墓志铭》(以下简称《仪铭墓志铭》),文中记载,仪铭"公性孝友,事父母及兄克尽爱故。稍长,肆力问学,随父宦游四方,恂恂自处,未曾恃势有所骄傲,服饰起居,退然不异众人;赴亲之丧,唯礼是蹈,而哀毁过之";以父荫入太学,年方壮就已负经纶济世之才。洪熙元年(1425年)七月,仪铭的姐夫、礼部侍郎戴纶以"经明修行"举荐,授行在礼科给事中,在内府校书。仪铭借机陈奏其父曾侍讲读,未得恩典,明仁宗遂下诏赠仪智"太子少师",赠谥"文简"。仪铭"捧命书归祭先陇,因道出武定州",得知汉王朱高煦图谋不轨,于是上奏朝廷,后来朱高煦果然谋反,人们都佩服仪铭的胆识。宣德二年(1427年),仪铭受命直文华殿,与尚书陈山、张瑛日侍左右备顾问,屡次直言进谏,有所规劝。九年秩满,宣宗皇帝感念其父仪智多年辛劳,升仪铭为行在翰林院修撰。正统三年(1438年)预修《宣宗实录》完成,晋升侍讲。正统五年(1440年),仪铭以"老成刚直"被任为左长史。史载,仪铭在左长史任上,"事无巨细,公理治之,悉有条绪"。

正统十四年(1449年),明英宗朱祁镇在太监王振的鼓动下,御驾亲征瓦剌,郕王朱祁钰奉命监国。不久,明英宗在土木堡被瓦剌军俘虏,史称"土木堡之变"。朱祁钰在孙太后的授意下继承皇位,遥尊英宗为太上皇。"土木堡之变"后,廷臣弹劾王振误国,"呼号不辨人声",朱祁钰仓皇间不知所措,仪铭跪行其前,叩头劝他快速决断。王振同党、锦衣卫指挥马顺斥责仪铭,给事中王竑等群起殴毙马顺。一时朝班大乱,朱祁钰"环视屡起",于谦几次制止了他,朱祁钰最终下令族诛王振,廷臣怒气得以平息。当时王振党羽毛贵、王长随亦被殴毙,鲜血染红了城楼,军士想要用水洗去。仪铭阻止说:"不用洗涤,留着当作一面镜子,让那些祸国殃民的人们引以为戒吧。"

明代宗朱祁钰即位后,仪铭擢升为礼部左侍郎,"力赞征伐诸大事"。景泰元年(1450年)正月,仪铭奉命祭祀泰山、沂山,旋奉命兼经筵讲官,景泰帝每次听讲官讲读,辄命宦官投掷金钱于地,任凭讲官抢拾,号称"恩典",文臣参与者,除内阁高谷等外,唯有仪铭与俞山、俞纲、萧镃、赵琬数人而已。景泰元年(1450年)十月仪铭升任南京礼部尚书,后被加封为太子太保。景泰三年(1452年)仪铭被召回任兵部尚书仍兼詹事府詹事。仪铭为兵部尚书时,于谦亦任兵部尚书,二人同任尚书,历朝历代罕有。史载,于谦掌兵部,军国大政必与仪铭参决而行。当时四方屡发天灾,仪铭上疏皇帝说,要消灾"唯在敬天法祖,用贤纳谏,其次,省刑薄敛,节用爱人"。他又缮写《皇明祖训》进献,景泰帝甚为赞许。

景泰五年(1454年)七月十四日,代宗皇帝听说仪铭病重,下诏书问疾,颁赐白金五十两为购药之资,词语恳切;十七日,仪铭以病卒,朝廷遣官谕祭,赐钞万缗,赠特进、光禄大夫、左柱国、太师,谥"忠襄",又遣官谕葬,崇祀高密乡贤祠。《万历野获编·卷二十八》记载,仪铭:"以任子夕拜,且入史局,既为非望,及曳裾王门,官已不振,反以潜邸攀附,致位上卿一品。前后富贵者三十年而后殁,荣褒悉备,世无贬词,可谓幸矣!"陈循《仪铭墓志铭》中记载:"公平生负气节,侃侃不屈,卓有父风。与人交,重契谊,有或戾于理者,辄面斥不少贷。人能改悟修省,即爱敬如所亲。或有忤逆于己,己自揆苟当,亦忻然不较也。平生嗜好俭朴,虽仕宦三十年,唯守先人之旧,未尝增置一廛一室,为子孙安饱计,其有所自来哉!"

淹贯经史门第香

仪智起家"耆儒",自然德高望重,满腹经纶,儒学功底深厚。他任莘县教谕期间,清修《莘县志》赞扬他"学行俱优,可敦师范"。后来贵为皇储之师,也是众望所归。

仪铭少学于名士吴讷,笃于学问,"凡经传子史百家之言,靡不探历,为文章力迫古作者,而诗于五七言律尤见长"。他的《代祀东镇》一诗体现了其诗风敦厚的风格。

> 两袖天香出禁宫,星轺到处振清风。
> 举头红日瞻远近,仵目白云望转东。
> 圣主祀神隆古典,小臣将命秉丹衷。
> 礼成三献无他祝,只愿民安岁屡丰。

再如,《谒颜庙》一诗可窥其诗风温文尔雅。

> 洙泗清且涟,流派何弥弥。
>
> 泰山峙且高,下土俱瞻企。
>
> 况兹贤圣裔,家庭习诗礼。
>
> 圣容不可亲,名教尚可体。
>
> 俨然如对越,昕夕顿首稽。
>
> 华轩深意存,水木穷源柢。
>
> 千载余清光,无愧颜氏子。

仪溥,字号不详,仪智之孙,仪铭之侄。宣德七年(1432 年),仪溥中举,宣德十年(1435 年)出任河南武邑县训导。清修《武邑县志》记载,在任上,仪溥"学行超卓,训迪勤恳,束脩纤毫不受"。明清时期仪溥入祀武邑县名宦祠。仪溥任武邑训导秩满后,于正统八年(1443 年)擢升南京监察御史。旧时的高密城里有一座牌坊名曰绣衣坊,就是专门为仪溥而建。另有一座兄弟台谏坊,则是为仪溥、仪泰堂兄弟二人而建。

仪泰,原名溙,字景和,仪铭之子,景泰年间举人,以父荫授礼科给事中,后任陕州同知。仪泰兄弟五人,其最幼,初以选贡入太学,景泰元年(1450 年)中式庚午科山东乡试举人,选会试乙榜,仍入国子监读书。景泰五年(1454 年),其父仪铭以病卒,景泰帝特荫仪泰长兄仪海为锦衣卫百户。景泰六年(1455 年)三月,又擢仪泰为礼科给事中。天顺元年(1457 年)二月,都给事中王让等人上疏,称原郕王府官员子弟不宜留京任职。仪泰因其父仪铭曾为郕王府贡臣,遂被逐出京师,降任为河南陕州(今属河南省三门峡市)判官。天顺七年(1463 年)三月,巡按御史彭信上奏朝廷,举荐仪泰治民有方,遂擢升为陕州同知。据《陕州志》(清乾隆版)记载,仪泰在陕州任上,"惠政爱民、尤注意学校,甫二载,卒于官",陕州百姓为之立祠。

仪浩,仪智之孙,字号不详,明宣德壬子科举人,终官磁州学正。

仪源,仪智之孙,字号不详,举人,官至宁国府检讨。

仪通,仪智曾孙,字士亨,成化十九年(1483 年)举人,授直隶永年县教谕。弘治十五年(1502 年)升任南京国子监博士。

仪璟,仪智曾孙,举人,曲阳县丞。

忠厚传家祀乡贤

仪智一族秉承忠厚传家的优良家风，以“明天理、敦五伦”教育子孙识大体，知进退，宽厚仁义，忠君孝亲，从而各有成就。据明代景泰七年（1456年）翰林院编修万安所撰《赠荣禄大夫太子太保兼兵部尚书仪公墓碑铭》载，仪智的祖父仪均祥“简默悃愊，事亲孝，处昆季极友爱，与人交，久敬不怠，择善者恭谨从之，不介于小嫌，自不同时辈。晚官弘化司，凡公务纤细，必悉心稽覆，综理无遗，达者目为远大之器”。仪智的祖母王夫人“孝敬勤俭之德，每每著于家门”。仪智的父亲仪仲和“风度豁然”“持正不阿，见义敢为”，担任税课官时，“无丝毫以自肥润”。后来元末兵荒马乱，仪仲和“仗义率众保障，人赖以安”。仪智父子二人也“父子相继，笃实之学，正大之行，冰霜之操，中外推羡，如出一口，为列圣倚重”。仪智把自家的堂号命名为“有恒堂”，把自己的书斋命名为“有恒斋”，当时的官僚都写诗作文赞美歌颂，很多诗文流传至今，其中最有名是吴讷的《有恒堂记》和薛瑄的《有恒斋铭》。吴讷是明朝一代名儒，后来官至南京左副都御史。薛瑄后来成为一代理学大师，配享孔庙。仪智聘请吴讷教育三子仪铭，他对吴讷说过一番话，堪为“家训”。吴讷在《有恒堂记》里转述说：“智自束发读书，暨登仕版，以迨于今，兹唯有恒是式。盖人一心全具天理，唯有恒者不二其心，故天理流行日用之间。凡忠君孝亲，善兄弟、夫妇、朋友，以及应接事物，何莫非是理所推乎。今吾年已耆艾，诸儿悉令归耕，唯季子铭留侍兹，幸亲砚席，望以是训勉之。”史载，仪智为人亢爽秀朗，刚毅廉直，“德茂而学丰，气充而操笃”。《明史》称赞仪智：“宽平严正，务持大体，尚忠厚，遇事是非又辄别白，为太孙陈说，不附会。”仪智卒后入祀高密乡贤祠。其子仪铭也不负众望，光大家声。《明英宗实录》称赞仪铭：“虽短于才学，然质直负气，遇事侃侃不曲屈，雅志简朴，仕宦三十年，唯守旧庐，论者谓乃不愧乃父云。”仪铭死后也入祀高密乡贤祠。仪铭之子仪泰，陕州判官，鞠躬尽瘁，卒于任上，陕民立祠纪念，后改祀高密乡贤祠。仪智曾孙仪通，南京国子监博士，史称“素性忠信，绝无外慕，尤博极群书，至今以纯古之人称之”，卒祀高密乡贤祠。

血食封侯吾辈事
老穷终不羡陶公

李介的家风

　　明清时期，凡是具有为地方所推崇的品学，在乡邑中有道德声望和卓越建树，死后由大吏题请祀于其乡，入乡贤祠，受春秋致祭的乡邑中人便可称为乡贤。若一个人死后被奉入乡贤祠，对整个家族将是一种莫大的荣耀。一人能入已属不易，明代高密西隅老木田李家，却有祖孙三代四人同入祀，这绝对是凤毛麟角的。其中杰出的代表就是李介。

　　李介（1445—1498年），字守贞，后改字守正，号贞菴，成化五年（1469年）进士，入选翰林，官至左佥都御史、兵部左侍郎，卒赠兵部尚书。李介和他的父亲李杰、弟弟李简、儿子李昆，他们四人先后入祀高密乡贤祠，成为令人难以企及的世家大族。李介祖孙三代以他们的道德文章彪炳千秋。

传家儿愿登高举

　　高密老木田李氏，其祖先南宋初期由陇西（甘肃）迁延至高密，元代以武功起家，明代弃武从文，成为科举世家。李介之子李昆曾有诗句："传家儿愿登高举，偕老人期共晚荣"（《东冈小稿·初度》），表达了李家科甲连第的家族秘密。李介曾祖父李伯荣，文行高一时，累辟召不就官。祖父李逊，字允谦，永乐年间（1403—1424年）以人才征辟，曾任福建布政司理问、陕西行都指挥使司经历司经历，有著绩。父李杰，字文英，号松菴，景泰年间举人，累官太仓镇海教授。明代中期名臣、曾任内阁首辅的刘健于《李介墓表》中记载其父李杰:"凡经指授,多造就,登科甲、跻膴仕者,历历可数。"《高密县志》(清康熙版)记载,李杰"性警敏嗜学,六经、子史靡不研究",史称,"门人登科第、通朝籍者,后先相望,人谓苏湖之盛无一过之"。后入祀睢州名宦祠。李杰的三子李介"生而聪警异常,七岁能作长对,应口成诵,十一岁能属文"。明成化元年(1465年)李介中举,成化五年(1469年)中二甲第六十一名进士,选授翰林院庶吉士。明代高密人以进士入选翰林者,唯有李介一人而已。李介出身翰林,工诗善书,"为文章雅健有法"。《明孝宗实录》称赞李介:"严密简静,识达政务,一时声望亦重。"旧时的高密城里尚书坊、父子都宪司马坊、绣衣坊、亚魁坊和进士坊五座牌坊皆与李介有关。

李介之弟李范(1461—1541年),字守模,别号迁斋,成化年间(1465—1487年)举人,累官太原府通判。其父李杰卒时,李范与弟李简尚年幼,其母黎氏教之甚严,亲自督促李范兄弟日夜苦读。成化十九年(1483年),李范中举。此后数考进士不中,遂遵母命谒选铨曹。弘治十三年(1500年)授太平府推官。《高密县志》(清康熙版)载,李范为官"操履廉慎,刑政清简"。李范生性淳厚,笃于学问,其文章和诗赋"皆简古切理",其书法端劲。归乡后以经史教授子弟,至老不倦。

李简(1462—1525年),字守敬,号敬庵,成化年间举人,官凤翔府同知。李简幼年丧父,其母黎氏担心家声中坠,"虽抚之慈甚,而为教孔严,每夕从外傅归,必购灯督其讲诵"。后来李简随三兄李介求学于京师,成化十九年(1483年),李简中举,成化二十年(1484年),李简参加会试不中,遂入太学读书,然七考进士仍不第。弘治十八年(1505年)赴吏部谒选,授寿州知州。

李介之子李昆(1471—1532年),字承裕,号东冈,进士,官至兵部侍郎、顺天巡抚。弘治二年(1489年),李昆中举。弘治三年(1490年)中二甲第七名进士。李昆工诗文,善书法,其文"平淡中有理趣,不喜作艰涩语",书法端劲。诗尤工于五言,"得意思处有唐人风致"。著有《东冈小稿》传世。明代父子俱至三品九卿者,全国不过数十家。高密仪智、仪铭、李介、李昆父子荣列其中。旧时高密城里的父子都宪司马坊就是为李介、李昆父子而立。

血食封侯吾辈事

李介、李昆父子曾经以文官经略边陲，过着刀上舐血的日子，因而喜欢建功立业，报效朝廷，造福百姓。即使遭遇打击迫害，乃至坐牢，也不改初衷，不甘沉沦。李昆有诗句曰："血食封侯吾辈事，老穷终不羡陶公"，就是他们父子二人的写照。他们这一家族，也有良好的为政之风，不愧"循吏"称号。

明成化七年（1471年），李介擢升四川道监察御史，丁忧回籍，服满改任河南道御史，奉命巡视两浙盐课。史载，其在任"搜剔宿弊，裁酌事宜，灶商翕然称便"，事竣回掌河南道事。李介为人骨鲠不阿，遇事敢言，曾两次被罚廷杖。任满后，超擢大理寺右寺丞，进大理寺右少卿。弘治元年（1488年）奉命致祭泰山、沂山、东海，升左佥都御史，巡抚宣府。清修《新续宣府志》记载，其在任"忠信宏厚，明达正直，政暇辄诣学宫，集诸生行乡射礼，为伍倡，诸生有勤于讼习、行伍中有勇于战斗者，必出公资激劝之"。在任九月，"边境肃然"。次年召还，以左佥都御史署都察院篆，"清简自律，不事苛刻，时称得体"。弘治七年（1494年）五月升兵部右侍郎，旋迁左侍郎。刘健《李介墓表》记载，期间，"凡百军政，务归至当，有少不如意，食息不宁者累日。其与议将臣，一秉至公，不私为臧否，退必以手加额，曰'此心固不敢欺也'"。弘治十年（1497年）夏天，蒙古谋犯大同，朝廷命李介兼左佥都御史，督理军务，兼任经略。到任后，李介整顿军务，增修城防设施，先后条上便宜二十事，军士感悦。弘治十一年（1498年）正月卒，赠兵部尚书，赐祭葬。

李介之弟李范出任推官，其母不乐，入问其故，则说："刑官关乎百姓性命，非精通法律者不能担任，一旦失公平，想让人无冤也难"，并劝导李范为官节俭清廉。李范没有辜负母亲的期望。其在任"克体慈训，贤名籍甚"，史称"有冰蘗声"。御史刘准举荐，迁顺德府通判，在任"雅操愈励"，因为丁母忧回到高密。服满补授太原府通判，总督雁门三关十二营堡粮储，"而名益重"，上官屡奖其贤。后以憨直得罪上司，正德十一年（1516年）告归。

李介之弟李简担任寿州知州期间，下车伊始即了解民瘼所在，极力革除弊端。时值寿州大旱，李简穿素衣着草鞋，亲自为民祈雨，史称"甘霖立应",寿州文士绘图歌咏传颂。寿州当时科第不盛,李简空闲时间,召集诸生入县衙后堂亲为讲授。在其教诲下,寿州接连有两人中举。正德七年(1512年),李简改任陕西乾州知州。在他任职乾州时,有一罪犯入狱,其妻子假装汲水,将白银投于李简住处,欲行贿赂。李简察觉其奸,秉公断案,将罪犯绳之以法。明弘治十五年(1502年)状元、文学家康海曾经颂扬李简,说他有汉代廉吏杨震之遗风。正德九年(1514年),李简擢凤翔府同知兼抚民事。史载:"清廉如旧""凡巡视属邑,一切供需,皆出俸金自给,虽一果蔬不轻纳。"后因被诬告罢官归里。

李昆中进士后,授刑部广西司主事,后改礼部仪制司主事。宦官何鼎因建言入狱,台谏救之,皆被责罚。李昆毅然上疏论救,未被采纳。李昆后以父忧归,服满改兵部武库司主事。明孝宗将建延寿塔于朝阳门外,李昆上疏请罢,以其资抚恤贫民。正德初年,奸佞当道,李昆上疏"请黜邪枉,进忠直,杜宦戚请乞,节中外侈费,皆不报"。后来李昆升任兵部武选司员外郎、郎中。一日,库吏检库中年久文卷,获一匣,若似藏有金银,因年代久远,漫无可查,库吏秘密告诉李昆,李昆笑而不答,当众打开匣子,有金四百余两,即移付公帑。正德三年(1508年),因不逢迎得罪宦官刘瑾,他被贬任解州知州。《解州志》(清乾隆版)记载,李昆在解州"公廉礼下,政平颂理,盗息民安"。正德四年(1509年),李昆升陕西按察司金事,分巡关南道兼管兵备,史载,"贼望风辄北"。正德六年(1511年)奉敕督理学政,"关中士子咸服之"。不久迁陕西按察司副使。正德八年(1513年)升湖广按察使,在任"佑善锄强,风纪丕振",次年升湖广右布政使。正德十年(1515年)转陕西左布政使,以右副都御史巡抚甘肃,与总督彭泽经略哈密。史载,李昆"雅知兵略,于武侯八阵图尤得其旨",其在甘肃,屡受朝廷奖赐。正德十三年(1518年),兵部尚书王琼弹劾彭泽处置失宜,牵连李昆,罢彭泽为民,逮李昆至京下狱治罪。法司言李昆设谋遏强寇,功不可掩,王琼不从,贬谪浙江巡海副使。明世宗登基后,王琼被罢官,李昆得以复官,正德十六年(1521年)以副都御史整饬蓟州兵备兼巡抚顺天等府,十一月召为兵部右侍郎。大同驻军发生骚乱,杀巡抚张文锦,李昆奉命诏抚。嘉靖三年(1524年)六月迁兵部左侍郎,后因病辞官归里,嘉靖十一年(1532年)卒。其后裔、"三李先生"之一李宪乔《题先少司马公东冈集后》诗云："早志澄清许范滂，云中遗业恨茫茫。时逢板荡纡筹策，老去勋名属战场。边士争夸小太尉，威声已慑右贤王。孤臣涕泣轮台诏，肯把开边劝武皇。"李宪暠在《览家乘作述祖德诗六首》中有句"两世策边勋，烈烈光史册"，即是指李介、李昆父子二人皆镇守边疆，功勋赫赫，得以彪炳史册。

李昆之子李光祚，字孝伯，荫生，嘉靖年间（1522—1566年）授南京前军都督府都事，署经历。嘉靖二十年（1541年）升东都转运使司同知。嘉靖二十三年（1544年）升任贵州思南府知府，在任"兴利除害，远人畏服"。不久罢职归里，与远近名士吟诗行乐，年五十而卒。李光祚之弟李光绪，字继伯，荫生，嘉靖间任南京太常寺典薄。李光祚之子李志业，字思振，官光禄寺署正、大同府通判。

声光千古重清流

李昆在一首挽友人的诗中曾说："勋业百年虚雅望，声光千古重清流。"这首诗可以说是李介一族的精神写照。明嘉靖年间内阁首辅毛纪《明故通议大夫兵部左侍郎李公墓志铭》（以下简称《李昆墓志铭》）赞扬李昆之父李介"气节名业为一时重"。刘健《李介墓表》载，李介"赋性正直，无少回曲。然容貌词气和平凝重，论事卓有定见，不诡随，人有咨请者，必为之熟思，并所未及者告之。与朋友交，情笃而礼周。遇贫病患难必竭力赒给。居家庭端严无惰容，事太恭人极孝敬，定省闱间昕夕"。弘治三年（1490年），都察院左金都御史任满三载时，据例本人应受诰封，而他上奏恳请移封父母，被诏准后，受到士大夫的钦敬。父母殁后，他竟哀毁逾礼，骨瘦如柴，凡享奠，必亲躬，每逢父母忌辰，悲咽地吃不下饭，他对父母的诚敬之举，使官民赞誉不已。李介"事二兄恭慎如一日，待诸弟教爱兼至"，对兄弟们敦爱如一，相敬如宾，李范、李简都是在他教导下成才的。李介崇俭素，自检尤严，一介不取，因此，虽久在官，囊无积蓄。戚里故旧有赠送东西的，没有办法拒绝的情况下，回礼时给予对等价值的礼品。属下有献蔬菜水果等土特产的，安排手下只取十分之一，以免伤了和气，人家面子上不好看。明弘治九年（1496年）官廨发大火灾，书籍等物烧成灰烬，此外再别无别的东西，只剩下残垣断壁、瓦砾一堆而已。还有一件事可以说明他的清廉。他在担任御史时，有一次生了大病，贷了若干钱，用于日用和请医抓药。起初贷款者有所图，后来看见他一贫如洗，于是天天上门索债。李介没有办法，把房子抵押给了他，但还欠了三分之二。有知道他窘况的好友代他偿还了欠款，这才帮他渡过难关。李介公余的读书生活，尤喜读宋抗金英雄传。在任职司法工作时，凡经他的断狱，多所平反，他经常教导李昆断案应该注意事项，"最重古人罪疑唯轻之言，意思甚好，汝其念之"。

李简克绍父兄之风。李昆在《明故奉政大夫凤翔府同知奉诏进阶朝列大夫高密敬庵李公墓志铭》中评介道："议论方正，直而不苟，持节清苦，义气崭然，不枉道求合于人。遇人务从厚，无憧憧意。人有托，务竭心力为之，不啬己事。族党有不平事，或闻时政缺失，辄忧形于色，甚至抚几扼腕不已。与朋友交，倾倒腹心无隐情。事亲极孝，念母早薨，而养不逮父，言辄涕泗呜咽。遇亲忌日，痛不能食。侄晨早孤，携之寿，延师教之，及授室焉。训子孙皆业儒，戒勿习纨绔。待族姻，恩义切至。遇故人子，尤怜恤之，周救唯恐弗至。处乡，人不为翕翕然，亦不为斩绝之行。故卒之日，自有位以及士庶有识者，皆痛悼不已。"

李昆早承家范，浑厚从容，出处大节，光明磊落。毛纪《李昆墓志铭》赞扬李昆："公事二亲，奉先祠，克尽诚敬，一于礼不少苟。教子弟业儒务农，恒以纨绔之习为戒。待族党睦以和，遇贫乏或颠危者，不吝赈拔。"居乡期间，常与姻亲旧友共坐，少饮而乐，谈吟终夕不倦，好像没有官职的人一样随和，所谓"与乡人处，若无位者，而人益亲焉"。

清廉著大节
孝道光门风

王乔年的家风

　　王乔年(1525—?),字耆卿,号古松,明代高密东周阳社人,明嘉靖二十九年(1550年)进士,以知县擢御史,累升山西布政司参议。

为政有声祀名宦

　　王乔年出生于书香世家。祖父王辅,明景泰四年(1453年)癸酉科举人,曾任福建福宁县(今福建省霞浦县)训导,后终官府学教授。父亲王邦宪,字时正,岁贡,官沁水县训导。中国古代的科举考试制度是封建社会官府经过定期举行的科目考试,是根据成绩的优劣来选取人才任官的一种制度。科举制度自隋朝创制,历经唐、宋、元朝,至明清时期已经比较完备。明清科举考试分为乡试、会试和殿试三级。在乡试之前尚有预备性的县府院试,即取得地方学校生员资格的考试。只有取得县府院学的生员(即秀才)资格,才能参加乡试。乡试是每三年一次在各省城(包括京城)贡院举行的考试。参加者是本省生员与监生、贡生、荫生、官生,经科考、录科、录遗考试合格者均可应试。逢子、午、卯、酉年为正科,遇朝廷庆典加科称为恩科。考期在八月,分三场。届时,朝廷选派正副主考官,试《四书》《五经》、策问、八股文等,考中者称为举人,可赴京参加会试。在乡试次年的春天(三月),各地举人汇集京师参加会试。会试是礼部主持的中央考试,考试内容与乡试相同,考中者称贡士。举人取得贡士资格后,方可参加皇帝主持的殿试。殿试是指皇帝亲自出题考试,又称"御试""廷试""廷对"。经殿试后,及第者皆赐出身,称进士。王邦宪所任之训导,为儒学副长官,协助教谕管理生员课业品行。其官不大,官声极佳,他解印之后,被沁水人崇祀于沁水的名宦祠内。在中国的古代社会,做官者的名字能进入所任地的名宦祠内,是一种极高的荣誉。《沁水县志》称赞他:"纯朴端介,古君子风。"由于培养出儿子成为一名进士,卒后又与儿子王乔年一起,入祀高密乡贤祠。

王乔年绍继父祖之风,嘉靖二十八年(1549年)以县廪生、治诗经中式己酉科山东乡试第五十四名举人,次年会试中式,殿试中三甲第一百八十八名进士。嘉靖三十年(1551年),王乔年出任直隶顺天府固安县知县。史称,其在固安"诛锄强暴,境内肃然"。嘉靖三十四年(1555年)改任河南开封府扶沟县知县。《陈州府志·名宦传》(清乾隆版)记载,其任扶沟"年尚少,驭下以严,待士以礼,深沉端正,骂詈不及台隶"。清修《扶沟县志》载:"事无巨细,人无贵贱,一识辄不忘",不法官吏和横行乡里的豪民"悉置之于法",由此"邑境晏然"。扶沟人将他入祀名宦祠。嘉靖三十六年(1557年)八月升监察御史,次年实授云南道监察御史。后外任山西按察司佥事、分巡冀宁道,升山西布政使司参议、朔州兵备道。王乔年任朔州兵备道颇多政绩,《山西通志》《太原府志》等史料记载,嘉靖四十年(1561年)发生旱荒,土贼以定襄段木山为巢穴四处掳掠,王乔年设计诱贼,夜发兵擒获四十余人,伤杀颇多,余党解散,境内以安。《高密县志》(清乾隆版)称赞王乔年说:"所至有声,性谨厚,不以贵骄人,戚党多待以举火。"清代入祀高密乡贤祠。

王乔年之孙王家栋,字隆吉,国学生,曾任兵马司指挥;王家翰,国学生,曾任河阴知县、许州州同。

王乔年之曾孙王昌允,字燕之,国学生,以例仕进入仕途,累升户部浙江清吏司员外郎、太仆寺少卿。

清廉尚义大节著

王乔年之父王邦宪,入祀沁水县名宦祠,主要原因为"束脩不入,造就多方",也就是说除了官家给予的微薄的养廉银之外,王邦宪教育培养县学生员,不再另外收取"束脩"(学费),不要报酬。这是难能可贵的品格。

王乔年也是一个清官,《扶沟县志》记载:"再补扶沟,一介不取,百度允厘,扶人荐入名宦。"

王乔年之曾孙王昌允,明崇祯十七年(1644年),李自成率起义军攻破北京,进京后建立大顺政权,实施"助饷"政策,设立"比饷镇抚司",由刘宗敏主持,规定助饷额为:"中堂十万,部院京堂锦衣七万或五万三万,道科吏部五万三万,翰林三万二万一万,部属而下则各以千计。"王昌允被大顺军抓获后,被勒令助饷,"筋断骨折""拷掠几毙",遭受非人折磨,清军入关得以获救。归乡时宦囊一空,步履艰难,其妾焦氏扶持回归故里,家乡田庐荡尽,清苦度日。焦氏本是京师人士,曾经享尽荣华富贵。来到高密以后,一粥一饭都是自己操持,备尝艰辛。她曾经对人说:"我此处没有家业,又没有子女,为什么还要贪恋人世呢?之所以苟延岁月,因为主翁(王昌允)还健在。假如有一天他走了,我也就不活了。"人们以为这是焦氏一时感慨的话,没有放在心上。后来王病死了,焦氏就用一根绳子吊死在棺材边上,时任县令赠送节烈匾额。王昌允家境原本富有,天启年间(1621—1627年)曾捐资倡修高密文庙。崇祯十三年(1640年),高密发生灾荒,他曾捐米三百石,煮粥服济灾民,百姓深受其惠。

孝友传家代有贤

王家世代孝友。《高密县志》(清乾隆版)《人物志·仕绩》称赞王乔年之父王邦宪"制行纯笃,有孝闻"。

王乔年也是孝子,事父母极孝,涵养深沉,有大节。

王乔年的曾孙王昌期,字际之,邑庠生,早逝,其妻子李氏青年守志,孝敬公婆,抚育子女,苦节五十余年,雍正七年(1729年)奉旨入节孝祠。再后来,李氏的孙媳妇阎氏、单氏,曾孙媳妇任氏,都继李氏之志,或者殉夫,或者苦志守节,都入祀节孝祠,史称"一门四节"。当时县令蒋某旌给阎氏之匾曰"冰心壶则",旌给单氏之匾曰"节曜中闱";县令王某旌给任氏之匾曰"矢志殉夫"。

王乔年的元孙王兴祚,字锡公,也是一个著名孝子。他的母亲李氏早寡,性严厉,王兴祚委曲求全,顺承母亲。母亲盛怒,兴祚就长跪不起,任由母亲打骂,即使年过半百,也是这样,邑人屡以德行举荐,视为孝子。他的孝母事迹载于《旧志·孝友》。

当然,王氏一族的许多节孝之举,放在今天是不可思议的。可是中国古代的社会环境和道德规范就是如此,家长绝对权威,儿女只能逆来顺受,否则就是大逆不道,就是不孝。那些矢志殉夫守节的女人们身背"三纲五常"的枷锁,命运更是悲惨。关于此类家风,我们需要辩证地看待,取其精华,去其糟粕。

简肃彰青史
文章冠海内

丘橒的家风

柴村丘氏为明代世家望族，自丘橒"以《礼》经显，有名于朝，尔后甲第蝉联，衣冠鳞集，遂为琅琊世家"。

清廉耿直称简肃

丘橒（1516—1585年），字茂实，号月林。明代诸城柴村（今山东省高密市柴沟镇邱家大村）人，进士，累官南京吏部尚书，卒谥"简肃"。他清正廉洁，刚正不阿，在当时与海瑞齐名，被世人誉为"南海（海瑞）北丘（丘橒）"，名噪一时，千古流芳。

丘橒出身贫寒，"性颖悟，孤介，有高志""少年励锋气动，与时尚相枘"。年少求学于百里外，甘贫，刻苦向学，经史百家靡不淹贯，高中嘉靖二十二年（1543年）癸卯科山东乡试亚元。嘉靖二十九年（1550年）中进士，授行人司行人。嘉靖三十三年（1554年），擢刑科给事中。嘉靖三十四年（1555年），倭寇六七十人，因迷失方向四处劫掠，自太平府直达南京，南京兵部尚书张时彻闭城不敢出，朝臣弹劾张时彻等人罪状，张时彻亦上疏辩解。丘橒弹劾张时彻欺骗蒙蔽之罪，张时彻与侍郎陈洙被罢职。是年，丘橒迁兵科给事中。当时嘉靖皇帝久不亲朝，权臣严嵩弄权，丘橒上疏，说"权臣不宜独任，朝纲不宜久驰"。嘉靖帝问严嵩，丘橒为人如何？严嵩回答说："年少狂妄无知之人"，嘉靖帝沉默不语。丘橒弹劾严嵩党羽宁夏巡抚谢淮、应天府尹孟淮贪渎,谢淮坐免。是年,严嵩失宠。丘橓弹劾严嵩举荐的顺天巡抚徐绅等五人,结果被罢免三人。丘橓又弹劾南京兵部尚书李遂、镇守两广平江伯陈王谟、锦衣卫指挥魏大经以贿赂得官,魏大经被交付法司处置,陈王谟被革职;又弹劾浙江总兵官卢镗,卢镗也被治罪罢官。嘉靖四十年(1561年),丘橓升户科右给事中,后升刑科左给事中,次年改工科左给事中。湖广巡抚方廉贿赂言官,每人五金,丘橓上疏弹劾,并弹劾自己,结果方廉被革职。张居正听闻此事后说:"此君怪行,非经德也。"嘉靖四十二年(1563年),蒙古入长城掳掠怀柔、顺义,总督杨选被治罪。丘橓和同僚上陈善后事宜,指切边弊。嘉靖帝以丘橓不早弹劾杨选而大怒,下锦衣卫杖六十,罢黜为民。丘橓归里,只有一筐破衣服、一捆图书,别的什么家当也没有。当时的裕王、后来登上帝位的朱载垕"闻而异之"。隆庆元年(1567年),丘橓等三十三人遵照遗诏被起用,授礼科都给事中,不应召,旋授南京太常寺少卿。隆庆二年(1568年)升大理寺右少卿,以朝政维新,旧俗未改,称病归里。

万历即位,言官举荐丘橓,内阁首辅张居正厌恶丘橓,不召。张居正卒后,丘橓被起用,任右通政,未上任,又擢升左副都御史。他坐着一辆柴车低调赴京。他一入朝,立即陈奏吏治积弊八事,受到万历皇帝的赞许,迁刑部右侍郎。

万历十二年(1584年)四月,万历皇帝派大臣查抄张居正家产,当时在京官员都不愿担当此任。生性好搏击的丘橓奉命与司礼监太监张诚、锦衣卫指挥曹应魁等前往。在查抄张居正在京家产后,又奉命前往张居正祖籍湖广江陵。因丘橓与张居正关系不睦,当时社会名流申行时、许国、于慎行等人知道丘橓为人,都劝说丘橓不要过于苛刻。但丘橓并没有接受同僚和好友的规劝,在接到申行时的书信后,他置之不理。五月,到达荆州府后,在查抄张府过程中,丘橓认为查抄出的财产太少,采取严刑逼供,牵连甚多。张居正长子张敬修写下一份"丘侍郎,任抚按,活阎王!你也有父母妻子之念,奉天命而来,如得其情,则哀矜勿喜可也,何忍陷人如此酷烈!"的血书,自缢身亡。张居正次子张明修投井不死,绝食又不死。《荆州府志》(清康熙版)记载了当时查抄张府的惨状:"刑部侍郎丘橓等到荆,方酷暑,暴诸子烈日中,掠治惨烈,因讽以诬所不快,且旁摭荆大姓。"谈迁《国榷》记载:"流毒三楚,蔓延数年。"谷应泰《明史纪事本末·卷六十一》称:"株连颇多,荆、川骚动。"丘橓查抄张居正家后回京,升刑部左侍郎。万历十三年(1585年)拜南京吏部尚书,同年十二月初八日卒,赠太子太保,谥号"简肃"。其卒时,仅有积俸三十七金、布抱三袭而已,其好友海瑞闻之大恸,资助丘橓家人盘缠以归葬。潍县刘应节为撰墓志铭,称赞他说"明兴二百余年,山以东有丘公橓者,今之汲黯也"。

丘橓为人孤峭,与海瑞为至交,二人以气节相砥砺。一次,海瑞做客丘家,唯枣粟盐豉,同列闻之皆叹服。《明史》称赞丘橓:"强直好搏击,其清节为所称。"但丘橓与海瑞一样,在官场上被认为是让人不敢亲近的异类,受士大夫诟病,也屡为张居正等治国能臣所不喜。

明代朱国祯评价他:"胸次浅隘,好为名高,不近人情",并说"此种人最不足取"。无论孰是孰非,历史自有公论。

丘橓长子丘云章(1542—1566年),字伯卿,号肖林,进士,官深州知州。他于嘉靖四十四年(1565年)中进士,观政礼部。同年八月授深州知州,其同年进士、浙江诸暨人骆问礼《送丘肖林年丈知深州序》云:"(丘橓)公刚正之名振动海内,意其为人必耿介严厉,严若泰山而峭若铦刃,其子肖之,必有不易近者。"他表达对丘云章继承家学、酷肖其父品德佩服极致。丘云章到河北深州,下车伊始,就用心清理积弊,杜绝一切贿赂,修浚滹沱河堤岸。可惜积劳成疾,上任才三个月就卒于任上。丘橓闻之,悲痛欲绝,说"自念生平悖直,处世过于孤洁,论人伤于刻核,以致天人交怒,而恶报及矣。"丘云章卒时,其妻王氏尚年轻,丘橓不顾当时舆论将儿媳嫁出,令当时人惊讶不已。

丘云肇,字似林,丘橓嗣子,万历二十六年(1598年)戊戌科进士,历任罗山、东明县知县,终官庐州知府。清修《东明县志》载,他任职东明时,曾出其不意到县库清查银两,将不法库吏绳之以法,一时"人心悚然"。不久,"以负气绝不能下人,得罪于当路",降授河南按察司知事,后改任宝丰、子长知县。万历三十年(1602年)任陕西定边知县,《定边县志》(清嘉庆版)载:"日以作兴人才为己任,治民事神,大有贤声。"由此升南京大理寺右评事,并以此职出任贵州乡试正主考。后迁户部主事,升户部郎中。丘云肇在户部任上亦颇有贤名,史称"管九门盐法,都下铮铮有声",名震京师。万历四十年(1612年)七月出任南直隶庐州府知府,到任不久即被罢职。后授长芦运同,未赴任而屏居乡里。天启元年(1621年),丘云肇上用兵十策:"定车战、设地雷、立登陈、掘地坑、毒河水、用火攻、用机军、用陷板、设伏兵、用夹攻。"广宁巡抚、诸城人王化贞立持其说。史称,丘云肇"美丰仪,类风前玉树,声作钟声,言辞慷慨",时人认为不愧丘橓之子,可惜丘云肇只有一子亦早亡。

丘橓的侄子丘云嵊(1557—1630年),字名西,号少林,以举人历任四川南部县、直隶阜城县知县。丘云嵊的父亲丘桴,字愚升,号次林,恩贡生。明清科举时期,按期选拔各地府、州、县学的"生员"(俗称秀才),贡入中央官学机构——国子监(俗称"出贡"),称"贡生"。贡生分为岁贡、恩贡、副贡、拔贡、优贡五类,合称"五贡"。其中以"岁贡"(岁贡生)最多,俗称"岁进士"。丘云嵊于万历二十八年(1600年)中式庚子科山东乡试举人,后授四川南部县知县。南部地区贫穷落后,丘云嵊为政宽和,"与之休息,躬诣阡陌,父老来车下言所欲,忘其为邑父母也"。在任长于断狱,多所平反。当时巡查州县的官员,气势骄横,所到之处皆由地方供应。丘云嵊叹曰:"朝廷派官巡查地方,本意为利民,怎么反而成了扰民呢?"他听说巡查官员要来,遂贴出告示说:"南部民甚贫,不能供具,请罢官自赎",并脱袍笏放在公案上。巡查官员在驿站听闻此事,大为惭愧,对丘云嵊大为褒奖,将其考核列为上等。后调任直隶阜城知县。当时其子丘志充以进士任工部主事,丘云嵊说:"父子不宜同居禄位",辞官归里。丘云嵊回乡后,"布衣箬冠,往来兰竹、九仙山谷中,出入城市皆徒步"。其子丘志充任河南按察使时回家省亲,不敢乘轿入村。后来丘志充行贿图谋京堂事发,被魏忠贤党羽侦知,逮捕入狱,家人哭泣,丘云嵊以东汉范滂与母诀别的典故安慰家人,年七十四岁,谈笑而逝。

放浪形骸赋风流

丘氏一族的处世哲学,前后有过较大反差。丘橓谥号"简肃",可见其作风古板、严肃、矜持。其子侄丘云嵘等也可圈可点。可是到他侄孙这辈，剧情有点反转，出现了一批离经叛道、行事乖张的后代，为世人所诟病。北宋著名的道家学者、养生家陈抟有句名言："心和气平，可卜孙荣兼子贵；才偏性执，不遭大祸必奇穷。"这句话出自其著作《心相篇》。这个箴言，用在丘氏一族身上，是再合适不过的。大家还记得蒲松龄《聊斋志异》中《遵化署狐》里那位丘大人吧？狐狸为祟，可以让它们择地而生，既可成全一家老小百余条生命，也可成全丘大人不杀生的仁德，岂不两全其美！可丘大人一声令下，"使尽扛诸营巨炮骤入，环楼千座并发；数仞之楼，顷刻摧为平地，革肉毛血，自天雨而下"，以致生灵涂炭，到后来他也因贪污行贿被人举报而丢了性命。这位丘大人的原型就是丘橓侄孙丘志充。

丘志充（1583—1632年），字美甫，一字介子、左臣，号六区。进士，官至山西右布政使。

丘志充"生而歧岳"，十七岁游于庠学，二十一岁以遗才第一荐于乡，与其父同赴京师参加会试皆不中。丘志充为人放荡不羁，中举后曾沉醉青楼中，万历三十八年（1610年）入京参加会试，"携艳妓紫衣者，挥鞭唱红楼绝妙词"，抵京后与新城王象春、金陵张宾王等七人结南宫诗社。万历四十一年（1613年）补殿试，中二甲第六十名进士。

丘志充中进士后，授工部主事，累升工部郎中。万历四十八年（1620年）外任河南汝宁府知府。天启元年（1621年）五月擢磁州兵备副使，次年正月调为四川监军副使。天启初年，四川永宁土司奢崇明反叛，占据重庆，朝廷命徐如珂为川东兵备副使，丘志充为监军，与石柱女土官秦良玉收复重庆。徐如珂对丘志充评价甚高，称："监军则可谓善将将者，望之若不胜衣，而遇大敌奋大勇，何桓桓神武也。事成而一病几不起，遂谢事而去，岂犁庭扫穴，天意稍缓须臾耶？论功称为功首不虚耳。"天启三年（1623年）十一月起补湖广按察司副使，分守荆西。天启四年（1624年）升湖广布政使司右参政，分巡湖南道。《湖广通志•卷四十一》（清康熙版）记载："督兵援渝州，称文武才，擢大参，分巡湖南，风纪肃然。"天启五年（1625年）十月升河南按察使，次年七月升山西布政使司右布政使、怀来道。天启七年（1627年）正月因"车载饷银，钻谋京堂""下镇抚司究问"。据史料记载，丘志充本欲向魏忠贤党羽崔呈秀行贿,不料被东厂侦知,崔呈秀嫁祸兵部尚书李思诚。《明熹宗实录》记载:"镇抚司具丘志充、王家栋狱词。赃银九千一百三十两,命勒限严追,以助大工。"丘志充被判监候处决。但直到崇祯五年(1632年),才与广宁巡抚王化贞同日被斩弃市。丘志充与王化贞为同榜进士,又是同乡,又同日在京城被处死,在当时被认为是怪事。丘志充曾藏有《金瓶梅》及其续本《玉娇丽》的抄本,亦有学者称丘志充就是《金瓶梅》的作者,丘志充与《金瓶梅》的故事令后人扑朔迷离。

丘橓侄孙丘志广,字粟海,一字洪区,号蝶庵、柴村,因世居柴村,复以为号。贡生,官长清训导,擅长诗文,早年与其族侄丘石常、丘玉常齐名,时称"丘氏三俊"。清朝顺治三年(1646年),年已半百的丘志广岁贡入太学,后对策金水桥,擢贡元,康熙年间(1662—1722年)出任长清县训导,年已古稀。七十五岁时告归乡里。他少年时信奉道家神仙之说,游历崂山,从道士齐本守学仙。后来得病,几近疯癫。中年从安丘马从龙潜心学习理学。他晚年终究耐不住寂寞,出山谋得了一个长清县训导的差事。晚年的丘志广已经是白发飘飘,当爷爷的人了,还摆出一副玩世不恭的样子,没钱了就哭穷发牢骚,有钱了就花天酒地,曾几次买小妾未果,还要大张旗鼓地写进诗里,并且自己给自己找台阶说"可怜犯着桃花煞,谁个能为云水僧"(《买妾》)。他在《辛丑秋月有所闻赋此见志》中说:"长玩柴村月,好追栗里风。白头无个事,高卧海东红。"他在《赠八十九岁广文壮翁》中说:"生死寻常事,炎凉咫尺缘。如收棋局散,裘马不须全。"此类反映他这样心态的诗句比比皆是。他还自称标异清高,如在诗句"只可烟霞老,宁堪谷木迁""学仙学圣两无成""一生检点是还非,看尽花开燕子飞"等中,他表达了放逐林泉的心境。

丘橓侄重孙丘石常,字子廪,号海石,一号子石,晚号楚村,为丘志充次子,生而风流倜傥,举止俊伟,以擅长诗文,名噪一时。天启七年(1627年)参加丁卯科乡试,因策论斥责权党降为副榜。清初授利津县训导,顺治十六年(1659年),丘石常擢升广东高要知县,不赴,卒于家。《清诗纪事初编》称赞他:"诗文皆有奇气,富于辩才,古体浩瀚纵横,不可一世。"诗人刘翼明称其"不为竟陵、虞山、云间所移,赋性若剑芒江涛,任气若雷鸣电掣,不为格法所绳"。丘石常平生与丁耀亢友善,一日同饮诸城铁沟园中,因观点不和,竟然拔剑就刺向丁耀亢,吓得丁耀亢急忙落荒而逃。李石台《楚村诗集序》谓丘石常有"鲁仲连、辛幼安之风焉,往来江淮吴越间,所交悉天下瑰奇男子"。顺治十四年(1657年)丘石常曾参加王士禛倡导的秋柳诗社。丘石常卒后,丁耀亢在江南寄以长诗哭之。丁写了一首题目很长的诗《家信到,见丘海石五月寄书,询之则逝矣。忆相送山中,戏言求予代作墓志,竟成谶语,开缄为之泣然,因略述生平,以备行状,寄冢君龙标焚之》怀念丘石常。诗中有这么几句,状描丘石常的豪放不羁:"平生傲岸气莫当,才大居然不可触。怒来欲碎珊瑚钩,兴到还击渐离筑。使酒从来压灌夫,论文不肯服荀彧。"清代诗人金奇玉在其《龙溪纪年集》卷七《潍西题丘子石倒骑驴绝句,连用背字戏作四首》,夸张地描述了丘石常醉后倒骑毛驴的张狂之态,以示隐逸之士的情怀。诗曰:

> 翛然湖海一奚囊,人在闲中兴自忙。
> 红叶村前丘子石,倒骑驴背背斜阳。
>
> 文章争似五都雄,玉勒珠鞭大道中。
> 毕竟不如丘子石,倒骑驴背背西风。
>
> 潍西相送出林隈,举手何须一笑回。
> 便扑寒飚旋落叶,倒骑驴背索诗来。
>
> 寻诗不耐霸桥寒,收拾巾箱世界宽。
> 学得神仙无别法,倒骑驴背唤人看。

丘元复,字来公,号汉标,又号嵋庵,丘志充之孙、丘玉常之子。六岁通经史,九岁中秀才。既长,"丰姿玉立,善谈论,应接亲友,如坐春风中"。其诵读偶然疲倦了,就效仿苏东坡"左牵黄,右擎苍",盘冈驰马,小峨眉山射野鸡,一副贵公子派头。其父丘玉常卒后,他捶胸顿足,葬父后躲入兰竹山数年,闭关不出,带祖上所作七艺,反复揣摩,期得中以为父、祖雪耻。清顺治八年(1561年)丘元复参加乡试,卷已被荐,因超额,需摸取其中之一作废,被摸取者恰为丘元复,自此再不与试,常与文友们在白莲文社中谈文论诗,或携鸡黍栖迟于泉石间,有魏晋竹林七贤遗风。翰林李澄中曰:"汉标蕴藉有父风,温文博雅,为士林所推重。"他例职州同知,不仕。丘元复"文章遇物从容""傍涉风骚,大畅通儒之学"。晚年益喜宾客游欢,晨夕忘倦。其从弟工部主事丘元武卒,他心摧气咽,两月后而逝,终年六十七岁。

孝友门风继世长

丘云嵘"性孝友,纯厚不妄语,善属文",弱冠考取诸生。他的母亲患病,他吃素六年,不苟言笑。他的哥哥丘云岘,被族人诉讼,因言辞激烈触怒审案官,将要投入牢狱,他苦苦哀求请以身代,终于免于灾祸。

丘志充入狱时,其子丘石常与丘玉常奔走京师,于宫门前恸哭不止,诉其父无罪,行路人闻之无不鼻酸流泪,并乞身以代,事既无济,丘玉常便自请入狱,伴随在父亲身边,服侍吃饭吃药,八年不懈,直至其父就毙。在扶父棺归乡途中,丘玉常赤脚徒步一千二百里,行人见状,无不感动下泪。丘玉常埋葬完了父亲,与其弟丘石常栖于墓所,不断呼号,服除,不向西坐,因愤懑满怀不能自释,数岁而卒。

学富五车俊彦多

柴村丘氏,为明清时期的文化世族,自丘橓以进士起家,后世诗文继世,百年不衰。尤在明末清初,以丘志广、丘石常、丘玉常、丘宗圣、丘元武、丘元履、丘元复等为代表的柴村丘氏作家群赫然崛起,对清初山东文坛产生深远的影响。丘家门第鼎盛,明末遭政治变故,又逢朝代变革,由此走向衰落。

丘橓著有《望京楼遗稿》《四书摘训》《礼记摘训》。

丘橓长子丘云章,小时候就显得聪慧,书史子集过目不忘,文章操笔立就,一时有"奇童"之誉,尤工行草书。著有《金台承欢草》。

丘橓嗣子丘云肇,书法瘦劲,工诗,著有《似古稿》《长芦盐法纪要》以及《贵阳吏程纪闻》,曾辑丘橓遗集《简肃公月林礼记真传稿》于万历四十三年(1615年)刊行于世。

丘橓侄子丘云嵘,著有《望蜀亭集》。

丘橓侄孙丘志充,著有《浩然亭集》《渝州平寇记》。

丘橓侄孙丘志广,著有《柴村集》,乾隆年间(1736—1796年)收录于《四库全书总目》,《续修四库全书》载其全集,李焕章作序,称其文"长于议沦,如东坡志林"。

丘橓侄重孙丘玉常,著有《四书衍义》《礼记衍义》《礼记经疏》《孝经衍义》《雪泥诗存》。

丘橓侄重孙丘石常,工诗文,与丁耀亢齐名。传于世著作有《楚村诗集》《楚村文集》,凡诗五百一十二首,文七十九篇。

丘橓元孙丘元武(1633—?),字慎清,号柯村,一号龙标,清顺治十六年(1659年)进士,官工部主事,工诗,为清初知名诗人。他少年聪颖,异于常儿,与其父丘石常摊上官司,被打入大牢,几乎垂死,后来他家人花了大钱使他得以脱难。顺治十六年(1659年),丘元武中进士,观政刑部,后授江西抚州府推官。其任抚州时,曾捐款督修境内的文昌桥。康熙八年(1669年)六月出任贵州施秉知县,重修城墙。后擢工部都水司主事,值吴三桂叛乱,不能按期赴任。平定后辗转归里,此后再未出仕。

丘元武为清初知名诗人,"负骏才,好学,于书无所不读",曾在扬州参加春江花月社,与当时名士冒辟疆、石涛、查士标、倪永清、李若谷、邓孝威等唱和。康熙二十六年(1687年),著名文士孔尚任奉命督修河工驻扎扬州,春江花月社友"萃八省之彦"招孔尚任雅集扬州城北秘园,即席分韵,时称"十五国风诗得半,八千客路酒常兼"。刘墉伯祖刘果《哭丘龙标》有诗赞曰:

遗稿柯村墨尚新,涓涓孤塚已封尘。

才名自古偏招谤,仕宦如今不济贫。

赖有右丞凝碧句,放还供奉夜郎身。

君恩地下应知感,可信须眉肯负人。

丘元武归乡后,与家乡名士结诗社,以文会友,相互唱和,著有《柯村遗稿》。清初名士邓汉仪称其诗"伟丽清深、才雄气健"。清初胶州著名学者张谦益对丘元武极为推崇,在《緷斋诗谈》中张谦益将其与清初著名诗人吴伟业、龚鼎孳相提并论,说:"吴梅村之绮丽,龚孝升之典瞻,丁药园之壮采,丘柯村之雄才,李渔村之组秀,譬彼官厨法酿,豪士所需也。"

丘橓元孙丘元复,字汉标,号嵋庵,著有《礼记提纲集解》《桑拓吟》《殿馨录》《笔麓穀舭集》《西轩草小记》等。其中《礼记提纲集解》四卷被收入《四库全书》。《四库全书总目》云:"是书不列《经》文,但如时文之式,标某章某节题目,随文衍义。以陈氏《集说》为主,盖经生揣摩弋获之本也。"丘元复善行楷,手摹帖数种藏于家中。

另外,丘元武胞弟丘元履,字楚水,号霞标,诗人,著有《蒙蒙诗草》;工草书,当时论书法者有"刘翼明博奥,李澄中秀脱,丘元履劲洁"之说。丘元武族弟丘元音,字嶵公,康熙武进士,候选守备,授武德骑尉。工诗善书,书法米芾。族兄丘宗圣,字学山,举人,亦以诗名。

节义百代著
诗书一门杰

单崇的家风

　　单崇(1581—1644年),字景姚,号郑窑,明末高密北隅尧头人,后来迁居城里。万历三十七年(1609年)中举,次年中三甲第八十七名进士,终官户部郎中。清乾隆间谥号"烈愍"。他是高密单氏家族重要奠基人,其后裔琳琅玉树,彬彬蔚起,光绍先烈,不减汉代窦(融)、荀(攸)诸家,这都与他倡树的良好家风有关。

砥节砺名著清操

　　古代知识分子历来重视名节,单崇一族也不例外。单崇担任山西翼城知县时,清操绝俗,功绩懋著,慈惠遐闻,"河东报最,为循良第一"。曾题官署楹联曰:"以能保我黎民,方能保我子孙。"明末兵部尚书张福臻在单崇《墓志铭》中有句赞他"矢志清白吏,耻谈温饱流"。万历四十四年(1616年)行取户部四川司主事,"殚心会计,不染锱铢"。时辽东战事紧急,朝廷新增薪饷郎中前往督饷,大家知道此去凶险异常,面有难色,单崇毅然前往,于万历四十六年(1618年)升署户部山西清吏司郎中,兼任辽东薪饷司,前往辽阳督理薪饷。当时辽东重兵猬集,每岁饷银不下亿万计。单崇精明厘剔,吏不能欺,清慎廉洁,毫无所取,尝自言:"天秤不敢欺天,砝码不敢违法",辽东经略熊廷弼甚为倚重。泰昌元年(1620年)丁母忧,熊廷弼"欲疏奏夺情暂理",单崇百般推辞,离任时,"士卒遮道泣留"。天启年间,宦官魏忠贤大权独揽,结党营私,误国害民,单崇绝意仕进,再未出仕。因单崇曾以户部郎中督饷九边重镇之一的辽东,家乡人又称其为"单边郎"。

明崇祯十五年(1642年),清军入关劫掠,长驱直入山东,攻破州县数十。高密周边县城全部沦陷,生灵涂炭,毁损严重。清军围攻高密县城,单崇率领子侄与高密士绅百姓合力固守,终于挫败清军,保全城池,使城内士民未受涂炭,文化古迹未受损失。这就是明末山东历史上有名的"高密壬午全城"。明崇祯十七年,即顺治元年(1644年),李自成率军攻入北京,推翻明王朝。在此前前后后,高密及周围各县之农民,也相继举义。这些农民军攻城打官,劫富索饷,斗争激烈。五月,单崇与傅钟秀等忠于大明的高密绅士一起擒住李自成大顺政权委派至高密的县令孙渥玉,并倾囊招募众人固守高密。高密农民军张舆、徐南柳攻陷高密县城,救出孙渥玉,执拿单崇等人,喝令单崇下跪,单崇不从,继索粮饷又不从,以子侄相威胁,亦不顾,遂被杀害。乾隆四十一年(1776年)赐谥"烈愍",入祀高密乡贤祠。客观地说,单崇在抗击清军方面中居功至伟,虽然他也曾与农民军为敌,这与他的阶级立场和所受愚忠教育有关,但是其崇尚气节、忠于职守、保卫家乡的精神是值得尊敬的。

单崇的三弟单嶽也是一个节著松筠的人。清乾隆四十六年(1781年)进士,单可基在其笔记《在庵笔闻》中提到,单嶽"品高行杰,一邑推重",人称"三善人"。清顺治元年(1644年)高密农民军攻破县城,几个农民军士兵正欲持刀劈门而入单嶽家,正好一个首领看见,斥责他们说:"这是单三善人家,不准侵犯!"随后把一根令箭插入门沿,传令说:"犯此人者,斩!"因此单嶽全家没有受到伤害。

单崇的侄子单父令,字香令,号海门,明崇祯六年(1633年)癸酉科中举。崇祯十五年(1642年),清军围攻高密县城,单父令首先捐资助饷,并与父亲成功防守县城西南保宁门。顺治元年(1644年),明朝覆亡。天下大乱,高密农民义军蜂拥而起,单父令的仆人杜文辉一反常态,纠集一伙人将其绑于树上,手拿利剑,强索财物,幸好被一孙姓人救免。事定后,单父令也不向姓杜的追问,人们都佩服其道德修养与大度。顺治三年(1646年),单父令中进士,顺治五年(1648年)三月授苏州府理刑推官,同年出任江南乡试同考官。史料记载,单父令在苏州任上,"锄奸暴,平冤抑"。在审案时得知长洲人陆某、吴江人汪某有才学,资助其读书,后来二人皆成名士。苏州漕运自古发达,单父令任苏州府推官时负责监督漕运,凡米色好坏、兑运延滞、盗卖漕米、掺沙掺水或私带客货、无事生非等弊端,皆由监兑官查禁。当时运漕武弁吏胥搜刮钱财为害百姓,单父令重新更定斗斛,理清额数,尽革漕运积弊。江苏常熟原有顺治七年(1650年)所立的禁革漕运积弊告示碑,碑文中记载了单父令受命严查漕运积弊的经过。顺治五年(1648年)戊子科江南(清顺治二年,改置明代的南直隶为江南省,含今江苏、安徽两省)乡试,他出任同考官。顺治七年(1650年)四月,单父令因漕项被弹劾罢职,后卒于江南,卒后入祀高密乡贤祠。清代胶州著名画家、诗人、官至江南布政使的法若真写有《哭单香令墓上》,对故友的缅怀之情跃然诗中。诗云:

> 同君上雁塔,公子吹龙吟。
>
> 侠气留生死,怀人论古今。
>
> 岭云依白马,松刺落黄金。
>
> 老泪索秋眼,相看已满襟。

单崇的重孙中,有一家人弟兄六人,具有清誉。其中老大单知宜,字坦儒,号钝石,庠生。清乾隆四年(1739年)进士、高密著名诗人单烺在《大昆嵛山人稿别集·感旧三十八首》中说他"丰神朗澈,潇洒出尘"。他居住在县城东北隅,有茅屋三间,修竹千竿,棐几素榻,位置天然。屋后辟野趣园,中构方亭,蔬畦环帀,乔松古桧,别有丘壑。单烺在《钝石伯》一诗中描述了单知宜晚年萧闲的清修情景。

> 负城小圃似山林,石径曲通秋草深。
>
> 赖有生前一杯酒,疏疏黄叶慰萧椮。
>
> 丈室翛然绝点埃,谋身鸠拙*莫相猜。
>
> 窗前几个萧萧竹,一觉桃笙暮雨来。
>
> *鸠拙为书斋名。

老五单贞定,字豫凡,廪生。《旧志·文苑》记载其"博学能文""彪炳一时"。单烺在《大昆嵛山人稿别集·感旧三十八首》中说他:"生性高简,落拓不偶,视世人少当意者。书无所不窥,邑感化寺有全藏,阅至数过,晚

年逃于酒,有诗数卷,多散落矣!"单烺写有一首《豫凡伯》描写了单贞定纵情诗酒的豪迈生活。诗曰:

> 春社相将提玉壶,长歌归去倩人扶。
>
> 前身疑是张三影,浣笔新成绣句图。

单崇的后人中,妇孺重视名节的大有人在。单崇的元孙单清夒,字亚龙,妻子张氏守节,奉旨旌表。单清旦,字渭吕,庠生,妻子王氏守节,奉旨旌表;单清裴,字曦得,监生,继妻李氏,守节,奉宪旌表;单崇的来孙单可试,字庸敷,廪生,妻子王氏,守节,奉宪旌表;单可谋,妻子夏氏殉节,奉旨旌表,祀节孝祠;单腾蛟,字汉升,武庠生,例授营千总,其继妻王氏守节,奉宪旌表。

入词林　驰文苑

高密单氏传承诗书继世、科举兴家的家风,家族书香氛围浓厚。单崇的叔父单永厚,字春宇,明万历年间(1573—1620年)岁贡,历任汶上县教谕、陕西临洮府学教授。单崇兄弟四人,他是老大。他起家儒业,"素勤心诵读,暑午吟风,寒夜映雪,非万不获己事,手不释卷"。他还与二弟单崀一同学习,单崀以单崇为师,秉教唯谨,二人后来一同中举,一邑称奇。后来单崇又中进士,光大了门楣。他的进士文章脍炙人口,一时长安纸贵。归隐后居家二十多年,"代食十亩闲闲,传家一经矻矻",于私宅东北建立书院,汇集幼弟子侄晨昏课诵,广延名流,陶镕讲论,考试艺文,评定甲乙,从而后辈继起,入词林,享鹿鸣宴,代不乏人,都是他的功劳。著有《饷政考》《涓滴集》《觉觉文集》。

二弟单崀,字紫邱,号次窑,明万历四十六年(1618年)举人,《旧志•文苑》载,单崀"端方严毅,笃志好学,弱冠登乡荐,益潜心于古今文律及宋五子之书,刻《南北二奇》《四书要说》以授生徒,问业者户外履常满,有《紫邱文集》藏于家"。后以子单父令贵,敕赠文林郎,江南苏州府推官,入祀高密乡贤祠。三弟单嶽,字申生,号三窑,以子单父牧贵,敕赠文林郎,广西灌阳县知县。四弟单嵞,字石黄,号四窑,监生。

单崇有六个儿子,在他的教育培养下,个个成才。长子父堂,字君如,号东河,明崇祯年间(1628—1644年)功贡生。次子父琴,字叟鹤,号素菴,明天启年间选贡,清顺治八年(1651年)辛卯科顺天举人,历任兖州府学教授,翰林院典簿,著有《破闷想文集》《半僧居士遗集》。三子父台,字三台,廪生;四子父篆,字子文,庠生;五子父驾,字子良,明崇祯年间副贡,清顺治拔贡,考授通判;六子父麟,字玉绂,号西园,清顺治年间(1644—1661年)副贡,康熙四年(1666年)举人,康熙五年(1667年)丁未科联捷进士,有《联捷真稿》行世。单崇的侄子们中,一人中进士,一人为举人。中进士的是单父令,终官苏州府推官。中举人的是单父宓,字有新,号南村,康熙四年(1666年)举人,历任莒州学正、东昌府学教授。另外,单父宰,字汉平,号兰村,顺治年间岁贡。他幼承父学,凡事与兄弟相切磋,相亲相敬,"文名噪齐鲁"。著有《棣香居近艺》,事载《旧志·文苑》。单父牧,拔贡,终官大兴县知县。

单氏家族世业的刊刻始于单崇。单崇的二子单父琴称世业"吾家先世以来,其传已久,至吾先大人联捷成进士,虽读书而能又称,则自兹始也"。经历了明清鼎革战火的摧残,清初一切百废待兴,一些故家大族开始重修庙宇、祠堂,或续刻世业,以振兴先世遗业,逐步恢复家族元气。此时单父琴担负起家族复兴的重任,呼吁族人各尽心力,续刻世业,共成盛事。他在所著的《半僧居士遗集》云:"创之者既开于前,继之者宜绍于后,不意兵火为患,旋赋脊令畴,能复问举子业哉?……每见世俗重修庙宇,必估人工以从事,今重修世业,吾家善事也。"

他曾经说过:"勉勉为学问之功,不日进则日退;怡怡为兄弟之要,不日亲则日疏。"单父琴写有一首小诗:"风水不须野外求,铁鞋踏破何时休。来龙不远无难见,只在萤窗雪案头。"诗中对读书无用、能否中举做官全凭风水决定的宿命论进行了批判。他在《读书法》中说:"读书固有法,即在所读时。读了还问法,所读便可知。博学而笃志,切问而近思。所能月无忘,所亡日须知。口诵与心维,唯日有孜孜。论语头一句,学而时习之。"他还讲了一个故事,曾经到儿子单公亶书舍,见到一副春联:"几静云生砚,窗虚月映书",问谁作的,公亶说朋友所赠。他说:此益友也。儿子问其益在哪里?他说:"今之友面交而词多谀,未闻以善相责者。兹云:'几静云生砚'

讥不作也,'窗虚月映书'讥不读也。大书于门不为少讳,盖欲子常目在之而知自励焉,卓有古责善之风,其敬思之毋忽。"

单崇的孙辈中,单公亶,字体昊,号砺坡,康熙拔贡,历任国子监御前赞礼郎、清平县、茌平县、禹城县教谕。工诗,著有《就业园诗》一卷。单孔曦,字昕开,康熙岁贡;单公彦,字朴亭,广东潮州镇劄委游击;单度,字百贞,号西公,附监生,考授州同。单崇的直系后裔中,单研奥,字潜郎,号康里,康熙副贡,任定陶县教谕。《旧志·文苑》记载,单研奥"学问渊博,经义修明,一时奉为文宗。工篆刻,渠丘张在辛尝师事之。"单烺有一首诗《康里伯》,称赞单研奥的书画人品:

> 鸿都书画擅奇能,中古遥遥谁代兴。
>
> 赖有斯文老宗匠,不闻外奖似阳冰。

单居安,字晋石,号稳斋,康熙四十七年(1708年)举人,历任广东博罗县知县、海丰县知县、兴宁县知县。工诗,著有《粤游草》一卷。单清益,字作虞,号维东,乾隆十二年(1747年)顺天举人,拣选知县。纪晓岚在《阅微草堂笔记》提到高密单作虞,说他讲了一个故事。单作虞在故事中说:"妖不胜德,古之训也,德之不修,于妖乎何尤?"单清元,字辛才,号甚圃,乾隆十五年(1750年)举人,拣选知县。单占,字得常,号蓍圃,乾隆岁贡;单可志,字汝默,号伯铭,嘉庆岁贡。单可臻,字允麓,号芦涛,附贡生,候选翰林院待招;单可升,字铁崖,号笠坡,监生,河南候补府经历;单可闻,字德馨,号药栏,乾隆四十五年(1780年)举人,敕授文林郎,任山西石楼县知县。单锡龄,字梦九,号春园,监生,历任广西布政司经历,隆州州同;单中吕,字少林,增生,诗人,著有《延绿山房诗草》;单蔚然,字蔚村,廪生,咸丰十一年(1861年)殉难,蒙恩世袭云骑尉,祀昭忠祠,工诗,著有《蔚村吟草》。可以说,单崇的子子孙孙大都能绍其家学。

重孝友　力乡贤

单崇一家忠于国,孝于亲,友于兄弟,贤于乡里,积德行善,代有达人。他的父亲单永逸,字振亭,居高密城北窑头(今山东省高密市醴泉街道尧头），初为县吏。一日回家途中，遇一户人家在道旁等待吃饭，锅内煮着白面水饺，但全家人却抱成一团痛哭，单永逸见状惊疑，上前询问，知此户系由山西逃荒而来，因为没有生计，几乎揭不开锅了，于是欲寻短见，饺子馅内放入老鼠药，准备吃了好全家"上路"。单永逸闻知，立即将锅踢翻，力劝不可。单永逸还把这家人领至家中，腾出房屋，让他们居住，给以谷物让这家人做小买卖为生，因而一家人得救。这家山西人后归籍发家，没齿不忘恩人，乃制牌坊来报恩，时单永逸已故，这家人遂立坊于单氏祖茔内。后来诸城人于昕将单永逸救人的故事编纂于《阴骘文纂要》里，教育人们牢记"积善之家必有余庆"的道理。

单崇天性孝友，早在青年时代，家业寒素，他想方设法让父母吃好穿暖，"事父母备至甘旨，食必亲尝"。为政翼城县时，迎养父母于官署，饭后"雍睦言欢，极尽天伦乐事"。他还与诸弟同灶吃饭，坚持不分家，不与兄弟计较东西多少，如同后汉姜肱兄弟和睦同被而寝一样，一大家族人其乐融融。单崇二弟早逝，他待侄子如儿子，抚育他们读书成长。单崇任职翼城县时，一日到县学视察，发现一小孩在走廊下读书，经询问孩子原来是前来旁听的，由于家中清贫，交不起学费。单崇一向爱才，更器重好学之人，见到这个孩子读书认真，有疑必问，于是把他带到县衙后院学署里，同自己的子侄一起读书，学费由自己代交，使他专心攻读。后来这个孩子考上举人，又中进士，为官清正廉明，勤政爱民，政声颇佳。每向人道及恩师单崇，辄感念不已。单崇的妻子管氏非常贤惠。他当上县令，妻子管氏恒以积德惠民之语殷切劝诫。管氏信佛，好菩提，喜施舍，睦姻娌，宽婢妾，乡里人以圣贤目之。单崇的侄子单父酉，字二酉，康熙年间岁贡。"幼有至性，事兄尽礼，析产时田宅之善者唯兄所欲，与人交，诚笃不欺，言讷讷不出口，有以横逆加者不与校（较），合邑重其德量。"事载《旧志·孝友》。单烺《大昆嵛山人稿别集·感旧三十八首》中提到的三十八人都是当时乡贤大德、大儒文豪，单崇重孙中就占了三人，可见单崇一脉名重乡闾，可钦可佩。

立身文武艺
保乡赤子心

张福臻的家风

人人要得好儿孙，一切教训须留心。

士农工商执一艺，都堪倚仗立家门。

——明·张福臻

张福臻（1581—1646 年），字惕生，号五如，高密北隅（今山东省高密市醴泉街道）人，明万历四十一年（1613 年）进士，终官兵部尚书。他是高密明末清初的传奇人物，是高密张家文武世家大族的奠基者，他和他的后人创造了良好的家风，续写了高密传奇。

父子进士，文武世家

张福臻出生于高密平民之家，家境并不富裕。二十七岁励志发奋读书，三十一岁中举，明万历四十一年（1613 年）中进士。他从县令做起，历任行唐、临颍、东明知县，皆有善政，后转升为兵部主事，迁巩昌榆林兵备道，又升为延绥巡抚、都察院右佥都御史。因镇压陕甘农民起义军有功，张福臻获得朝廷重用，后调任总督蓟辽，宣大、山西，保定、河北、山东，关蓟通津等处军务兼兵部侍郎。明崇祯十五年（1642 年）被封为兵部尚书。张福臻是个不怕吃苦、会用兵，苦心经营军事防务的人。处于外忧内患、风雨飘摇的明末万历、崇祯年间，他三任县令，四任监司，一任巡抚，四任侍郎，四任总督,终至兵部尚书,文人武用,屡有建树,皇家依赖。当年高密东关张家的牌坊非常有名,那就是奉旨建立的"三世尚书坊""四任总督坊",可见明代时张福臻官势显赫。他历官三十年,位极人臣,而心常自下,人服其大度。久历严疆,威震九边,时人将他比作为唐代平定"安史之乱"的功臣郭子仪。他曾经上《条陈荡平流寇疏》,力主对付农民起义军剿抚并用,反对杀良冒功,滥杀无辜,认为"流贼原皆吾民,杀真杀假,皆为杀民"。他胸怀韬略,用兵如神,曾经在巩昌用士兵射手百人击败流民数千,在榆林率降兵数百击走上万流寇。清代高密著名文人阎选《张大司马传》中有对他的用兵如神的概括:"最可奇者,在榆林,而榆林安;去榆林,而榆林危。在密云,而密云安;去密云,而密云危。在蓟州,而蓟州安;去蓟州,而蓟州危。至其钦命歼贼,而贼退,钦命东征而东宁,处处奏效。今又居乡守城,而城全。"张福臻虽然时时受到皇帝重用,但也经常受到排挤。如他驻军怀来时,奉旨请发藤牌三千面,实只领到二千面。如让他"专办河南流贼",可他部下将领都已随洪承畴出关救锦州,被清军包围。他兴造战车,得到了皇帝的支持,但宦官邓希诏反对,夜里派人"破寨焚劫"。更主要的是当时朝臣"结党倾轧",言官"疏凡二十一上",对其弹劾,以至崇祯特下旨:"近来言官议论太烦,边臣亦难展布。即如张福臻,屡疏参其恋位,此又言其巧卸,使人何所适从?"恐怕袁崇焕、杨嗣昌等人的悲惨下场对他也有不小的消极影响。所以他一再上疏要求辞官回籍,即使被封赏三代向朝廷谢恩的同时,也"并陈母老多病请终养"。崇祯十五年(1642年)十月,终获批准告老还家。张福臻一生著述颇丰,主要有《秦事镜》《杞忧集》《筹边末议》《迫鸣草》《秦中煮粥事宜》《临颍砖城志》《奏议》《杂集》等。

张福臻有子四人。长子、四子都是秀才。三子张予是,字去非,曾中清顺治十四年(1667年)副贡,著名文人,清光绪三十四年(1908年)编撰的《高密县乡土志》记载,"学使施润章深器之,殁后序其文,为付梓焉",可惜其著作没有留存。《旧志·艺文志》中收录了他的《吊傅孝子禀初》《长陵春色》等诗。其中《长陵春色》诗曰:

> 绿野浮青霭,啼莺绕远树。
> 王孙游未归,夕照明花坞。

张福臻的二儿子张予明（1621—1688年），仕名张文明，字辨之，号思园，年少有侠气，素负大志，胆力过人，器量恢宏，精骑射，善交游，常与人马上论兵和古今成败，腹有雄略。张文明协助父亲在高密抗击清兵"壬午全城"之战中发挥了突出作用。清兵入主中原后，他于顺治十一年（1654年）中武举。顺治十八年（1661年）中武进士，时年四十岁。康熙十年（1671年）冬，被授予广州前卫守备，秩正五品。康熙十四年（1675年）冬，告老还乡。康熙二十七年（1688年）去世。卒后，阖邑共请入祀忠义祠，并谥号昭毅将军。张文明也通经术，工诗律。著有《历苦述》《思园小记》。《旧志·艺文志》中收录了他的《过仪文简公墓》诗一首。

张福臻孙辈中有三位中举。张尔翼，字退菴，顺治十七年（1660年）庚子科举人，定边知县，洁己爱民。县内有一些人素顽冥不化，不服从管理。张尔翼"以恩抚之，皆向化，呼为老佛"。明末清初因兵荒马乱，县里停止办学已四十多年，张尔翼极力申请恢复县学，县人勒石以记其德。张有嘉，举人，没有入仕做官。张尔俊，张予是的次子，举人，曾任清平县教谕。他尝云："学期于致用，当于根本处求之，故其教士也，先行后文，朔望必集诸生于堂为讲解经史，勉以忠孝大节，历任三年士风丕振。"张廷傅，字师百，是张文明的儿子，博览群书，淹贯百家，虽没中举，也是饱学之士，终日拥书，不废寸晷。著有《性理》《柏墅拙草》、族谱、诫言等书藏于家。在《高密县志》（清康熙版）编纂过程中，他提供了不少文献。张福臻的后代中有许多文人墨客，其中张志炅曾与单去非、李德恒、王宁烒、王昺后、单九皋等结"夷安九老社"这一著名诗社，并有品望。张志锷，字剑锋，"有介性，落落不苟合，业织力学，家贫，借书诵读，一览终身不忘"。他仰慕北宋诗人、以"梅妻鹤子"自居的林和靖之为人，在草庐外植梅花数十株，吟啸其中，兴致翛然，著有《袁雪诗集》。

张福臻的后人文能传家、武能传承，文武之风不绝于世。张家自张福臻、张文明起，武脉相传，习练长拳、岳家枪。张福臻八世孙张桥、张翊很有名气，《旧志》有传。特别是张桥，在传承家学的基础上，拜平度地龙经拳高手马店方和孙通宣为师，并与当时潍县西关"四通捶"掌门人边淮切磋武艺，研创了具有高密特色的、传承至今的稀有拳种地龙经拳及马前六刀、六合枪,因此,张桥成为一代宗师。《高密县志》(1990年版)记载晚清武术活动时,曾经提到"县城拳家分南北两派,南派张桥习地龙经,北派高陶专练长拳"。地龙经的经典套路有二十四路,例如鸳鸯脚拳架、骨寸腿拳架、中风剪、六合掌、花车、朴刀路、大小圆堂、翻天印、蚩翘、捻腿上手、捻腿下手、酒醉八仙等等。据说师傅孙通宣只传授张桥二十二路,其余二路是张桥及其后人研创的。刀法十二路、六合大枪六路是张桥结合家传武学、边淮的传授和自己的心得化合而成的。后来张桥所传弟子除自家子孙外,在高密学练此拳弟子中有三家得其真传,即城北大王庄官家、城东郇家沟卢家和柏城堤东李家。作为张家传人得到张家认可后,这三家又各自在本家族中传练至今,尤以城北大王庄官家最为突出,将地龙经拳代代传授,将该拳种在高密近代期间发扬光大。张桥的弟弟张翊,字云鹏,太学生,善枪棒,邑中习武术者多出其门。张桥的侄子张作升,字少云,时人称"张家二少",是张翊次子,自幼练武。《旧志》记载:张作升"技术能世其家学,任城区各校武术教员,多所成就",以传授地龙经拳出名,在松园张家历代子孙中也属于一个比较有名的人物。

兄友弟恭　孝顺天成

张氏一族孝友成性,堪称楷模。张福臻在担任东明知县时,推行乡规民约,其中孝敬父母、尊敬长上放在首位和次位。他还为此编成诗歌,便于群众学习躬行:

孝敬父母

父母劬劳生此身,万般教养始成人。

恩同天地应难报,孝顺如何不究心。

恭敬兄长

长上莫如兄长亲,其余先达亦当尊。

应须安分施恭敬,休得矜夸去傲人。

张福臻事母极其孝顺,位居高官时几次上奏母亲年老多病,请求归养侍母。崇祯十五年(1642年),他晋升兵部尚书后,立即提出辞呈,良久方获批准。其三子张予是也"事母备极色养,与昆季相友爱",为人称道。其二子张文明在保卫高密的"壬午全城"之战中立下大功,三院上闻,张文明以母病辞不受功,守城之功归于高密县令何平。张文明之子张廷傅,字师百,号柏岸,幼而端恪,牢记家训,有不改之孝。他一心一意侍奉母亲,沃田全部让给两个弟弟,两弟荡产,仍赈济无倦。姐姐守寡没有依靠,张廷傅迎养于家二十年,医药不间断,死后丧葬如礼,岁时守墓久不衰。侄子客死他乡后,张廷傅为他置办棺材迎归。虽然张廷傅的家境并不是非常富裕,但他乐善好施不喜回报。清雍正年间(1723—1735 年)翰林、巡视台湾御史李元直在《柏岸先生传》中这样描述他:"人有负,不克偿,为焚其券。人有过,虽卑幼,不面斥;人有善,虽弗识,亦殷勤说项。人有犯,学蓝田面壁法,事过待如初。宁人负我,勿我负人。"张廷傅之子张爱翔,字东泉,号寄庐,"以孝友世其家君,丕承尤笃"。他和胞兄张爱翰相处和洽,四十年中外无间言,出入并肩,衣冠若一,邑人传为佳话。张廷傅活到九十多岁去世时,张爱翔已近古稀,哀毁逾越常礼,昼夜悲号,愿从父亲于地下,眠食都废,不久病逝,时人惋惜,称他为真孝子。张爱翔的儿子张禔耒、张爱翔的孙子张畏然相继以孝顺著称。张畏然,字普光,邑诸生(秀才),八岁时,父亲生病,日夜侍药,母亲怜惜他,撵他休息,他却怎么也不舍得离开,八年未尝离开。父亲去世后,侍候母亲也是这样。母亲过世后,张畏然曾经流着泪说:"人们追求科第功名,无非是为了官家俸禄孝敬父母罢了,我的父母没有了,我没机会孝顺了,追求功名利禄还有什么用呢?"于是不复博取功名,终日吟咏诗赋为乐。他们孝亲敬长的事迹《高密县乡土志》《旧志·孝友》里都有记载。张福臻的玄孙张禔耒编写族谱,请宜兴储大文作跋,其中数语是对张氏一族极好的评价:"孝友忠贞,阅四传而愈烈;典籍谱牒,至五世而弥彰。"

急公好义　勇于担当

崇祯十五年(1642 年),清兵大举入侵关内,史载:清兵此次入掠,总计攻克三府、十八州、六十七县,合计攻下八十八城;收降一州五县,杀大明朝鲁、乐陵、阳信等五郡王、宗室及文武官员千余人。死难百姓无数,裹胁城乡子女三十六万,掠获黄金一万二千两,白银二百二十万两,贵重物品无数,牲畜若干头,百姓的其他损失无算。可是高密县城在张福臻和县令何平的组织领导下,坚守了八十多天,和入侵清兵进行了艰苦卓绝的殊死搏斗,终使县城保全,使百姓免于涂炭。这不得不说是一个战争奇迹。

是年,张福臻刚好辞官回家一个月,清兵十万入掠到高密。高密县令何平拜张福臻为守城之帅,张文明为守城之将,父子共力指挥守城军民,并亲临前线。他们散尽家财支持抗清。张文明亲自前去侦察敌情,并挫敌前锋。张氏父子娴于韬略,号令严明,城中秩序井井有条,多次击退不可一世的清兵进攻。危急时刻,张福臻面部受伤,血流如注,守城小队长王应魁见状急忙举护牌至张福臻面前护卫,张福臻大声呵斥说:"我不要护牌!这些守城的人都不惜死,护我干什么!"仍仗剑奋击,极大地鼓舞了士气。张文明也腾刀悍战,项穿额削,头四创,血流满地,依然来回指挥杀敌,不下火线。有一次,清兵从城西北角以云梯攻城,守城者喊声大震。张福臻闻警赶至,敌箭如飞蝗骤雨。带领守城者赵遂志死于敌箭,张成斌被伤,刘兴尧被箭穿透胸部而死。有清兵七人已登上城墙垛子,张福臻仗剑迎击,被投掷之物击伤,仆倒在地。张文明赶去救父。张福臻说:"快去退敌,勿顾我!"张文明提刀赴战,酣战益力,接连刺倒二个清兵。张举、胡守信也奋力协助,张成斌则带伤燃放西洋炮,谈必扬纵火药罐击敌,李铉奋呼死斗,已登上城头的清兵尽被歼灭。城池曾经数次几乎被攻破,张福臻的夫人情急之下喝药等死。最终,守城的军民在张福臻父子等人的带领下,凭着众志成城的斗志和不怕牺牲的精神,击退了清兵的疯狂进攻,保卫了高密县城的平安,使城内避免了一场浩劫,城中文化古迹未受损失,成为一大幸事。守城过程中,死难者达一百零三人,耗银一万六千两、谷一千二百石、硝磺数万斤。高密县城虽然没破,但周边村镇的百姓遭到了惨烈灾难。如果城池不保,灾难可想而知。所以阎选在《张大司马传》中评价张福臻时说"一日有密,一日此功不朽";在《张大司马仲子全城传》中评价张文明胸中有甲兵,有胆识,"从此密山不毁,康水长流,而此人此功当与山水并永也"。

另一次高密保卫战发生在清咸丰十一年(1861年)。张福臻的八世孙张桥、张翊参加了保卫家乡的战斗。《高密县乡土志》记载:"张桥,字云鹤,咸丰乙卯举人。急公义，与物无尔我，幼习拳勇。"《旧志》记载："张桥，字云鹤，举人，与兄弟友于最笃。后值捻匪犯境，与翰林院待诏单锡绂率勇严防，筹办军需，多出其力。"咸丰十一年（1861年），有一群捻军闯入高密城东关，闯入当铺、商铺大肆抢掠。张桥听说后立即率弟子及时赶到杀死杀伤数十人。《高密县乡土志》有具体记载，并盛赞张桥有祖宗之风。清同治六年（1867年）十一月，东路捻军一部再次攻打高密城时，张桥手持一杆岳家长枪，在高密城萝卜市街头横枪立马，一夫当关，独守一街，捻军数十余人奈何不得他，竟没有一人能冲进街头半步。此战使张桥在高密名声大振，投其门下习武者众多，一时间门庭若市，拳打脚踢声响彻昼夜，刀枪剑戟声不绝于耳，地龙经拳名声大振。

虽然站在时代和阶级立场上，张福臻为腐朽没落的封建王朝尽忠职守不值得效法，但他和他的后人忠勇体国，急公好义，勇于担当，为保卫高密、保卫家乡做出的贡献是不容抹杀的。

矜尚气节
绩学砥行

傅钟秀的家风

提起明末清初的高密世家大族，人们常说："高密五大户，张王李单傅"，而傅家跻身高密名门的开创者，就是明朝末年的傅钟秀。李元直在《高密傅氏族谱》序言里曾说，自傅钟秀之后，傅家"飞黄腾达，印累绶若，以及骤驰艺苑、赤帜文坛者，指不胜屈，遂为吾邑甲族。"

矜尚气节

傅钟秀（？—1644 年），字海峰，号岩叟，明代高密南隅人，进士，明末官至太常寺少卿，清谥"节愍"。

傅钟秀是高密傅氏四世祖。他的曾祖傅梁从即墨傅家埠迁址高密，是为一世祖。他的祖父、父亲皆"力田孝弟，忠厚谦退"，家境逐渐达到小康，傅钟秀兄弟四人才有机会读书，他的哥哥和两位弟弟都是庠生，即秀才，只有傅钟秀造诣最大，考中进士。年少时，傅钟秀"矜尚气节，嗜学好古"，诸生从游者数十人。明天启四年（1624 年），中式甲子科山东乡试第十九名举人，明崇祯元年（1628 年）中进士。初授山西长治知县。《长治县志》（清光绪版）称他"才干明敏，决断如流"。后钦取兵科给事中，历任礼科右给事中、工科左给事中、户科都给事中。明崇祯十年（1637 年）以兵科给事中督饷江西，史称"厘奸剔弊，复命时唯两袖清风"。崇祯十二年（1639 年）任户科给事中时上疏论漕艘之弊端，得到崇祯皇帝的肯定。崇祯十三年（1640

年）出任会试同考官，会元杨琼芳、状元魏藻德、明末四公子之一的方以智皆出其门。迁顺天府丞，后升太常寺少卿。因丁忧回籍，崇祯十五年（1642年），清军入掠山东，围攻高密县城，傅仲秀负责守卫城南，助饷银三千金，并立赏金杀敌，守城士民众志成城，终于挫败清军。

清顺治元年（1644年），李自成起义军攻破北京，推翻明王朝，傅钟秀闻讯号哭不止，须发一夜尽白。他与原任户部郎中单崇同谋，擒获大顺政权任命的高密县令孙渥玉，上书报青州衡王府。不久，高密农民军张舆、徐南柳等攻破县城，救出孙渥玉，"焚掠绅士殆尽"。傅钟秀大骂不屈，与单崇俱被农民军杀死。其次子傅禀初（字天邻）受父命起草给青州衡王府的书信，洋洋洒洒数百言，提笔立就，以忠义报国为己任，信中表示"将散家财，募勇士举义"，言语慷慨激烈，阅者感泣。农民军士兵破城，抓住傅钟秀将要杀之，傅禀初奋不顾身以身护父。孙渥玉说："这是小孩子，拉到一边去。"傅禀初抱住父亲脖子不放，也被乱刀砍死。清顺治五年（1648年），傅钟秀奉旨崇祀高密乡贤祠。乾隆元年（1736年），赐谥"节愍"。傅禀初也入祀高密乡贤祠，事迹载于《莱州府志》和《旧志》。明崇祯十五年（1642年）清兵入关，分四路南下，当时其他地区八十多个州县都被清兵攻下，唯有潍县城和高密城这两座县城没有被攻破。其中潍县城的县令周亮工（字元亮）率领军民抗战保住城池，傅禀初和周亮工诗词唱酬，写下了《奉和元亮明府枕上吟》一诗，诗中表达了忠君报国、忧国忧民的情怀。这首诗被收集在《白浪河上吟》里。诗曰：

> 羯鼓经春未遁潍，临风忾叹易心悲。
>
> 村社已无厨禁火，挽输可有路成丝。
>
> 一千里外魂栖草，七十城头血溅陴。
>
> 疆事纷纷堪痛哭，庙堂此日正忧时。

傅钟秀长子傅亶初（1619—？），字上生，号灏来，为人"沉静渊穆，寡言笑"。年少时便聪明出众，读书过目不忘，明崇祯十二年（1639年）己卯科山东乡试中副榜。农民军攻破高密县城时，他奉母出逃至即墨崂山，得以免祸。后清军总兵柯永盛攻克高密，镇压了徐南柳、张舆等的农民军，傅亶初得以手刃仇人，取其心肝祭奠父弟之灵。清军主将还要趁机展开杀戮，傅亶初力谏得免,保护了一方百姓。清顺治五年(1648年),傅亶初中式顺天乡试举人,在京师与丁耀亢等名士交游,顺治十五年(1658年)又中三甲第二十九名进士。康熙元年(1662年),授池州府推官,康熙三年(1664年)去官归里,以德行著闻乡里,被推举为"乡饮大宾",年八十余岁而卒。傅亶初的堂号叫作"清风堂",他把"清白"二字作为人生信条,身体力行,训育子孙,绍继家声。

傅钟秀的曾孙傅评,字月亭,号松涧,乾隆年间岁贡,任福山县训导。他"性孤介,不妄交",早岁与李师中、单云荃交好,以名节相标榜,时号"三友"。傅钟秀遇难后,家里破败,唯有图书数百卷。傅评视若珍宝,每日钻研,掌握其中奥秘。对于没有见到的书,即使借贷,也必定想方设法购买到,然后品评甲乙,晚年藏书日富,城里的藏书家往往不如他。傅评参与了"通德诗社"的创建,和诸诗人往来谈宴,情款甚密,对于其他俗事则比较淡漠。晚年他的家境更加旁落,贫窭以终。单烺《高密十四先生咏·傅月亭先生》有诗赞曰:

> 太常忠孝裔,西塘涟且清。
>
> 佳客日召集,卷帙浩纵横。
>
> 竭来备乐职,中和依鹿鸣。
>
> 当年三君目,悲哉身后名。

诗书世家

傅钟秀长子傅亶初,进士,工诗善书,其诗集《清风堂诗》由清代雍正年间状元彭启丰选定,侄曾孙傅豫刊行。他在《晒书》一诗中告诫儿孙辈读书之要在于"三余",即"冬者岁之余,夜者日之余,阴雨者时之余"。诗曰:

> 家贫止有书,炎日晒庭除。
>
> 暴午惭空腹,开函恨饱鱼。
>
> 讨寻昔未已,精力近何如。
>
> 检点儿曹事,三余莫负渠。

傅钟秀次子傅禀初，明崇祯壬午副榜举人；三子傅亹（wěi）初，字天行，号逸庵，廪贡生，考授州同；四子傅康初，字康侯，号蓼埜，清康熙年间岁贡，著有《读古汇记》；五子傅永初，字眉生，增生；六子傅广初，字约生，清康熙年间岁贡，选堂邑县训导；七子傅京初，字型远，号惕菴，清康熙八年（1669年）举人，康熙十八年（1679年）进士，二甲第二十九名，可惜天妒英才，未及出仕而卒。

孙辈中，长子傅亶初之子傅廷锡，字承祐，号省菴，清顺治十七年（1660年）庚子举人，康熙六十年（1721年）辛丑进士，官陕西汉中府洋县知县，亦工诗，与其父傅亶初皆入选《国朝山左诗续钞》。傅廷录，字书升，号鹿柴，康熙年间副榜举人。傅廷钫，字秀宣，号棣园，康熙年间岁贡。傅廷锽，字声立，号庸斋，康熙年间岁贡，任莘县训导。傅廷镜，字冰如，号石斋，庠生，诗人，著有《遗珠略》，单作哲《高密诗存》收录其诗四首。

曾孙中，傅廷锡次子傅维义，字方其，号松溪，康熙五十三年（1714年）举人。傅诧，字可亭，号景峰，康熙四十四年（1705年）举人，拣选知县。傅评，字月亭，号松涧，乾隆年间岁贡，任福山县训导。傅诰，字洛书，乾隆年间岁贡，任海丰县训导。傅撰，字青选，乾隆年间岁贡。傅汝说，字进思，号徼臣，岁贡。傅信，字履亭，监生，考授州同知。

玄孙中，傅树蓍，字圣芳，号丛百，行人司司副，钦差户部与平仓万安仓监督，升四川夔州府通判，补长芦蓟水分司护理，天津运同，敕授承德郎。傅树葵，字心阳，监生，候选主簿。傅树萱，字兰芳，号石畔，附贡生。傅树蕃，字椒园，号诒堂，附贡生，举"孝廉方正"。《旧志·文苑》记载，傅树蕃少年时家境富裕，后来家境败落，但是读书作字无惰容，书法颜平原（颜真卿），邑人珍之。傅劝，字中湘，乾隆年间岁贡。

傅钟秀还有一个玄孙傅豫，字于石，号旧溪，一号立庵，乾隆十年（1745年）进士，历任郾城县知县、兖州府学教授。傅豫的祖父傅廷鑪，字陶公，郡廪生，早逝，父亲傅撰，字青选，乾隆年间岁贡。兄长傅观，字鄢陵，廪生。傅豫少时家贫，从父兄读书破屋中，灶台饭桌茶几上到处都是书籍，家中有时吃了上顿没下顿也不顾及，心无旁骛，以读书为乐。后应童子试，被莱州知府拔入北海书院就读，并资助学费，由此学习更加刻苦。乾隆十年（1745

年)中进士,次年出任河南郾城知县。在郾城八年,"勤于所职"。任事一月,清理前任积案四百余卷。郾城素苦水患,傅豫到任后,率领民夫修筑沙河石堤,保全无数田庐。时逢朝廷出兵平定大金川之乱,郾城为南北交通要道,调用百姓很多马匹,如有死亡,傅豫按市场价给予赔偿,百姓倍受感动。傅豫在郾城任上,注重文教,修学宫,建景文书院,主持纂修《郾城县志》,还率僚属绅商同修岳武穆祠。乾隆二十年(1755年)调任济源知县,次年改任新蔡知县。乾隆二十六年(1761年)出任云南大姚知县,旋因丁忧去职。服阙后不乐仕进,请改教职,于乾隆二十九年(1764年)二月选授兖州府教授,后卒于官。

傅豫工诗文,著有《郾城古迹诗》《旧溪丛话》《四书养正》等,因家贫未能刊行。其在郾城时,曾刊刻从曾祖傅亘初诗集《清风堂诗》。其幕宾傅尔德编撰《高密傅氏家传稿编》《傅豫年谱半稿》,皆刊行。其《小商桥吊古》诗为题咏南宋抗金名将杨再兴而作,其诗悲壮苍凉:

将军祠畔雨潇潇,铁马声中恨未消。
天日昭昭无处问,行人挥泪小商桥。

傅豫之孙傅敦孝,字复斋,号商卿,道光五年(1825年)顺天举人,大挑一等,以知县用,署湖北襄阳府均州知州。《旧志·文苑》记载,傅敦孝"负性刚果,力学务实行,工诗古文词。由举人大挑,牧均州,旋里后诱掖后进,门下多知名士"。傅敦孝著有《郑司农志》,与掖县侯穆止一同撰有《郑康成年谱》。傅致孝,字慎斋,郡增生,著有《书带草堂诗》。

傅钟秀后裔中,傅董帷,字文麓,《旧志》作文菉,号荔香,道光年间(1821—1850年)拔贡,曾任咸宁县、镇安县、朝邑县、长武县、定川县知县。他为文出入百家,力追先正,与同邑李芝庭(号兰友)、王圭(字锡之)、王庆霖(字渔村)有"文中四灵"之目。傅逵鸿,字云衢,号飞卿,道光二年(1822年)武举人,太常寺博士。他"长身玉立,博学能文,主讲通德书院,文风为振",事载《旧志·儒林》。傅颙(《旧志》作傅颢),字清堂(《旧志》作靖堂),附贡生,傅钟秀八世孙,天资颖异,学问淹博,设帐授徒,族中子弟多所成就。同治年间(1862—1875年),捻军到高密,他率众守城有功,保六品军功衔,事载《旧志·武功》。傅颚,号菊潭,又号沧粟,道光二十年(1840年)恩科举人,国子监学录。傅曰嶙,字铁岩,号春舫,增生,诗人,著有《光裕堂诗草》。其子傅培源,字巨若,号心泉,光绪年间(1875—1908年)岁贡,诗人,著有《鸿雪山房诗草》。傅在田,字施普,号云卿,郡庠生,著《游崂记》;傅倬田,字硕庭,号明甫,从九品,著有《自箴录》。傅丙璋著有《四本堂诗集》。

傅钟秀的直系后裔中,傅丙鉴是值得大书特书的一个人。傅丙鉴(1848—1930年),字少隅,一字绍虞,又字印霄,号炯雏,又号勿翳,为晚清民国初年山东知名学者。

傅丙鉴出身于书香世家,祖上是进士傅钟秀之后,太高祖是进士傅豫,祖父傅麟台,字冠六,父亲傅大方,字德隅,都是庠生。《旧志•孝友》记载,傅大方"家奇贫,言动不苟。弟云方,目瞀,侄幼,日用皆取给焉,侄赖以立"。傅丙鉴家贫力学,淹贯经史。光绪八年(1882年)中式山东乡试举人,光绪二十六年(1900年),受聘主讲临清州清源书院。后大挑二等,以教职用,署阳谷县训导,改盐课大使签发两淮候补,以河工保举知县。宣统年间(1909—1912年),与高密同乡广东候补州同单朋锡、新泰训导单荫堂奉调济南分纂《山东通志》,傅丙鉴主编艺文、形胜、赈恤、杂记等四大门类。此后寓居济南,曾在山东大学讲授经学,主讲潍县诗坛,弟子遍及齐鲁,丁叔言、王统照、陈铭晏等一代名家都曾就学于其门下。丁叔言曾回忆说:"高密傅丙鉴绍虞先生,胶东诗人也,与平度董锦章、白澄泉、潍县郭果园齐名,时称'胶东四大诗人'。自果园先生去世,学诗苦无人指正,今岁与王淑贻、王剑三及文初弟、东斋侄,共组潜社,请绍虞先生主社政。"

傅丙鉴著述甚丰,一生撰写了大量的碑传序文,著有《思益轩文集》《思益轩诗集》。工书法,笔姿瘦硬,得欧之神。

孝友传家　后先接迹

李元直在《高密傅氏族谱》序言中说傅氏子孙"皆能以孝友世其家。掇科名者承其清芬,列黉序者绍其旧德,盖傅氏之积厚矣。燕翼孙子,世泽绵长,科第仕宦,后先接迹,积善余庆,又何疑哉!"。据统计,《旧志•孝友》载傅氏五条七人次孝友事迹,《旧志•节烈》记载受到旌表的傅家节妇六十五人、傅家女儿三十六人,既让人肃然起敬,又为之惋惜。傅钟秀长子傅亶初官至池州府推官。由于母亲年逾七十,主动提出致仕退休,侍奉老母。上司要求他出山再次去兵部候选,他谢绝好意,并以诗明志。他在《丁未,大中丞张公檄赴部补职,辞之》中说:

薄官近三载,高堂余七旬。

空劳朝暮望,宁忍往来频。

菽水田园足,斑衣兄弟新。

敢虚汲引意,未是乐沉沦。

傅钟秀次子傅禀初,甲申殉父难,清顺治五年(1648 年)奉旨崇祀高密乡贤祠,事迹载《山东通志》。他的妻子宿氏年方二十五岁,无子,继嗣守节,载《旧志·节烈》。当时文人张予信有诗《吊傅孝子禀初》赞扬傅禀初忠孝双全,诗曰:

才赋招魂声半咽,去年今日抑何天。

为因国难成家难,自是忠全即孝全。

百虑靡遑谋此后,一身唯喻见当前。

可怜地下血犹碧,忍看墓门草已芊。

傅钟秀四子傅康初,孝友天成。其兄傅亶初有诗《忆四弟》赞之:

姿骨天生异,峭然迥出尘。

风标宗后汉,文字学先秦。

能孝兼能友,去贪又去嗔。

适看高士传,真不愧斯人。

傅钟秀五子傅永初,字眉生,增生,继室纪氏,嫁过来六年即成寡妇,养育前室儿子傅廷镜、傅廷锵为秀才,旌表节孝。

傅钟秀孙辈中,傅廷鑪早逝,妻子匡氏守贞训子,卓有成就,县令严某授其旌匾曰"劲节流芳"。傅廷镇,监生,继室是原高密县令沈祐的女儿。二十六岁时傅廷镇病故,沈氏守节抚养孤儿,家业克昌。傅廷锡的侧室生了一个女儿,富有传奇故事。傅氏幼时与庶母随父任。傅廷锡在任上病故后,仆人孙二等顿生恶心,忘恩负义,逼嫁主母。傅氏的母亲临分别时把血书藏在女儿衣服里,嘱咐见到祖母时告诉她。那时才五岁的傅氏牢牢地记住了母亲的话。到高密老家见到祖母时交给了她血书。祖母见书,知道孙二等逆状,到官府鸣冤,把孙二等置了重罪。傅氏长大后嫁给了廪生王立蒸,得到公婆疼爱欢心。王立蒸的侄儿王清栋,很小的时候父亲王立经和母亲单氏相继去世,傅氏抚育如亲生儿子。后来丈夫王立蒸也去世,没有儿子,傅氏就把丈夫的侄儿王清栋作为儿子抚养,倾其心血。乾隆十年(1745 年)王清栋中进士,光耀门楣。《旧志·节烈》为傅氏立传。

傅钟秀的玄孙傅缙,字纪云,郡廪生,孝友,工诗文,载《旧志·文苑》。单烺在《大昆崙山人稿别集》中曾有记载,说他"性至孝,先为邑中富室,后中落。父绍亭公生长习华膴,不耐俭素,先生曲意顺承,凡所需咄嗟而办,皆取自舌耕。为人诙谲离奇,诗文辄有玄解,与人谈论辞旨清令,余音逸响,尽成妙谛。好饮酒,醉则上下千古悲歌感慨"。单烺有诗赞曰:

> 有穷者缙云,轩轩殊瑰异。
>
> 独怜孝子心,能顺严父志。
>
> 灵慧在至行,文章乃余事。
>
> 著牒数百人,踵门问奇字。

傅钟秀七世孙傅曾陟,字希伊,监生;傅曾阯,字仲南,附贡生,他们弟兄二人友爱无间,同居不离左右,一个外出一日不归,另一个茫然若失,人们教育后辈兄弟友爱,多以他们为榜样,事载《旧志·孝友》。七世孙傅青峰与弟傅青峨"友于最笃",家贫,从事小买卖,晚年家庭才得以富裕。兄弟同灶,成家后也不分家,其乐融融。

治家庭训

傅亶初是傅钟秀家族承前继后的关键人物。他们祖孙三代四个进士,这不仅在高密,就是放眼全国,也是凤毛麟角、屈指可数的。他的父亲傅钟秀是进士,他和七弟傅京初是进士,他的长子傅廷锡也是进士。傅亶初注重家风文化的创建和传承,用心良苦。他所著的《清风堂诗稿》里面有若干首关于家风的诗篇,而所著《过庭录》,就是一部治家箴言集,对于傅氏家族行稳致远的发展起到了推动作用，就是放到今天，仍有借鉴意义。

先看《清风堂诗稿》中训诫儿孙的诗篇。他的《口占示孙辈》作于康熙三十年（1691年），也即辛未年，有题记："辛未三诗可当座铭"。诗曰：

> 何事传家久，传家在读书。
>
> 正宜心力淬，最忌功夫疏。
>
> 金玉枉为穴，文章堪引闾。
>
> 朱门裘马子，再过已邱墟。

> 何事传家久，传家在笃伦。
>
> 乡评推孝子，国史表忠臣。
>
> 源本人人重，纲常日日新。
>
> 试看乖逆辈，顷刻化为尘。

> 何事传家久，传家在立身。
>
> 秉心守圣道，遇事任天真。
>
> 腐鼠何能吓，海鸥自觉亲。
>
> 从来行险者，下世有何人。

他在康熙二十九年（1690年）正月初一所作《示诸孙》也是治家宝典。诗曰：

> 立志读书要苦辛，莫将贫富乱精神。
>
> 从来温饱多迷性，只是文章不娱人。
>
> 常念家声休放手，勿言命运便轻身。
>
> 老夫何事谆谆语，尔辈心思渐失纯。

他在《五十初度》中有句"寄语儿曹莫漫祝，常留清白即生涯"；《闻八弟乡荐捷音》中有句"传后箕裘重有继，承先清白讵无余"；《送儿廷锡赴任洋县》中有句"栈阁连云速叱驭，传家清白记心头"；《初度示诸孙戊辰七十三岁》中有句"吾家清白传来久，闭户安贫读父书"；《秋夜诸弟坐谈》中有句"努力文章绍世业，传家原不是黄金"；《送诸弟乡试》中有句"家声属弟辈，世济绍前徽"。

再看《过庭录》。该书是傅寘初于七十七岁时撰写的人生经验总结，是教育诸孙读书为人的治家宝典。正如乾隆九年（1744年）其侄孙傅廷鎏在序言中所评："剀切详明，质实有味。或为见道之言，或为有得之语，字字砭针，足为后人楷模。每见斯书，如对先人也。以之持身则翼而恭，以之待人则和而平，以之待物则曲而当，以之临事则详而审，以之处世居家则樽节而有制、宽厚而有常，援据之下，证以世故，岂非多读书、细穷理，方能谈言微中，亲切而不浮乎！"

谈到读书，他说："人之孝，读书为大。若能勤苦好学，下笔能文，亲心豫悦，有非可以言语形容者。异日显扬，又是后事""人能读书，可以保身家。真心好学之士，涵养德性，变化气质，在邦无怨，在家无怨""家中无事，斗室静坐看书，此是清福，万不可妄动闲游，以招言语动作之愆""读书须要自己静悟，触类旁通，专靠先生不得。先生讲书看文，所谓与人规矩也，何能使人巧哉？然巧亦不在规矩之外，倘孜孜于规矩中，而黾勉不已，即不能得巧，亦未必一无所得也。尔辈于规矩，尚未努力也，奈何奈何！"

谈到"公子哥"，他说："公子二字，世以为美称，余以为最不美之称，何也？富贵之子，任性悖谬，人曰公子性，又曰痴公子。公子者，乃不通人性之别名也。为公子者，何不为佳公子，而为痴公子乎？公子何以佳也，一曰读书，一曰谦谨，一曰俭朴""公子第一是读书。能读书，有势之时，可以涵养德性，不至于放荡；无势之时，可以支持门户，不至于破败。人自二十至三十五岁，此是壮年，当笃志读书，必期有成，家事总其大纲，不必过计分心；至四十后，始可治家；有志者，不忘读书更好。"

关于教子和父子相处之道，他说："教子当从小孩子时教起。小时惯了，大了便难治""父子间，当以天性涵濡，不可任性过激。如子有不是，固不孝矣，为父者，因其性而善处之。倘以一时之怒，而迫以无容身之地，不唯伤恩，不祥莫大焉""父子不可不常聚首。今人子不知朝夕定省，又不时时召见，遂有数十日而不见面者矣，此天性之所以日漓也。父常见子，则慈爱之心日笃，而义方之训得伸矣；子常见父，则孝敬之心日动，而不肖之行潜消矣。"

关于兄弟相处之道，他说："兄弟尤宜和好。或偶有言语之差，财物之争,痛念同气,即时消释。若蓄积不化,渐成乖离,必至有败家之祸""汝兄弟分居后,当常相会,至迟不过数日。常见不唯情谊流通,或有诗书可质,或有家政可商,或有人事可议,或有过误可正,不可一半月不见面""骨肉乖离,不祥莫大。大约起于礼节偶疏,贫富相形,借取未遂,言语或忤,庄宅之相邻,奴婢之交构,数者一概置之,则和气致祥矣""凡骨肉间,不可轻交易。如有交易,比常人不同,须满其愿。"

关于如何居家过日子和待人接物之道,他说"人居家日用间,要和平,最忌暴戾。若不时发怒,骂妻子,打仆婢,一家俱是乖离之气,定不昌盛。余一至亲,常常嚷闹,打家器,扯衣服,甚而米面等物弃厕中。余决其有祸,果然""衣冠要正经,万不可随时样浮浪。少年言语态度,趋时者殊可厌,其人定非端士""人生福极难享,衣食粗足,幸矣。樽节知足,庆流子孙。过分自奉,非贫则夭。余阅人数数矣""产薄家贫,除衣食纸笔之外,不可枉费,勿纵口腹,勿招宾客。初视为小费,久之为害甚矣""居家宜俭,然数米调粥、较锱比铢,非所以为俭也;待人宜恭,然胁肩谄笑,低声下气,非所以为恭也""尔等饮食宜淡薄,衣服宜朴素。二者若奢,富家可贫,况汝贫家乎?"

傅亶初还从清白为官、殡葬从简、反对放债牟利、杜绝赌博听戏、作息有规律、戒贪除妄、借贷钱财、救人急难、处世要忍、饮酒、亲朋请托、御下(管理仆人、女婢)、交友、结拜、出租土地、选择仆人女婢、选择风水、戒杀生、邻里相处及纠纷处理等诸多方面,都有立言论述,并结合自己和身边人故事加以阐释,可谓教导谆谆,语重心长,处处箴言,处处警句,充满哲理智慧和人性光芒。

富贵自诗书中来
家业自勤俭中来

单若鲁的家风

高密单氏,因为进士单明诩和单崇的缘故,明朝末年就已是世家大族、钟鸣鼎食之家、诗书簪缨之族。清朝定鼎中原后,单若鲁又以翰林、国子监祭酒、内弘文院侍读学士的身份,再一次把单氏家族名望推向了高峰。他那"作公子无贵介气,作秀才无名士气,作进士无乡宦气"的"三无"家风,深深地影响了后人。

一代文宗　学士风流

单若鲁(1605—1672年),字唯之,号拙菴,又号郑公乡迁史,明末清初高密北隅人,进士,累官内弘文院侍读学士,诰授中宪大夫。

单若鲁出生于官宦之家。祖父单纯,字正峰,明万历七年(1579年)岁贡,曾任嵩县(今河南省嵩县)教谕。父单明诩,字叔赞,号对南。明万历四十七年(1619年)己未科进士,由知县累升兵部左侍郎、都察院右都御史巡抚顺天。单若鲁兄弟四人,他为老三,其他兄弟都是诸生(秀才)。

史载,单若鲁"风雅醇厚,气度雍容,博学广记,诗赋精工"。明崇祯十五年(1642年),单若鲁中式壬午科山东乡试第十六名举人。是年清军入关掳掠山东,围攻高密县城。单若鲁受县令何平委托,和其他士绅一起率民众守卫高密城,成功打退了清军的进攻。清顺治三年(1646年)会试中会魁,殿试中三甲第一名进士,选授翰林院庶吉士,散馆后授内国史院检讨。顺治六年(1649年)任己丑科会试同考官,史载"甄拔多名宿",桐城名士方孝标为其门生之一。顺治九年(1652年)正月任《太宗文皇帝实录》纂修官,七月升国子监司业,后迁詹事府右春坊右中允。顺治十年(1653年)升国子监祭酒。单若鲁两任国子监,后升任内弘文院侍读学士,诰授中宪大夫。康熙六年(1667年)九月,纂修《世祖章皇帝实录》,单若鲁被命为汉纂修官。康熙七年(1668年)辞官归里。康熙十一年(1672年)九月,单若鲁以病卒于故乡。其门生方孝标《哭房师单拙菴先生文》云:"盖夫子生平材大学深而性淡泊,虽坠巍科,备史馆,以至典成均,为学士,所在著文章经济之声",对其恩师给予极高评价。单若鲁工诗,善书法,著有《语石居诗集》,诗入《国朝山左诗钞》。其《送四弟默新选安阳由家之任二首》一诗表达了兄弟之间的深厚情谊,同时也对家风的传承提出了要求。诗曰:

一

双棲雁羽古燕台,独绾铜章揽辔回。

南陌迟教歌麦秀,东园归及赏梅开。

传家旧注栽花谱,报政悬知脱颖才。

望去清漳衣带隔,奖书早晚日边来。

二

梅花驿路羽骎骎,搔首鸿飞渡远岑。

清白在人绵祖德,文章于汝卜官蓿。

韩陵露暧召公树,卫水风清虑子琴。

执手临岐询记忆,寒窗当日弟兄心。

《高密单氏诗文汇存》和《旧志·艺文志》里收录了单若鲁的《自题像赞》,这是一篇反映其晚年平和心态的散文小品,非常精致,富有韵味。抄录如下,可窥其文采一斑:

神不楚,颊不殷,马齿已长,童心犹顽。一片痴情落落,数茎短发斑斑。六旬未愈,半秩常闲。囊无百镒,室无双鬟。无嘉猷兮赞纶幄,无奇字兮藏名山。出处升沈,悟达人之一致;酸甜苦辣,尝世味之多般。龙无首而免悔,鸟倦飞而知还。胡为濡尾,自取赧颜。挈榼提壶,二豪可玩;男婚女嫁,五岳可攀。黄芽兮石鼎半粒,白袷兮鉴湖一湾。扶耒兮耕陇亩,携柑兮听缗蛮。不则学东海钓鱼,八旬犹健;不则看南山射虎,十石可弯。有一于此,若是乎班。嘻!是古人之糟粕已矣!愿抗怀其尽删,除烦恼障,破名利关。固不若澄心息虑,露顶袒膺,叠膝乎卷石之侧,虬松之间?嘻!何处净土,何处尘寰。

子孙承训　后先辉映

单若鲁告归后,于城西门外辟小院,名之曰"心耕堂"别墅,颜之曰"秋水居",集子侄读书其中,他亲自督课,所以后代英才辈出。时值大学士王飐昌、綦汝楫亦在籍,三学士亦常聚于此,谈文论诗,濡墨拈毫,琢玉镂金,摘藻扬芬,成为清代高密诗风长盛不衰的先声。

单若鲁有五子:长子单务邵,字秋崖,号青门,康熙十四年(1675年)乙卯科乡试中举,任内阁中书舍人。单烺说他"文章义气横绝一时,子四人,俱有文名";次子单务和,字介仲,号青郊,岁贡,曾任山东博兴县训导,栖霞县教谕;三子单务靖,字献可,号青立,监生;四子单务爽,字西山,号青麓,康熙二十六年(1687年)丁卯科举于乡,他"生而颖异,目下十行",两赴公车,"荐元不第,荐魁又不第",遂绝意进取,闭户著书,著有《六经析疑》《浣俗斋诗草》藏于家。单务爽天才俊逸,博学嗜古,精于金石书画,为山左鉴赏大家。单若鲁的幼子单务旮,字稚畏,号青原,贡生。

孙辈中有八个秀才、四个贡生。单念,字怀祖,贡生,任博山县训导。单儹,字质人,雍正年间岁贡,蒙阴县训导。单俟,字居易,贡生。单含,字宏度,号贞可,监生,雍正年间以知县累升澄州知州。乾隆三年(1738年),以病归里,结诗社于高密城西芜园。单仰,字仲频,附监生,是一个书法家,著有《墨谱》。单倜和单份,则是那个年代的诗人和乡贤。

单倜,字步武,号堂轩,增监生,早年即有文名。雍正年间年参加举人考试后,人们争相传颂他的应试文章,以为必定高中,结果名落孙山。他一气之下再不参加科举考试,日以诗酒为乐。善诗,曾和单烺等人结"南园诗社",著有《堂轩诗存》。单烺说他"晚年耽吟事,大雅足俊群"。从他的《九日独坐》一诗中人们可一窥其晚年心情和诗风:

老去逢秋惨不欢，衰颜行共夕阳残。
种来庭树禽偷宿，抄得方书友借看。
三径寂寥通蜡屐，十年落拓误儒冠。
登临怕见哀鸿集，一榻萧然壁角安。

他的《哭仲兄步韩》表达了兄弟情深：

寂寞鸰原形影孤，潸潸血泪眼模糊。
姜家被共何人暖，田氏荆从此日枯。
白发追随期再世，黄泉先后虑岐途。
梦中犹作团圞相，兄卧床头唤弟扶。

单份，字彬如，号石禅，廪监生。据单烺《高密十四先生咏·石禅先生》题记，他“有异禀，博极群书，为文取法先正，去肤存液，名理湛然”。小时候有相面先生说他面相奇贵，但是在于品望而不是名位。果然后来屡次考试都没有中举。可是他的科举文章功夫了得，品行端正，举邑公认，单烺赞扬他“制行贞白，皭然不滓一时，推为第一流焉”。晚年更加坎坷不得意，酒后耳热，长歌痛哭，知者重其品而悲其遇。单烺曾经拜他为师，相见恨晚，说他“为学立品，训教恳至”。单份善诗，著有《石禅诗稿》《古照堂诗》。他和单烺一起，都是高密“通德诗社”核心成员。他的《小斋即事》是这样写的：

心静尘嚣远，微吟度草亭。
闲云无定态，修竹有余清。
花落鱼扬猎，雨余禽栉翎。
萧然忘出处，翻愧未劳形。

他的《步墨傭原韵》是这样写的：

小园幽寂昼常关，地隔尘嚣不碍闲。
分菊半从微雨后，灌蔬多在夕阳间。
细敲好句迟新月，静理焦桐对远山。
明日牡丹将放蕊，好来同醉踏歌还。

单烺有《哭十六叔》诗,赞扬其诗文成就。诗曰:

> 石禅声价并连城,海岳英灵钟弟兄。
>
> 宅在墙东亲誊欸,诗在社外著声名。
>
> 秋风欲雪同人泪,终古难消异地情。
>
> 三尺幼孙两孀寡,临危遗嘱未分明。

单若鲁曾孙辈中十人取秀才,二人成贡生,两人中举人,一人科进士。

单言扬(1715—?),字次升,号声远,单含次子,乾隆七年(1742 年)进士,官荆门州知州。单行举,字孝闻,号六可,乾隆元年(1736 年)丙辰恩科顺天乡试中举人,官至四川云阳知县。单正谟,字惟中,雍正七年(1729 年)举人,乾隆二年(1737 年)会副,拣选知县。历任海阳县、长山县教谕。单功擢(1724—1779 年),字试升,号立斋,贡生,乾隆间以知县累官直隶布政使。

单若鲁玄孙中,单鼎,字子固,号介菴,乾隆五十九年(1794 年)甲寅恩科举人,直隶试用知县。学行为世所重。他是一位著名诗人,跟随高密"三李先生"中的李怀民等学诗法,入"后四灵"之选,著有《子固遗诗》。摘录一首《赠李五星》:

> 不解营生计,年年耽苦吟。
>
> 多情自生感,无事亦劳心。
>
> 五字见幽抱,千秋谁赏音?
>
> 仰天发长啸,寒夜月沉沉。

品重一方　代有高士

《旧志·文苑》记载,单若鲁"性谦和,笃友谊,教士先行后文"。所谓"先行后文",是指教育国子监的学生(即监生,也叫太学生)先明白做人的道理,好好修行,然后才可考虑学业。单若鲁是一个大孝子。顺治六年(1649 年),因为两位兄长相继去世,母亲年迈,已是内国史院检讨的单若鲁急忙上书请假告归,经营丧事,伺候老母,一住就是三年。升任国子监祭酒后,又请假归乡,侍奉老母无微不至,"以至甘旨不亲尝不敢进",这次一住就是八年,直至为老母送终,守孝期满,才进京,重新从国子监祭酒干起。为了母亲而不顾个人前途,这是一般常人难以做到的。单若鲁"居乡温和","与人款曲,不立城府,人称长者"。据《单若鲁墓志》记载,他以"善气迎人,不露圭角。贱者即之,不知其贵;贫者即之,不知其富;愚不肖者即之,不知其贤。且智也倦倦,以善诲人。谈诗书不置口,而温和恺挚之气,见之如饮醇醪,如坐春风中"。他的子孙既有高官,也有平民,他们急公好义,救危扶困,孝友天成,贤者盈门。

单含,乾隆元年(1736年),高密发生灾荒时,单含出粟数百石赈济族人,又煮粥赈乡里。乾隆六年(1741年),著名画家高凤翰曾为其作《野趣图》,此画现藏山东省博物馆。

单倜,性孝友,长兄早卒,于仲兄步韩形影相依,不能顷刻离开。单步韩晚年失去老伴后,不愿意住在儿子那里,愿意和单倜住在名为"堂轩"的院落里,终其一生,兄弟友爱之情甚笃。

单正谟,字惟中,孝子,有品行。单烺有《寄怀三章》诗,提到好友单正谟:"我所思兮思吾兄,吾兄抽簪掩柴荆。哀哀忍废蓼莪什,中夜犹闻呜咽声。我思忽来兮康之湄,如闻招隐兮胡不归?""哀哀忍废蓼莪什"之句,即是写他父母去世后单正谟难以名状的悲哀心情。

单勉中,字子受,监生,四库馆誊录,议叙候补州同。工诗,"三李先生"的李怀民曾为之作《书单子受诗后》,载于《高密三李诗话底稿》,其中说道"我子受清才丽句,推之当世,虽进尤展成之丰润,宋玉叔之香艳,阮翁之风韵,钝翁之才情,都不甚多让。所不可及者,古之豪杰耳"。他胸怀洒落,与弟单勉基具有古达者风。

单勉基,字仲温,庠生,诗人。清代中叶李诒经等人编著的《亡友遗诗》中记载,单勉基"家世席丰,乐施予。晚岁穷迫,晏如也。同人为作《贫士吟》,和者甚众"。

单氏世宝 家训宝书

单若鲁治家有方,而且给后人留下了宝贵的家风家训箴言集,即《单氏世宝》。他在《自叙》中开宗明义,说:"小窗午霁,案拥群书。择古人嘉言懿行,有裨居心应务者,辄为录出,传诸后嗣,以代籝金。昭烈云:勿以善小而不为,勿以恶小而为之,贻谋之道尽此矣。"该书末尾又有诗句云:

> 惭乏籝金与子分,检书抄写旧传闻。
> 儿曹若解抄书意,一字值金数十斤。

《单氏世宝》是高密市新发现的系统的治家宝书,其中格言警句,至今仍有借鉴意义。下面采撷十四句,以飨大家:

剖去胸中荆棘,以便人我往来,是天下第一宽宏快活世界。默默默,无限神仙从此得;饶饶饶,千灾万祸一齐消;忍忍忍,债主冤家从此隐;休休休,盖世功名不自由。

面前的天地要放得宽,使人无不平之叹;身后的惠泽要流得远,使人有不匮之思。

见人有得意事便生欣喜心,见人有失意事便生怜悯心,皆自家真实受用。忌成乐败,何预人事,徒自坏心术耳。

天下事无不可做,唯戒夫利己损人;世间言无不可谈,但恶其论长数短。

涉世应物有以横逆加我者,譬犹行草莽中,荆棘在衣徐行缓解而已,彼荆棘亦何心哉?如是则方寸不劳而怨可释。径路窄处,留一步与人行;滋味浓时,减三分让人嗜。

省费医贫,安分医贪,读书医俗,独寐医酒;常默元气不伤,少思慧烛内光,不怒百神和畅,不恼心地清凉,不求无谄无媚,不执可圆可方,不贪便是富贵,不苟何惧公堂。

水到渠成,瓜熟蒂落,此八字受用一生;否极泰来,福过灾生,此八字阅历一生。

我施有恩不求他报,他结有怨不与他校(较),这个中间,宽了多少怀抱;忍不过时著力再忍,受不得处耐心且受,这个中间,除了多少烦恼。

治家最忌者奢,人皆知之,最忌者鄙啬,人多不知。鄙啬之极必生奢男,济穷乏一毛不拔,供浪耗一掷千金。唯俭以褆躬,泽以及众,方为达观之道。

裴度尝训其子云:"凡吾辈但可令文种无绝,然其间有成功,能致身万乘之相,则天也。"黄山谷云:"四民皆坐世业,士大夫子弟能知忠信孝友斯可矣。然不可令读书种子断绝。有才气者出,便名当世矣。"练兼善尝对书曰:"吾老矣,非求闻者,姑下后世种子耳!"

疏广、疏受,归,卖金置酒与族戚娱乐,或劝为子孙立业,广曰:"吾岂不念子孙哉,顾有田庐,令勤其中,足供衣食;复增以赢余,只教其惰耳。贤而多财,则损其志;愚而多财,则益其过。且富者,怨之府也。吾既无以教子孙,不欲益其过而招怨。"

祖宗富贵自诗书中来,子孙享富贵则贱诗书矣;祖宗家业自勤俭中来,子孙得家业则忘勤俭矣,此所以多衰门也,戒之。

颜氏家训曰:"子见名门右族,莫不由祖先忠孝勤俭以成立,莫不由子孙顽率奢傲以覆坠。成立难如升天,覆坠易于燎毛。"言之痛心,尔宜刻骨。

勤俭所以治家,敬慎所以保家,诗书所以起家,忠孝所以传家。非分之福,无故之获,非造物钓饵,即人世机阱,切须猛省。

积善还植德
重教更有为

王劝的家风

明清时期,诸城水西社水西村(今山东省高密市注沟社区)有一个王氏家族,自顺治年间王劝登进士,其家族登科入仕者累世不绝,成为文献大族,科举世家。终清一代,水西王家有七人高中文武进士,另十余人中举。清代诸城进士王蒙绪曾称赞说:"余所见水西人士,淳朴敦厚,以耕读为世业,虽簪缨门第,曾无淫靡怙侈之习。"这个家族的杰出代表就是王劝和王度昭(另文介绍)。这里重点介绍一下王劝和他的直系家族。

积功植德　惠及子孙

王劝(1608—1692年),字旌淑,一字充华(《诸城县乡土志》作华充),号淮南,亦号仲子,顺治四年(1647年)进士,官至知县。

王劝先祖兄弟二人,原籍云南乌沙卫鸭儿湾,于明初来山东,落户平度州(今山东省平度市)南隋村。后来兄乏后嗣,只有弟系。传三世,王海孙迁居今高密水西,成为水西王氏始祖。传七世,至王劝曾祖王琼,王家开始读书,耕读传家。《诸城县乡土志·耆旧录·列传下》记载,王劝祖父王思曾,为人端方,为县掾,治狱多阴德。谒选,应授典史,忽慨然说:"资格有限,虽贫,然恐以利伤义",拂袖归。在乡里,乡党有不平事,多出面辨明是非。王思曾"性纯孝,继母无子,事之甚谨。母尝曰:'吾死必请于天,使汝生贤子孙也'"。也许真是孝感苍天的缘故吧,王劝的父亲王翰元,也是一位贤者。

王翰元是一位府廪生,屡遭横逆不与人、不与命计较,轻财仗义。曾经买了王思禄的田地,已经付给地钱了,忽然可怜他生活无依,又把田地还给他。明崇祯九年(1636 年)里社累贫,乡亲有相继逃亡者,正值王劝乡试中第,他将所得建牌坊之银,代交逃亡者所欠的赋税,使之得以回守故业。父祖的功德善行换来了丰厚的回报,家业世昌,人才济济。

尊师重教　世代书香

水西王氏历经几世,到王劝曾祖王琼这一辈家境渐好,开始读书习字,走上科举求仕之路。王琼,字英华,"性英敏,雅好文学,诗礼之传,实肇于此"。史载,王琼"克勤务农,(致)家道丰盈,一切田园牧养,甲市一乡。用是广设西席,凡知名之士,延之入座,为邑中传书门第焉"。王琼有三子:长子早逝,次子思孟,字养吾,成邑庠生,即进士王度昭曾祖。幼子王思曾,字省吾,邑庠生,即王劝祖父。王劝在兄弟五人中居次,兄与弟俱为诸生。王劝罢官归乡后,勤于著述,著有《周易三注》《易诂》《书诂》,年八十五岁而卒。

王劝后裔,诗书传家。王劝共有九个儿子,都是文武诸生。其孙王好礼,字肃亭,号得溪,一号潍东,乾隆三年(1738 年)顺天乡试戊午科举人,曾任山东阳信县儒学教谕。

他的曾孙王靖,乾隆七年(1742 年)进士,历任修武、武涉、望江知县。工诗文,其《城南杏树》诗颇具神韵:

> 一夜东风万树花,村南向暖得阳华。
>
> 小楼雨过听深巷,行路人来问酒家。
>
> 冉冉提壶催去马,声声布谷劝停车。
>
> 嫣红十里芳芬节,曲阳连烟化日赊。

王靖有三子,长子王彦方,次子王彦飔,幼子王彦佶,俱为国学生。

勇于任事　为宦有声

王劝于顺治四年(1647 年)会试中式第三十六名贡士,殿试中进士,授江南宜兴知县,在任力行保甲法。县有巨盗藏匿深山中,王劝以计擒获其两名首领,斩之于城外,其党羽皆作鸟兽散。顺治九年(1652年)出任直隶文安知县,其为官不畏豪强,百姓感诵,立祠祀之。不久因事被弹劾罢官。

王劝的曾孙王靖(1714—1766年),也是一位进士,有政声。王靖,字牧村,一字纫兰,号柳塘。他的祖父王永惧,号敬真,邑武庠生。他的父亲王法农,字先啬,号天成,徙居西注沟。西注沟位于水西东南二三千米之遥,东傍顷王冢,西邻潍水,南依巴山,地杰人灵,无限风光。

乾隆六年(1741年),王靖中式辛酉科山东乡试举人,次年中进士,候选知县。乾隆十七年(1752年)入京谒选,授河南修武知县,在任曾重修修武县城。乾隆十九年(1754年),河南巡抚蒋炳以"为人朴实,办事勤敏"举荐,奏请调补武陟知县。乾隆二十年(1755年)秋,武陟大雨连旬,沁河水溢出,王靖带领僚属百姓竭力修护河堤,得以无恙。前任倡修县志未成,王靖继之撰修,并为之作序。清乾隆年间武陟知县查开在《武陟县志序》云:"今王侯以进士出宰,由修武调繁,皆与李同,其刚断有为,亦略相如,而重修县志,更可谓前辉而后映焉!"王靖以政绩突出考核卓异,未及升迁因丁忧还乡。乾隆二十八年(1763年),出任安徽望江知县,乾隆三十一年(1766年)正月不幸暴卒于望江任内。

科第驰文苑
巾帼传高仪

綦汝楫的家风

綦汝楫（1632—1668 年），字松友，号胶崖，清代高密綦家村人，顺治年间以进士入翰林，官至内弘文院学士。

君家棣萼常依依

綦氏家族为清代高密科宦门第，顺治、康熙年间，綦汝楫之兄綦汝舟、弟綦汝盐、侄綦纹、綦绛相继中举人。顺治十一年（1654 年），綦汝楫以莱州府学生、习礼记，中式甲午科山东乡试第三十九名举人，顺治十二年（1655年）四月，殿试中三甲第九名进士，顺治皇帝亲选綦汝楫等人为庶吉士。顺治十三年（1656 年）顺治皇帝又亲自考试庶吉士，綦汝楫等十人俱被赏赐。顺治十四年（1657 年）八月奉旨以翰林检讨用，九月授内翰林秘书院检讨，十二月充日讲官。日讲官的职责是每日为皇帝讲解经书，回答皇帝咨询。清代高密人任日讲官者只有綦汝楫、刘统勋二人而已。顺治十六年（1659年）十一月升侍讲，康熙二年（1663 年）升国子监祭酒，后改任侍读学士。康熙六年（1667 年）二月升为内弘文院学士。九月，纂修《世祖章皇帝实录》，綦汝楫为副总裁官。康熙七年（1668 年），綦汝楫丁母忧回高密，不久卒于故里。

綦汝楫同安丘曹申吉为挚友，曹申吉在《澹余诗集》（前集）的《五友篇并序》云："予与刘子延、孙怍庭、伊庐源、李望石、綦松友五君子生同地、仕同籍、复同官，意气之合，如同一人，谓可朝夕握手待诏金马门，以此终身可无憾。"此六人中，曹申吉最年幼，綦汝楫次之，曹申吉等人皆官至巡抚、侍郎。在清初众多高密籍贯的官宦中，以綦汝楫的宦途最为看好，可惜英年早逝，未能位列九卿。綦汝楫卒后，曹申吉想到曾经意气风发、互相陪伴而今日已阴阳相隔，伤心欲绝，在其诗《哭綦松友学士三首》之二中，将这种情感表达得淋漓尽致：

> 十年秘阁读书声，淡薄休言善宦名。
>
> 毳帐谭经珠错落，荒林谏猎语纵横。
>
> 朋游屡见伤离别，天道何知判死生。
>
> 雪夜招魂应不远，凭谁为报短诗成。

綦汝楫工诗，"诗才清丽超逸，尤工五七言近体"，著有《诗草》《四友堂诗》，诗作入选《国朝山左诗钞》《晚晴簃诗汇》，其文传世有《綦汝楫揭县官周良翰》《重修关圣帝君庙碑记》（今北京市海淀区田村关帝庙）。他在写给同朝为官的高密人王飏昌的《答王子言宫詹》中，表达了对故乡和故友的思念之情，读来饶有兴致：

> 遥从燕岫寄双鱼，千里遥函到野居。
>
> 别后思君诗兴远，归来愧我世情疏。
>
> 康河淼淼轻烟里，郑里萧萧落照余。
>
> 为问瀛洲亭畔草，几多春色袭人裾。

綦汝楫的长兄綦汝舟，字兰友、南箕，号康城，顺治五年（1648年）以邑增生中经元，即举人的前五名。以举人考授府里专管刑狱的推官，未赴任又改选为顺天府怀柔县（今北京市怀柔区）知县。

綦汝楫的三弟綦汝盐，字雪友、和叔，康熙二年（1663年）以郡增生中举后，曾出任河南省南阳县（今河南省南阳市）知县。

綦汝楫的侄子綦纹，字桐詹，号墨佣，系他四弟綦汝梅之子，康熙四十四年（1705年）中举。中举后曾在浙江省武义县任过知县，又任过山东省莱阳县（今山东省莱阳市）教谕。綦纹为人"高雅萧散"，工诗，有《世德堂集》行世。

綦汝楫的侄子綦绎,字砚匔,号西田,康熙四十七年(1708 年)中举,系綦汝盐之长子。以邑增生中举后,拣选知县。清制:凡举人与会试三科不中者,可铨补知县等,是谓"拣选"。他编著有《唐诗选》,亦是一位颇好诗歌的学者。《旧志·文苑》记载,綦绎"以文名,有叔父(綦汝楫)风"。

綦汝楫的侄子綦缜,字栗詹,号瑟菴,别号石林,廪生,诗人,著有《寄闲草》。

綦纹之孙綦中葵,字叔向,号秀圃、心斋,乾隆六十年(1795 年)以邑廪生中举后,也是一名拣选知县,曾任山东省青城县(今山东省高青县)教谕。其亦工诗,诗作集名《淡宁斋诗草》。

綦中蕙,字树百,号薰同,其子綦玉,字温如、记方,号琢堂、橙园,廪生,都是诗人,《旧志·艺文志》有诗文收录。綦中蕙《村居》句云:"牛识过桥路,人归背岭村",清代著名学者掖县(今山东省莱州市)人李兆元在《十二笔舫杂录》里提及,很是赞赏。

称觞遥羡天伦乐

忠义孝友往往是紧密地联系在一起的。綦汝楫一族,孝友之风堪为师表。綦汝楫做官期间,念念不忘迎养父母,尽一份孝心。他在一首《生日》诗中表达了这份感情:

> 此日年年度,长愁客里身。
> 遭逢依圣主,疏散愧儒臣。
> 家远空劳梦,身闲敢惮贫。
> 双亲东海上,迎养正艰辛。

綦汝楫曾经多次陈情回家省亲赡养父母,得到皇帝批准后,马不停蹄赶路回家。好友曹申吉有诗赞曰:"我友再拜得陈情,高堂省觐归须急。"后来得到母亲病危通知,急忙飞驰回家,由于长途奔波劳累,不幸染病去世,离他母亲葬期仅仅两天,时人震惊,惋惜不已,称为"孝子"。綦汝珍,字梦诗,与綦汝楫上数五世系一祖。其于康熙二年(1663 年)参加考举人的乡试,未被取中,定为副榜。他是一位孝子。其父过世后,"衰绖寝柩侧,泣血哀毁三年"。下葬后，每过墓"辄流涕"。每年逢其父卒日"必痛苦竟日"。其母八旬余，他每"出入必告，饮食必亲尝。或他出晚归，夜进饮食，必母食后然后食"。每晚去母室视凉暖，"母寝然后退"。后来他的孙子綦志皋中举后，候选知县。綦汝楫的侄子綦纹，幼时丧父，事母至孝。母亲去世后，曾"三年不茹荤酒"。单烺在《大昆嵛山人稿别集·感旧三十八首》中吟及綦纹。其中有句"聊就儒官成小隐，来过日主武皇祠"，道其高雅萧散之状。

綦汝楫来孙中，有一人叫綦寿汉，字子濯，家贫，日不自给，其父失明，他先意承志，备极色养，凡是出入饮食，必定扶持左右，委屈周全，又出余力，想办法让父亲吃上酒肉，自己吃糠咽菜，破衣烂衫，仪泰安详。当时的县令秦金鑑同合邑绅士保举"孝子"，赐匾额曰"养志承欢"。

巾帼传高仪　冰霜砺一诚

綦家的女人也有青史留名者。傅恂初之妻綦氏，是綦汝盐的女儿。傅恂初生而颖异，十岁攻科举文，艺能冠其曹，"仪度尤美惠"，被称为"玉人"。南阳知县綦汝盐一见，即将女儿许配给他。可惜天妒英才，傅恂初年二十四岁不幸因中暑而卒。丈夫去世时，她才二十三岁，尚有孕在身，长子傅夒年仅四岁，傅夒之弟梦连（傅玫）五个月以后才出生。自从丈夫去世后，富家小姐出身的綦氏摘掉金银耳环、手镯，再也不穿红色或者紫色衣服，素服终身。綦氏"奉姑维谨，抚育两孤，慈不废教，垂暮朝夕药铛者十五年，亦念兹不少懈"。綦氏的父亲可怜女儿年轻轻的就守寡，拉扯两个孩子不容易，就分给她一些钱物度日，綦氏固辞不受。婆婆可怜两个孙儿失怙，早早没有了父亲，就把靠近城边的好田地多分给綦氏，綦氏也推辞掉了，一心教育孩子读书，完成他父亲的遗愿。起初两个孩子顽劣，读书不刻苦，她就不厌其烦地教导，甚至声泪俱下说："我是未亡人，早就想随你们的父亲去黄泉了。为什么还赖活着呢？因为你们父亲的壮志未酬啊！他临终时曾嘱咐我说，（傅）夒性乖劣，你不要因为他没了父亲就放纵他。（傅）玫也不要因为生下来没有见到父亲，就不自爱了。若是那样，当父亲的在九泉也不安生啊！"傅夒后来中举，八十多岁还赶考进士，虽然没中，皇上钦赐翰林院待招。次子傅玫，又名梦连，字南珠，号连玉，乾隆年间恩贡，候选直隶州判。綦氏的婆婆赵氏脾气严厉，重家法，别人很难称其心、如其意，唯有綦氏能得其欢心。婆婆去世后綦氏当家，对五个大小姑子惠爱有加，照顾得很周到。其中，有一个孀居丧子的，迎养回娘家，并帮助她完成赋税；一个死后夫家穷困不能安葬的，买地为她下葬；一个去世遗留下幼女的，收养了孤女，让她受到良好教育，并为她择好人家嫁出去，等等，类似的善行义举还有很多。后来山东提督学政王世琛重其节，赠予"怀清令范"匾额，雍正九年(1731年)建坊旌表。起初綦氏推辞，反对立牌坊。她对儿子们说："女人以节称，女人的不幸啊，这样的事太多了。我不想因为这个扬名。我希望你们积学艺德，以无忘你们父亲的志向。如果你们不堕家声，我愿足矣！"荆溪人任启运为其立《节母传》，感叹地说："綦氏以节完而临财能让，受宠若惊，名利中少是人也！"曾任莱州府知府的严有禧有诗《颂傅节母綦氏》，对綦氏高度赞扬。诗曰：

中帼传高仪，冰霜砺一诚。绮龄丁苦节，皓首保完贞。
凤擅因凤誉，曾蜚举案声。板舆常代挽，马鬣亦亲营。
荻管花双发，蒿簪鬟独横。夜缸凝穗帐，寒灶糁藜羹。
辛苦蚕桑事，殷勤骨肉情。松根收上药，桂性把芳名。
有子贤如柳，无瑕德比珩。荣亲行捧檄，奉旨早题旌。
乡里瞻光盛，朝廷大化成。采风来下密，更欲表怀清。

处于家者，秉忠厚之遗
仕于朝者，守清白之素

任琪的家风

　　山东省高密市柴沟镇的梁尹是个风光旖旎、历史悠久的山村，发源于山东省诸城市九龙埠的五龙河蜿蜒穿过村庄，平添了几多秀色。居住于此的文人墨客们喜爱五龙河的壮观美丽，昵称它为"梁溪"。而有一个梁尹人还不过瘾，喜爱有加，直接把自己的号称为"梁河"。这个人就是清初进士任琪。任琪，字仲玉，号梁河，生于明崇祯二年（1629年），卒于清康熙二十四年（1685年），终官礼部员外郎。他是一位谦谦君子，留下了良好的家风，值得我们学习。

为官清廉　勤于政事

　　任琪是一个有家国情怀的人。他风度翩翩，蔼然可亲，人们一见，如沐春风旭日中，无疾言，无厉色，宽厚仁义，待人诚恳。当时清朝刚刚定鼎中原，百废待举。他与人每当谈到家国事宜，毅然以为己任。他于清顺治十一年（1654年）甲午科山东乡试中第二十一名举人。次年，乙未科会试联捷中进士。根据父亲建议，他没有急于进入官场，而是选择当了一个教职，培养天下英才。任琪初任山东登州府（今山东省莱州市）、济南府（今山东省济南市）教授，后入京历国子监学正、户部司务、礼部祠祭司主事。康熙十八年（1679年）春，任琪奉命抵浙江北新关督理税政，厘奸剔弊，不久，便使关正税务肃然。上官以其卓然成绩上报，"简用谏垣"，特旨任礼科给事中,履行谏官职能。清初沿明制,六科为独立机构,六科各设掌印给事中满汉各一人,给事中满汉各一人,掌侍从、规谏、补缺、拾遗,辅助皇帝处理奏章,稽查六部事务。六科还可以参与"廷议""廷推",参与朝廷大政方针的制定,并监督其执行。所以,各科给事中也是地地道道的"天子耳目"。雍正元年(1723年)六科给事中与各道监察御史合称科道,同任漕、盐等差,台省合一,品级亦提高为正五品。由于此时其弟任玥也担任监察御史,同居言路,不符惯例,同时由于任琪与其弟任玥孝友天成,朝廷以为有益风化,故又安排任琪回礼部,初补主事,后升礼部仪制司员外郎,诰授奉直大夫。卒于任,享年五十六岁,崇祀高密乡贤祠,《莱州府志》《高密县志》(清乾隆版)有传。

任琪的儿子任培,字封九,岁贡生,曾经担任山东肥城、博兴、商河教谕,所至谆谆教导诸生(秀才)以笃行立品为先,一时文风大振。后任江西进贤县县令,正当任培谋划剔弊兴利、为民造福之时,突然病故于任上。任培为官比较清廉,卒于任上后,以致家人连回家丧葬的费用都拿不出来。

任琪的孙辈中,也有两人担任县令。任士镒,字璞轩,一字朴轩,号石村,康熙五十九年(1720年)庚子科举人,曾任广东三水县知县。任士镒在此为治有声,后来又考取某部主事,未及上任而卒。任士鉽,字佩西,雍正元年(1723年)癸卯科举人,曾任贵州普安县(今贵州省普安县)知县。他天性孝友,风流大雅,好文墨,乐禽鱼,担任县令不久,就获得贤令名声。任士鉽在任做了很多实事,如倡建训导衙署,革除各土司陋规,替代前任已故县令追赔银两,教育儒童刘智仁等入县学,开出劣迹斑斑的生员李某学籍,等等,可惜也是早逝于任上。

孝悌传家

《弟子规》中说:"兄道友,弟道恭,兄弟睦,孝在中。"史称任琪"风度蔼然",是个典型的谦谦君子。他与兄弟同居,和睦怡怡,相亲相敬,舆论远播,无不交口称誉。任琪的子侄们也继承了这一优良家风。长子任培,是一个孝子。父亲去世时,他哀毁骨立,痛不欲生,对待母亲,也是仰慰母心。凡是饮食,必定手捧着送到母亲面前;凡是睡觉,必定亲自整理床被。冬天烤火,怕中火毒,他都亲自查看是否有活火,仆妇侍女虽多,他都从不假手他人。曾经因为劝母亲多吃点,母亲因为别的事不高兴,呵斥了他,他仍然嬉笑劝慰进食,母亲才又高兴地接受了。舅舅家计艰难,他为舅舅买房置田。任培和他的弟弟友爱情笃,一味之甘也必共食而后快。三弟任墀,字献彤,郡廪生,"才高学博,至孝性成,气概豪迈,有高视阔步之意"。可惜的是任墀年方及壮就去世了。任培把任墀留下的孩子带在肥城学署数年,饮食教诲如自己的孩子一般。幼弟任墉,字霞高,岁贡生,候选教谕,性和厚,事兄以敬。任墉知道大哥任培死后窘况,变卖家产,千里奔丧,迎回灵柩,并代为赔偿大哥欠下的债务。任培的儿子任士镒也是一位大孝子,考取举人,曾任三水县令,考取某部主事,任命还没下达,他忽然心动,急忙回家侍奉母亲李氏,极尽色养,每天嘘寒问暖,风雨无阻十余年,以致积劳成疾,先母而去。单烺在《高密十四先生咏·舅氏三水公》中写道:"舅氏长身玉立,风度凝远,性醇谨,寡言笑,友爱二弟,老而弥笃,举事从无纤微失,行谊之美一时宗仰。"为此他吟诗歌颂道:"治谱承先训,人和教在宽。止缘急将母,不暇计迁官。至行乡人化,居贫生计难。九原有遗恨,未得毕承欢。"

诗书继世

任琪兄弟四人,长兄任瑛,字长玉,庠生。三弟任玥,字少玉,进士。幼弟任珂,字幼玉,恩贡生,考授州同,候选知县。

任琪的四个儿子,长子任培,贡生;次子任璺,字御章,监生,考授州同;三子任墀,字献彤,郡廪生;四子任墉,字霞高,岁贡生,候选教谕,基本上不堕家声。任琪孙辈中,任士镒,举人,官至知县;任士铊,字佩西,举人,官至知县;任士鑑,字方水,康熙年间岁贡生,候选训导;任士鍠,字居易,岁贡生。另外还有七位监生。任琪的重孙中,任洵,字眉泉,监生;任溟,字旦明,号清上,任广东惠州府和平县典史;任瀛,字青莲,候选从九品;任洹,字廓园,监生;任淑,字艾村,监生,七品寿官;任渤,字北溟,候选布政司经历;任克测,字维江,号西田,书法家,载《旧志·文苑》;任汉,字仙槎,监生;任渠,字石亭,监生;任准,字北铨,监生;任景澜,字观其,监生;任泉,字清溪,监生;任津,字兰舟,监生;任琪的六世孙任锡金,字斐卿,号淇园,同治十二年

(1873年)举人,即选知县,改就教谕。任开弟,字康衢,号云鹤,同治年间岁贡生。任钟骏,字伯良,号镜轩,光绪年间恩贡生。任琪还有一个六世孙任国勋,字南圃,历经乾隆、嘉庆、道光、咸丰、同治五朝,年逾百岁,五世同堂,被赠为七品寿官,同治年间高密县令陈来忠赠予"上寿昌期"牌匾,以示尊荣。

孝友尚忠厚
诗书冶高风

王飏昌的家风

美味只宜食半饱,好花不必看全开。

人生处处留余地,自有无穷享受来。

——清·王飏昌《斋坛漫吟其四》

这首小诗是明末清初的翰林王飏昌写的一首哲理诗,充满了人生智慧。而以他和弟弟王俞昌为代表的王氏家族,先后出过十七位举人,其中八位又中进士,成为高密明清时期七大科举世家之一。他们良好的家风也为时人津津乐道,奉为圭臬。

行善可以发身　作忠只在移孝

王飏昌(1628—1693年),字子言,明末清初高密东隅人,清顺治十五年(1658年)进士,入选翰林,康熙年间终官礼部左侍郎。王俞昌,字子金,号敬修,又号晦斋,别号素园,康熙三年(1664年)进士,官至知县。

王飏昌兄弟出生于布衣之家,是从胶河边走出的穷苦人家的后代。祖父王守分,字尔安,极贫,家无立锥地。父亲王位,字仲卿,务农,没有学衔。王守分率长子王佐(字博卿),力食务本,让二子王位及三子就学。王位秉性"端严颖异""不事童子嬉戏,读书过目能识""不数年,而蜚声梓里中"。不久,王位弟病亡,父哀恸致疾,生计日蹙,以至朝不谋夕。王位不得不辍学,与兄共力养亲。王位侍奉父母,无不备至,父母病,躬侍汤药,衣不解带。父母殁后,与兄相依同灶,不分家,任劳让逸,粒米文钱不私己。事无大小,一唯兄是从,后家道渐昌。尝叹曰:"吾不得以诗书振先业,只能以积行累功贻诸子侄辈。"因是笃行乐善、好义、勤施。亲戚乡党有贫乏者,出钱谷以周济;婚不能娶者,助奁资;丧不能葬者,施棺衾;老无依、病无养者,给之饭菜衣药;因交官税卖妻子者,代之赔赎;所借出贷不能偿还者,年终则焚其券;有横逆相加,辄避户引咎,使暴者愧谢;人有相争,勇于出面说和。致力于劝化从善,摆平纷争。他亲自作了一副对联:"行善不知善,终须必有善报;为恶竟是恶,将来定然恶还。"在他的感化下,乡里乡亲很少鸡鸣狗盗之徒,也没有官司惊动官府。人们把他比作东汉劝人从善远恶、乡党归仁的一代高士王烈(字彦方)。顺治年间高密县令宋之屏旌表其门,并请王位担任"乡饮大宾",他推辞不就,对他的子侄们说:"吾身不克以诗书振先业,是吾憾也。德行吾自乐之,何取此虚名?"王位自己饱尝失学之苦,鼎力教子侄勤学砺行,督课每夜必达二鼓,终使子侄有所成就。王位临终手书遗命:"行善可以发身,作忠只在移孝。"王位之妻高夫人更是一位知书达理的贤惠之辈。高夫人赋性端凝,幼通经书,容止、言动夙娴内则。年十八岁嫁给王位为继配。王位先配只生一女,高夫人抚育如己出。时值家贫,躬亲杵臼,佐夫侍奉父母,备尽孝养。王位与其兄王佐同居相依数十载,高夫人与其嫂协力操作,推甘茹苦,家门雍穆。后家道由啬而丰,仍崇俭素,而好周济邻里。真正做到了孝敬以事上,勤俭以持家,义方以训子,宽惠严肃以待众,以致好长一段时间乡邻传之以为"阃范",成为妇女的道德规范和榜样。自王飏昌一出生,高夫人即教其诵诗识字,以至成童,课经问业,以母仪而代师训者十余年。她教王俞昌也是这样。王飏昌在其记叙母亲的《形状》里衷心地说:"画荻之训、断机之教,吾母有焉。"后来王飏昌中进士,入翰林,作朝官,始终不忘孝友家风。为了孝敬父母,居京都三十多年中,五次还乡探亲或者丁忧守制。他侍奉继母一事也被传为美谈。当他官至詹士府正詹的时候,深得帝心,人们以为他前途无量。他却突然上奏回家侍奉继母。奏曰:"内臣继母卢氏,相依为命,思臣哭,损一目,顾留一目以见臣。臣独何心故敢违例告请"云云。康熙批曰:"省亲,关系孝道,着准假去。"这一去就是十年,如鸟飞深山,鱼潜深潭,成就了孝道美名。其居乡以诚,唯孝唯友,克俭克让,称颂乡里。他去世后,康熙皇帝御赐祭葬,祭文中有这么几句,可谓褒奖之至:"鞠躬尽瘁,性行纯良,才能称职"。王俞昌也有美名。史载,他"于亲敦孝友,尚忠厚;于家崇勤俭,义训子。好善,亲若芝兰;恶恶,畏如蛇蝎。遇横逆而无竞心,让美利而无难色"。王家治家有方,闺阁清肃,代有贤者。孙女王氏,邱县训导王自充的女儿,嫁给秀才单清旦为妻,结婚三年丈夫去世,含泪侍奉婆婆。婆婆有一次病重危急,王氏搂抱着她,让她枕在自己的大腿上,日夜不离怀。婆婆痛得厉害时,咬她的胳膊,血透衣襟。她请医问药,端茶倒水,侍奉婆婆三年没有怨言。后来,婆婆的病好了,王氏却积劳成疾,一病不起,时人叹之。重孙媳妇栾氏,王清楷妻。结婚后丈夫外出,逾年不返,她只好只身归夫家,过继了一个儿子,抚育如同己出。她们的事迹均载于《旧志·节烈》。

文翰绵绵　泽被后世

王飐昌成童生后,从师高密名儒王大椿,于清顺治十四年(1657年)丁酉科乡试中举,翌年戊戌科会试联捷进士,选翰林院庶吉士。顺治十六年(1659年)以翰林院庶吉士出充己亥科会试同考官。散馆后,授为内秘书院检讨。康熙五年(1666年)二月其父卒,守制期满,回京,历任国子监司业、翰林院侍讲、侍读学士,詹事府少詹、正詹。康熙二十六年(1687年)升任礼部右侍郎,康熙二十八年(1689年)转任左侍郎仍兼翰林院侍读学士,诰授资政大夫。王飐昌服官一直在御禁,出入二十年余,以其纯良性行,称职才能,忠心不已著称。史料记载,王飐昌"正色立朝,有直声",居官廉介,风节甚著。年六十五岁,卒于任,其灵柩由京还乡,"吊奠不绝于路"。进城之日,观者如堵,"老幼男女无不流涕"。钦赐祭葬,葬土庄东岭,崇祀高密乡贤祠。《旧志·文苑》为其立传。

王飐昌文诗俱佳,曾与綦汝楫等集于单若鲁之"秋水居"诗社,唱和论学。他在翰林院任职时,参与纂修《世祖章皇帝实录》,著有《宗伯集》《子言先生诗集》《积德堂诗稿》等,其诗二首被选入《国朝山左诗钞》,是高密入选的五人之一,具有极高的文学成就。

　　王飏昌有八子,皆有学衔,传承读书科举之风:长子王瑄,字荆玉,廪贡生;次子王珂,字次玉,号溪先,廪监生;三子王自恪,字启晋,增生;四子王自淳,庠生;五子王自毅,字振甲,岁贡生;六子王自厚,字艮九,附监生;七子王自植,字晓亭,附监生;幼子王自巩,字又曾,是潮州总兵薛受益的女婿。

　　王飏昌的孙辈中,王立常、王立性,俱登进士。王立常,字心五,王瑄之子,于康熙五十三年(1714年)甲午科中举。康熙五十七年(1718年)戊戌科会试,成贡士。殿试之后,王立常以优异成绩取第三甲第三十五名进士,被授官浙江仙居县知县。王立常历任山西灵石县知县,山东历城县教谕。王立常有三子:长子王清棋,字仙儒,庠生。次子王清标,字望儒,附监生。幼子王清伦,字纯儒,监生。

　　王立性,字太初,王自植之子,生长于书香门第,十八岁中秀才,入县学。由于继母待他苛刻,青年时负气外出,遍游关外燕冀等地,边游历,边读书。直至登进士后,方归故里。王立性于雍正十三年(1735年)乙酉科乡试中举人。乾隆二年(1737年)丁巳恩科会试成贡士,登第三甲第一百二十名进士,授娄县(今属上海市松江区)知县。大概是因为书生气十足、不懂为官之道的缘故,王立性却由此"旋告归授徒"。据清咸丰年间(1851—1861年)淄川人王培荀《乡园忆旧录》卷二记载,王立性乘船一到娄县,就闹了个大笑话。上任那天,面对熙熙攘攘、夹岸跪迎的下属官员和百姓,王立性不知所措,不断东张西望。随从的家人见状,忙对欢迎人群说:"都起来吧,明天早上再接见大家",人们起来对县太爷道谢。王立性这才长舒了一口气,责备随从人员说:"原来如此,为什么不早事先告诉?"这个上任故事,被人们当作笑话传了下来。王立性还极其吝惜纸张,审案时,发现讼状有空白之处,就喜欢随意书写,幕宾多次劝阻,他才作罢。有一位继母控告继子不孝,王立性联想起自己的经历,不禁怒从心起,不问青红皂白,就命令衙役掌这位继母耳光,说道:"天下继母哪有良善之辈!"于是由此被越级上告丢官,改任教职,后来王立性干脆辞职回家。王立性为文超卓清贵,直逼名家。由娄县归里后,一时四方显贵,累出其门。王立性曾与单烺、李长嶷结诗社于李氏南园。著有《小峨眉诗集》,有诗入选《国朝山左诗续钞》。《旧志·文苑》有传。单烺写有《寄王太初》《赠别王太初》《怀王太初》等多首诗,可见他们之间友情深厚。《寄王太初》诗曰:

> 偃蹇精庐独窟歌,迩来风物果如何。
>
> 交秋青霭山岚重,拂晓红霜槲叶多。
>
> 闭户著书藏在枕,临池作字换来鹅。
>
> 两年凝睇琅琊麓,梦里扶筇到薜萝。

王飏昌曾孙中,又有中进士者。王清栋,字熙儒,乾隆六年(1741 年)辛酉科中举人,乾隆十年(1745 年)乙丑科殿试,王清栋一举中第,取第二甲第八十一名进士。王清栋成进士后,授万安县知县。王清栋有六子:次子王宁宙,字坤舆,乾隆四十五年(1780 年)岁贡,曾任山东临淄县(今山东省淄博市临淄区)训导。

花开两朵,各表一枝。王飏昌一脉人才荟萃,连绵不绝,而其弟王俞昌一脉也是凯歌高奏,科举宦途赓续。兄弟联芳,祖孙辉映,成为高密史上书香名门世家的佼佼者。

王俞昌于清顺治十七年(1660 年)中举,康熙三年(1664 年)甲辰科殿试成进士。康熙十一年(1672 年)授垫江县知县。次年三藩之乱爆发,滇黔川相继沦陷。王俞昌弃官奔走,与山阴胡钦华、长坦王幼舆、黔阳丘式耘等隐居黔阳金箔园。叛乱平定后回归故里,王俞昌"究心理学而不尚空谈,以力行为先,以致用为要",四方之士不远千里到门请业。著作甚富,有《家教俚言》《素园诗存》等藏于家。王俞昌晚年定居北城(今山东省高密市柏城镇)素园,后称"柏城王氏"。

王俞昌有子十二人,"皆谨守礼法,有汉万石君家风"。除两名早亡,余者均有功名。王自充,举人,邱县训导。王自卓,字立新,号苍岩,康熙三十二年(1693 年)副榜,康熙五十七年(1718 年)岁贡生。王童蔚,字韬文,号东胶,康熙四十四年(1705 年)己酉科山东乡试举人,康熙四十八年(1709年)四月殿试,又中进士。王童蔚以进士为候补中书,后授怀来县知县。

王俞昌孙辈中,王自卓长子王立丰,字燕岂,一字延祺,号南崖,乾隆十六年(1751 年)恩贡生,诗人。王童蔚次子王立韩,字仲琦,号太云,雍正七年(1729 年)己酉科乡试举人,历任山西平陆县、闻喜县知县,福建连城县知县。

王俞昌曾孙辈中，三位举人。王清梴，字木庭，号玉圃，乾隆三十三年（1768年）举人，福山县训导；王清旭，字羲谷，号朴亭，乾隆十五年（1750年）举人，浙江缙云县知县；王清昕，字元徵，号念斋，乾隆九年（1744年）举人。未出仕，可能早逝。

王俞昌玄孙中又有学问一流者，有进士及第者，有中举人者，家道中兴。王宁焯，亦名王焯，字熙甫，号直庵，乾隆五十三年（1788年）戊申恩科乡试中举人。次年己酉科会试，登第三甲第二十一名进士。官至监察御史。王宁焯之弟王宁烶，乾隆六十年（1765年）举人，官教谕。王宁阍，字子和，乾隆四十四年（1779年）解元，即第一名举人，可惜英年早逝，没有出仕。王宁阍是一位诗人，著有《子和诗存》，其诗入《国朝山左诗续钞》。

王俞昌后裔中不乏女诗人。曾孙女王清兰，字若蕙，工诗画，尤有诗名，著有《陋室吟草》，其诗入选《国朝山左诗续钞》《国朝闺秀正始集》；曾孙女高王氏，亦是一位诗人，自幼喜吟咏。长大后嫁给胶州王家庄高虞恂，晚年随夫居高密城北柳塘，自号"郭外楼"。著有《郭外楼诗草》，其诗入选《国朝山左诗续钞》。

修身养性　代有高士

王氏家族的人知荣辱，懂进退，明哲保身，注重风节，不贪图一时之功，要保清白之名。康熙朝前期，王飒昌曾以侍奉继母卢氏之名，居家十年之久，一是孝心所在，二是躲避官场险恶。当时鳌拜集团虽被歼灭，平定三藩之乱之议又被太皇太后孝庄掣肘，各派纷争不断。王飒昌回家探亲正是在这个时候。后来王飒昌的好朋友、安丘人曹申吉被外放贵州，死于三藩之乱。王飒昌回家以避风头，不愧明智之举。晚年他更是看破天机，唯以豁达笑对人生。他在一首《无题》中写道：

> 聚散人生春梦长，目中瞬息见沧桑。
>
> 如今看破浑无碍，拍手呵呵笑一场。

他在《赋得秋思傍蝉多·其五》中写道：

　　忧患从来是福因,安闲逸乐反亡身。

　　静中参透真消息,岂是寻常解悟人。

　　他还有一首《对镜》诗,饶有趣味,我们不妨一读,从中体现一下他的心态:

　　把君一杯酒,与君同写照。

　　君容日以衰,君心日以乐。

　　闭口浑无言,开口唯有笑。

　　问君何尔尔,只此是大道。

　　阅历三十年,方解其中妙。

　　兹情尔我知,免向他人告。

　　王俞昌心地善良,怡志林泉,不适险恶仕途,弃绝仕进。归里后,林下四十余年,守正不阿,杜门不预外事。他的《浮生》一诗,较好地道出了他的心境和人生追求。诗曰:

　　浮生半百外,光阴去如扫。

　　回首四十年,万事何草草。

　　毛发兵戈变,所幸归田早。

　　新柳渐成荫,旧榆堪盈抱。

　　勉教子若孙,诗书及葵枣。

　　羡援既不生,故亦无懊恼。

　　松柏寿难齐,桃李可偕老。

　　纵与桃李尽,输他颜色好。

　　王立性也继承祖上衣钵,视官场为畏途,不为五斗米弯腰。辞官归来后,设帐于诸城,爱此地小峨眉山麓的幽僻,名之曰“小桃源”,随即在此定居。诗人李宪乔《赠王丈太初》一诗歌及他归隐后的生活:

　　早岁宰江县,归来仍一经。

　　袍当寒日破,瞳似古僧青。

　　客散村中路,林明雪后星。

时闻有高唱，能使酒人醒。

　　王清栋的孙子王功后，字弗矜，号复斋，又号懒云，工诗，善书，通音律、琴理，尤精绘画。其书画好摹高凤翰，花卉、山水、人物画俱精道。道光十六年（1836年）尝跋八大山人与石涛合作画册。蒋宝龄《墨林今话》评其山水画得倪云林、查二瞻"荒率趣"。当他还在青年时，家道衰落，只得以笔墨为生涯，四方奔走，名士多与交游。王功后曾经受诗法于高密名士、"后四灵"之一的李诒经，其淡泊名利、超然物外的品行也与诒经相像，有古隐士风。后徙居城北柳塘（今山东省高密市小王庄一带），辟室竹林中，日操琴习静。著有《复斋诗稿》《弗矜吟草》等，其诗入《国朝山左诗汇钞后集》。从他《题单书田先生东征记》一诗中可窥见其诗风格：

　　　何曾伤落魄，岂是感升沉？

　　　备述艰难事，中藏耿介心。

　　　山深昼逢虎，林冻夜无禽。

　　　若遣古人读，偏教泪湿襟。

传家诗书画
扬名义孝友

任玕的家风

任玕,字少玉,号希庵,任琪之弟,明末清初梁尹(今山东省高密市柴沟镇梁西)人。生于明崇祯五年(1632年),卒于清康熙二十六年(1687年),终官京畿道监察御史。自其祖上宋代迁居此地以来,耕读传家,虽然出过县令、千户(元代武官)等中下级官员,也有不少举人秀才,但家族并不显赫。任玕兄弟俱中进士以来,始登望族名门。有清以来,该族先后出过五位进士,十几位举人,代有文人名儒、达官显贵,人才辈出,后先辉映,留下了良好家风。

铁面无私的父子御史

任氏一族,先后出过三位监察御史,四位"天子耳目"。其中,任玕、任坪父子先后担任御史,以"清直敢为"著称于当时。

清代设十五道(清末增至二十道)监察御史,隶属都察院,其职掌为"弹举官邪,敷陈治道,审核刑名,纠察典礼"等事。虽然官秩不是很高,但因其为"天子耳目",内外官吏均受其监察,权限甚广,颇为百官忌惮。监察御史不仅可以对违法官吏进行弹劾,也可由皇帝赋予直接审判行政官员的权力,并对道府州县等审判衙门进行实质监督,对在监察过程中发现的地方行政所存在的弊端进行上奏。御史权重如此,所以选授也极慎重,如有失察,处分也很严厉。

任玥自幼天资过人，"端方凝重，言笑不苟"。然"惇厚和雅，远近服感"。清顺治十四年（1657年）八月，任玥参加丁酉科山东乡试中举，顺治十八年（1661年）辛丑科补殿试后，以优异成绩取第三甲第十名进士，康熙八年（1669年）选任山西石楼县知县。《石楼县志卷之三·名宦》（清雍正版）记载：任玥为政"简爱为施，宽严相济，招移补逋，禁陋绝耗，才敏识明，吏畏其端，民怀其德"。又据清代郑王牧《石邑贤侯任公德政碑》载，他到任后，实行了一系列轻徭薄赋的举措："火耗去矣，私派革矣，刑罚省矣，狱禁宽矣，行户恤矣，刁讼息矣，滥差止矣……进而，捐俸金以新学宫，翰赀财以修察院，发牛种以赈穷黎，优作养以崇学校，教纺织以弘女工，劝惠赏以励士卒，严保甲以靖地方，修城垣以固封疆，立社学以育人才，建义仓以备饥荒，植树株以广民利。"另外，他还实行了一些德政："清甲户之租税而包赔者去，布招徕之德化而逃窜者归，抚流寓之茕氓而乐附者众，禁轻生之男妇而生全者多，掩无主之枯骨而死者安，修阖邑之风气而补益者大，杜窃盗之诬牵而连累者绝。"他治下有方，征收赋税编审报簿，呼名胥吏不得作奸；当堂亲验，狡猾之徒无从下手。他还有一件令当地人念念不忘的功绩，就是为民请命，改食本地煎盐。原来，石楼旧属于平阳府，按例食用河东之盐。明代万历年间改属汾州府，其盐引照却要到平阳府领取，结果造成县民无力食盐，而商家又因为跨境运输成本过高、无利可图的窘状。任玥经过调查研究，起草《归并食盐文》，上书巡抚衙门，陈明利弊，终于得到朝廷批准，石楼之民准食本地盐，商家也照汾州府的规定缴纳课税，商民两便。任玥在此任为治有声，考核卓异，康熙十二年（1673年）由上官举荐，入京擢浙江道监察御史，并充巡视西城事；后又调京畿道监察御史，并充巡视京仓事宜。此间曾疏请蠲免广西逋赋、疏浚桃源河、裁撤滇黔冗兵等有关国是民生大计。任玥立朝"雅有风裁，不愧铁面"。后又以御史奉命巡视长芦盐场，卒于官，终年五十五岁。

任坪，任玥之子，字坦公，号雨若，别号莱峰，生于康熙三年（1664年），卒于乾隆三年（1738年）。任坪体貌环伟，性沉毅，能断大事。他幼承庭训，慨然以天下为己任。因为羡慕宋代著名忠臣任伯雨的为人，又号雨若。任伯雨是宋徽宗时期的谏官，字德翁，四川眉州眉山人，曾担任"左正言"，史称"居谏省半岁,所上一百八疏,大臣畏其多言"。他抨击奸臣章惇、蔡卞之流不遗余力,因为刚正不阿,遭奸人陷害,死于流放,宋高宗时期被追赠谏议大夫,谥"忠敏"。任坪于康熙二十年(1681年)辛酉科乡试中举,时年十七岁;康熙三十年(1691年)辛未科会试成贡士,以优异成绩登第二甲第十六名进士,时年二十七岁。任坪"性刚直,遇事敢言",初任行人司行人,进兵部职方司主事,升本部员外郎,加一级,诰授奉政大夫;奉命巡视山东海道;后擢刑部山西司郎中;考选浙江道监察御史,并充巡视中城,稽查钱局事宜。调山西道监察御史,掌陕西道事,记名繁缺道员。

康熙末年,因为建言立皇储事,触怒康熙,诸御史遂被流放,任坪自此被放逐到西宁地区。该地去京师数千里,大漠荒塞,盛夏冰封雪飘,人迹罕至。他受尽磨难也无怨言,反而处之怡然。临行时,他的侄子任士镒见其叔父即将远戍,死生未卜,不禁悲从中来,放声大哭。任坪斥责他道:"君恩高厚,为什么非要像小家子儿女一样忸怩作态?快回去吧!"说完毅然而行,义无反顾。六年之后,方归故里。任坪归里后,闭门不出,地方长官前来拜访,也难以一见其面,日以读书为乐,以图籍自娱,临池不辍。《清史稿》为其立传。任坪卒年七十四岁。

急公好义

任氏一族,有急公好义、乐善好施的家风。任琪、任玥之父任复,字来一,少孤,他的哥哥们相继去世,他独自支撑门户,有操行,为人排难不避嫌怨。他的为人品格也影响着子孙。康熙十七年(1678年),高密大旱。次年春天,全县大饥荒,斗粟千钱,草根树皮掘剥殆尽,百姓生活困苦不堪。任玥的哥哥任琪在赴任浙江途中假道高密故里,观此情状,心中异常凄楚与着急,当即写信给尚在京都的任玥,议定各出粮千余石赈灾,解了故乡百姓的燃眉之急。幼弟任珂(字幼玉)也出衣献粮参与救助。任氏兄弟的义举,后人垂念不忘。康熙二十五年(1686年),高密重修学宫时,为了繁荣高密的教育,任玥捐资千金助学。学宫尚未竣工,任玥染病辞世,他的长子任筼(字竹荪)是个贡生,曾任光禄寺典簿,继承父志,继续捐资捐物,监工督造,直至完成。任筼的叔伯兄弟任培任进贤县县令,卒于任上,妻病子幼,生活困顿。任筠挥泪说:"这是我的事啊!"于是尽其所能给予任培家人帮助,抚养孩子们长大成人。后来任培的儿子任士镐中举,任士铨、任士鐘相继中了秀才。任筠的弟弟任坪后来因为建言立储被发配边疆。任筠怕他一时想不开,飞书劝慰他:"吾弟生平读书,于此可见定力。无负朝廷,无愧祖宗,在此行也。少有戚戚可怜之色,非丈夫矣!"任坪领教而行,全身而还。

孝友的榜样

任氏一族孝友成性,堪称楷模。任玥的父亲任复,当他的哥哥们相继辞世,子侄年幼,他以一身训子侄,或耕或读,不堕先业。侄子们中,不论男女,有长大没有婚嫁的,有婴儿在襁褓中的,他都为之经营操心。任玥性孝友,和兄弟们相处非常和睦。顺治十五年(1658年)会试已经通过,不巧的是父亲病重,任玥闻讯急归,父亲去世,丧葬尽礼。三年丧期满,补殿试,赐同进士出身。任玥的长子任筠,赋性端严,事父母愉色婉容,人称纯孝。他的母亲阎氏病故,他痛不欲生,骨瘦如柴。他的父亲忧心地劝解道:"你若伤感母亲去世,难道独独不顾念你的父亲了吗?"任筠这才稍稍进食。他的继母对待他像自己的孩子,他也恪尽子道,承欢膝下,不觉生分。他的父亲任玥死在任上,他闻讣告,昼夜急驰奔丧,哀号不止,路人为之侧目。因为连日来吃不下、睡不着,等到了停灵的地方时,任筠整个人都消瘦得不成样子。他和弟弟一起伏柩东归,回家安葬。父亲去世后,他承担起教育弟弟的义务,为他们延师课读。任筠的二弟任埙,字六如,后来考上举人,曾任山东东阿县教谕;三弟任坪,后来考中进士,曾任监察御史,这与他的教导是分不开的。他们弟兄们笃于友谊,终身如一,济济一堂,几乎没有红过脸。后来家口众多,分家时,作为老大的任筠主动认领了西偏房。任筠孝友谨恪,起居有常度。每朔望鸡鸣时分起床洗漱一番后,拜谒家庙,上斋饭,像父母祖宗仍然活着一样毕恭毕敬地侍奉他们。以致到了老年,他的弟弟们也都上了年纪,年逾耆艾,即使贵为御史,如若衣冠不整仍然不敢见他,可见他的家风之严。雍正初年,当时李姓县令想以贤良方正举荐,让他出来做官,他坚辞不就。李某感叹地说:"这才是君子啊,韬光养晦,一至如是!"于是在任筠家的大门门匾上题写"文行兼优"四个大字。临去世时,弥留之际,他仍对两个弟弟说:"尔兄弟当睦友,无堕家声！"当然,放到现在,这样的做派年轻人会觉得不可思议,但在过去,这是封建统治阶级刻意宣扬的正统家风。据说,二十世纪五十年代,高密南乡有个歇后语:梁尹的老人——讲究多,意思是说,梁尹任家的老人基于传统,家教严,礼道多,爱"讲究"。

科举继世　诗书传家

任氏一族,和其他士大夫家族一样,抱定"学而优则仕"的价值取向,视"科举取士"为正途。任玥的父亲任复,明代末年首贡生,声名远播。由于明末清初高密连续历经壬午之变和甲申之变,民不聊生,世道昏暗,他绝意仕途,一心只教子侄读书,光大门楣。他请老师不吝钱财,几乎将半个家产拿出来请先生,所以,先生们尽心尽力教育他的子侄。任复家教很严,子侄倘若疏忽学业,一旦被发现,就要挨板子。在他的严厉督导下,任玥和哥哥任琪,兄弟联芳考中进士,任玥的大哥任瑛和弟弟任珂也考取了秀才和举人,这是了不起的成就。任玥有三个儿子,长子任筠,贡生;次子任埙,康熙年间岁贡,山东东阿县教谕。他美须髯,性淳朴,年纪轻轻就已是诸生(秀才),虽然出身尊贵,却和寒素人家的子弟一样勤苦读书。任埙考上贡生后,更加励志于学,虽然数奇,命运不济,没有考上举人、进士,但是志气没有受挫,晚年注重延请名师教育子侄,亲自督查子侄课业。他喜爱书法,临池不辍,晚年陶情丘壑,到处题词留念,曾题"龙溪"二字于五龙河畔巨石上,后世学者称他为"龙溪先生"。任玥的小儿子任坪,康熙三十年(1691年)进士,著名诗人,著有诗集《莱峰吟》。其一首诗入选《国朝山左诗钞》,为高密五人之一,可见他的诗水平很高。

任玥的孙子中,任士鐕,字虞卿,号西崖,康熙五十六年(1717年)丁酉科举人,拣选知县;任士鑨,字伯器,号拙园,雍正年间副贡生,候选教谕;任士铞,字温叟,康熙四十七年(1708年)戊子科举人,候选内阁中书舍人;任世镆,字恪庭,增监生;任世锋,字叔文,号聚五,监生;任世钿,字庭华,监生。

任玥的重孙中,有六个监生,一个副贡。这个副贡是任景瀚,字季海。

他是任士鐄的第三个儿子,过继给二十五岁就去世的举人任士锅,成为进士任坪之孙,曾任山东招远县教谕,大计卓异,升任福建永春州大田县知县。

任景瀚的儿子任廷樟,字豫章,少负异禀,一目十行,坐卧处书卷山积。晚年醉心陆、王理学,用力于"求放心、致良知"之说,他说只此六字,便是读书要领,死后乡谥"文愙",著有《含经堂文稿》《临池录》。任廷樟的长子任延焘,字公覆,道光年间贡生,候选训导,诗词、古文力追先正;死后门人私谥"文惠"。任廷樟的三子任延璜,字重辉,号牧堂,道光十一年(1831年)辛卯举人,举贤廉方正辞不就,以教书育人为务,雅号通儒。著有《芸香书屋骈体文》,《旧志·儒林》有传。王培荀在《乡园忆旧录》里记载了任玥一位后人藏书万卷、自己没有功名而四个儿子成就不凡的故事,虽然记载有出入,经后人推论,这个人就是任廷樟。文中说,梁尹"有官盐院者,家富书籍,子亦孝廉,孙号书箱,凡词赋僻典,人所不知,问之,曰在某书第几卷几页,检寻无讹,因得此号,从相沿习,竟没有名。此公胸罗二酉,而未融化,入场操笔,累累两千言,博征坟典,终生未采一芹。生四子,二孝廉,一岁贡,一诸生,皆现存,书香犹盛。"这段记载中,有几个关键的地方:"官盐院者",指进士任玥康熙年间曾任巡盐御史;"子亦孝廉"指任玥之子任坪,曾经中举,古代"孝廉"代指举人,但任坪后来又中进士;任玥孙辈、重孙辈中,没有符合"未采一芹(即没有考中秀才)""生四子,二孝廉,一岁贡,一诸生"这些条件的人。只有任玥的元孙任廷樟符合道光、咸丰年间"四子""皆现存"并且有功名的条件,但是任廷樟四子是一名举人、一名贡生和两名诸生。也许这都是当时信息不相称造成的。《乡园忆旧录》暗中嘲讽外号"书箱"的读书人读书囫囵吞枣、不求甚解,但这又与任廷樟满腹经纶、卒后被乡谥"文愙"有出入。

任氏一族诗书传世,除了诗文,还有源远流长的书法绘画传统。任玥是当时全国知名的书法家,终老临池不辍,其书法有魏晋风格。马宗霍《书林纪事》记载任玥:"每朝回,帘阁据几,伸纸舐笔,摹魏晋人书数十行,浓淡疏密,皆有古意。"朱彝尊《曝书亭集》中《掌京畿道监察御史任君墓志铭》记载:"君善书,朝回,辄摹仿晋唐人书法。语人曰:'我以收其放心耳'。"其子任坪擅画,尤工木石。其画清瘦淡雅,古趣横生。任士镒书法欧阳询,有欧阳询行书《千字文》笔意,并融入章草意趣,笔力遒劲,字字独立,安闲恬静。任延焘终生临池不辍,其字得欧阳询险劲、颜真卿《多宝塔》之温蕴、赵孟頫之灵秀。任可测,字维江,家贫,性高洁,工诗善书画。画法以高南阜为宗,而不拘泥其风格,即使富贵之家厚聘,也请不动他,任可测不愿低眉事人。他写字画画吟诵,全凭兴致,人得片纸视作珍品。

可以说,任氏一族中上至进士,下至秀才,个个书法了得,代代高才辈出。二十世纪七八十年代,高密南乡流行的一句顺口溜就是:"梁尹的人会写字儿,朱汉的人会唱戏儿,王柱的人会种地儿"。

不尚奇名
不争奇利

—— 任垓的家风

清初高密南乡梁尹村居住着一位学衔是监生的老先生,他看惯了康乾盛世的风云变幻和世局乱象,时刻以藏拙养性提醒自己,生平不言人过,不与人争。他在大堂两边书写了一副楹联:"世竞为勿为,事难忍必忍",横批:"退轩"。这个世事洞明、人情练达的老先生就是任垓,字鹤亭,梁尹人(通谱十七世),监生,候补县丞。清顺治十七年(1660年)生,乾隆十三年(1748年)卒,终年八十八岁,堂号"敬业堂"。他是古代梁尹人文景观、梁溪文化挖掘、整合第一人,被称为一代"高士"。

乐善好施　约己丰人

任垓祖父任之龙,字封池,明增生,系清顺治年间进士任琪、任玥兄弟的大伯父。任之龙性情旷达,整日里宾朋满座,友人事急用钱,他倾囊以助,如手中缺乏,则不惜卖田以供。长此以往,致家境拮据,诸子失学,以农为业。任垓之父任瑗,字卫玉,天性淳笃,做事持大义。九岁下地劳作,途径村塾耳闻学童诵读,往往眉头紧蹙,牙齿咬着指头,疼极了才恋恋不舍地离去。因为痛恨失学之苦,任瑗发愤图强,早出晚归,收成赶超其他农户,家业日渐富庶。长兄早逝,仲兄两弟也先于其下世,家中子侄的抚养教育、父母双亲的生养死葬任瑗俱一身承担,悉心照顾兄弟遗孤,教子侄谦恭退让,恪守本分,如待亲生。邻里族亲,长无妇者为之娶,贫无产者授之业,应急代交赋税,荒年送给食粮。康熙十八年(1679 年)高密旱灾大饥,任瑗捐粮三百石以赈,与任琪三兄弟合力救助灾民无数。当时经办此事的胥吏要给他记录在捐献文书上,他急切地拒绝了,说:"捐了就捐了,不需要人家感恩戴德。"任瑗天性淳朴,意气磊落,拾金不昧。做客京师时,有人丢失了金子,还茫然无知。他捡到后,急忙追赶上去,还给了人家,也不告诉自己的名字。他教育子侄,为人要谦虚谨慎,懂得退让,不做过分事,不做过分想,不惹是生非,所以门内清净,没有纷争。晚年于房前村后整地建园,为梁尹园景的营缮、扩容奠定了基础。任瑗生子二人,长子任境,次子任埈,以长子任境贵,赅赠修职左郎,高苑县训导,载《旧志·卓行》。任瑗的二哥任琪,字共玉,笃友情,重然诺,急难解纷,乡人多倚重,抚侄若子,一味之甘,也要将诸弟子侄集合起来,分而食之,以示甘苦与共,同心同德。任瑗的四弟任斌,字武玉,三岁就成了孤儿,由任瑗抚养长大,孝友忠诚,息心农业,与任瑗同居三十余年,友恭无间。

任埈兄弟们就是在这样的氛围中长大的。任埈的兄长任境,字四如,号莱仙,少勤奋好学,备历勤苦,有宏才伟略。入郡庠学,文名噪一时,后来多次参考,几度槐黄,仅仅获得康熙岁贡生这个学衔,以高苑训导终仕,时人为之惋惜。他居家期间以孝友闻名,母亲去世,他哀毁过甚,四十出头,一夜之间头发尽白。其叔兄弟四人早孤,他秉承父志,为营家计,躬自训诲,动之以情,有时声泪俱下,促使诸兄弟向上,终成名士。亲戚交游间,开诚布公,恤穷乏,世人啧啧称奇。他所任职的高苑县(明清属青州,后置高青县,今属山东省淄博市),古时荒僻,文教落后,士不知学。任境就任高苑训导后,捐资修学宫,勤讲习,严考课,使高苑科第复以振起。县内小清河旧有支脉沟插入,年久淤塞,致使河水泛滥,害及多县。县令委任境监理开浚,所开挖六十里河道不足一月竣工,除涝洼造沃野千顷。康熙五十八年(1719年)山东水荒,县令又委他主持赈事。时,他已年近七旬,整日奔走于泥泞乡道,露宿于田野农家,编册造簿,按名支付,救活民众万计。自就任高苑训导后,以师儒教职辅助县令司政,治声远播周边县邑。年七十岁致仕归里,读书临池,自娱其乐。雍正七年(1729年)卒,终年七十八岁,事载于《旧志·卓行》。

任垓赋性端恪，喜欢施予，与兄和睦相处。自从因为眼疾退出名利场后，任垓就主持家政。兄长任境好交结朋友，乐善好施，每有所需，任垓往往提前办好，从不违背兄长意愿，因而两人情深谊挚，白首弥笃。兄长出任高苑训导以后，他秉承父志，和哥哥一同扶助叔伯兄弟四人的学业、家计以至婚娶。族人遇难事有求必应。他所居住的梁溪左右有自家乔木数百棵，亲族中丧葬买不起棺材的，他就让他们去砍树取材，时间久了，树木都被砍光了。每逢饥荒年，有卖儿女田地的，他总想方设法出资赎回。每年伏天、腊月以及岁时令节，他都召集族里老人于南园（澹园）宴饮歌咏，一族其乐融融。他崇尚节俭，约己丰人，每逢旱涝灾难必出粮以赈济，且不遗余力。在家业丰盈之后，多方惠及乡邻，并收养了两个远支族侄，给他们良好的教育，也算是助学扶困之举，赢得多方尊重。任垓治家有方，素日衣带严整，律身端谨，盛暑未尝袒裸身，淫邪之书不入目，嬉媟之言不出口，尤其训诫子弟不得赌博狎妓，生平不言人过是非，以"退轩"自警。如果遇到横逆之事，闭户唯谨，改日登门，好言解释，唯恐结下梁子，贻害子孙。如果对方经过沟通，稍有回心转意，就推诚相待，冰释前嫌。他性好娴静，晚年尤其淡然自怡，无所营虑，闲坐小斋，命儿孙辈抽架上书诵读，默自寻绎，欣然为乐。由于精神内固，活到八十八岁，无疾而终。单烺曾有诗《鹤亭叔外祖寿》，诗曰：

> 梁溪有大隐，为余叔外翁。
>
> 手把琼田草，妙颜如青童。
>
> 古制朴衣冠，高操厉孤桐。
>
> 谷中卧白云，石濑流潨潨。
>
> 夷旷和天倪，万虑翛然空。
>
> 足不入城市，罕识庞德公。
>
> 岁时过舅氏，龙门名上通。
>
> 长者多不弃，从游褆厥躬。
>
> 侍御（坦公外叔祖）峻大节，翁更扬清风。
>
> 名德垂不朽，显晦道攸同。
>
> 寿星享秋日，绀露生桂丛。
>
> 称觞歌天锡，难老如华嵩。

梁溪文化的集大成者

自康熙朝中期起,任垓接手营缮、扩容梁尹村人文景观,打造了梁尹清时园林,东曰"三桧园",西为"衣德园",南称"澹园",北叫"斯干园",规模都不是很大,但是各有特色,风采独具。任垓多次汇聚诸、高一带知名文士、塾师,观摩研赏梁园风貌,撰写《梁尹里记》《梁尹"大士庵"小记》《衣德园记》《南园小记》《东园记》《斯干园记》《敬业堂记》等十五篇、诗赋十二组,编辑成《梁溪名迹诗文录存》,全面展示了梁尹人文景观内涵。任垓还推出家训,付诸文字,其中心为"勤俭免灾,骄奢致祸,不尚奇名,不争奇利"。此语出自由诸城名儒范德寿撰写的《梁尹里记》,通篇六百余字,文章推介了任氏家族迁徙源流、族风村貌,道出了立村五百年之久能保土传承、越四朝(金、元、明、清)历大事仍安居乐业的原因:皆天之庇护,人之造化,"朴者安于农,秀者习诗书,不预外事而外事亦不及焉"。文从塾师笔下出,意自任垓胸中来,任垓追溯先辈忠厚传家、勤俭清廉之风,推出家训,为后人明示了事行发展的道德规范,用意深远。

为将家族文化发扬光大,激励后进,任垓还倡导编纂族谱。当时无旧谱可循,他周咨博访,亲手著录文字表章,上至远祖,旁及近疏各支,凡查考清楚名字者全部理顺记载,先后七易其稿,终于装潢成帙。不仅如此,任垓又将世表资料刻于石碑,立于墓门上,从选料、卜址、哀辞撰写以至工石费用等,皆个人承担,公事完毕,绝口不提此事,以免邀功之嫌。

任垓致力于梁溪文化建设,弘扬良好的族风、家风,为梁尹任氏后人树立了榜样。他以闲云野鹤之身,被梁尹任氏族人称为一代"高士"。在他的影响下,梁尹任氏恪守家法,科第连绵,青箱世业,后先辉映,"处于家者,秉忠厚之遗;仕于朝者,守清白之素",成为高密南乡屈指可数的科举仕宦大族。

翰墨飘香的学风

任垓的父亲因为家贫错过求学机会,所以发奋供应子侄读书,希望后人不堕家声。在父亲督导下,兄长任境为岁贡生,任垓为监生。任垓二伯任珙长子任堉,武庠生,次子任圣,康熙岁贡生,四叔任斌长子任坦为郡廪生。任垓独生子任士钟,字听子,出生晚,备受爱怜,但任垓对其督课严切,以积学砺行为务,名就金州卫庠生。终因力学致病,先于父而故。其妻王氏,守节三十余年,旌表节孝,载《旧志·节烈》。任垓嗣子任尔绍,字象贤,号松谷,乾隆十七年(1752年)恩科顺天副榜,范县教谕,著有《蒙求注释》《夕若轩论文》,载《旧志·文苑》。任垓的侄子任士镇,康熙岁贡生,候选训导。任士鐏,监生。

任垓的孙辈中,任搢书,字大绅,号西园,增贡生,著有《漾月轩诗稿》。任凤书,字缓章,号瑞庵,监生,出嗣任士钟,该支派人丁兴旺,其中任凤书之孙任蘅(通谱二十一世),廪生,著有《鸿雪轩吟草》,载《旧志·文苑》。

槐阶培世德
乌巷焕家声

王文煌的家风

清乾隆年间,大学士刘墉亲笔为山东高密城律王氏老祠堂撰写了一副对联:槐阶培世德,乌巷焕家声。城律王氏之所以家声远扬,是因为该族先后出过六位进士,八位举人,太学生、贡生、监生一百四十三位。其中开启家族荣耀先河的是王文煌。王文煌,字自昭,号简庵,明末清初城律(今山东省高密市胶河生态发展区)人,进士,官至知县。

王文煌一族,祖上于明代成化、弘治年间由平度州(今山东省平度市)南龙王官庄社王家庄迁来高密。历经几代人的努力经营拼搏,到了王文煌的曾祖王九臣一代,已经家庭小康,黉序有名。王九臣,字震岗,庠生;其二弟王九卿、三弟王九相,也考取秀才。王文煌的祖父王诰命,字凤章,也是饱学之士。王文煌的父亲王翰,字垣东,增生,有七个儿子,王文煌最幼。王文煌的大哥王文炳,字晖吉,庠生;二哥王文焕,廪生;三哥王文灿,字青藜,清顺治年间岁贡;四哥王文烺,廪生;五哥王文煜,字仲昭,增生,诗人,刘墉祖父刘果和他有交情。王文煜去世后,刘果有挽诗《挽仲昭王五兄年台归窆》相赠:

一

西风原上草离离,才子乘箕赴召时。

辽鹤归来空有泪,杜陵老去更无诗。

尘埋遗簏书千卷,霜裹寒封月半规。

胶水流澌声断续,白云黄叶总成悲。

二

碧落无端坠玉棺,子乔仙去冷骚坛。

风前哀雁愁成阵,岭上丹枫泪未干。

一夕白云归阆苑,几时清梦醒邯郸。

那堪回首胶西路,松柏青青不忍看。

六哥王文煜,字星五,康熙年间恩贡;王文煌则是学衔最高者,进士。

王文煌于清顺治十四年(1657年)丁酉科中举,顺治十八年(1661年)中进士,与本县的任玥、单务嘉、刘朝宗同科中式。王文煌后授景宁县(今浙江省景宁畲族自治县)知县。王文煌一到任所,访贫问苦,了解民情。当地百姓说:"我们这个地方荒山丘陵多,收入太低,交不上赋税!"王文煌察知实况,报奏上官,使赋税得到一次豁免,百姓拍手称快。后来王文煌因病归里,当地百姓执手相送,攀住车辕依依不舍,送行者达数千人。

王文煌有二子,传承家法。长子王庄,字端子,号莅斋,康熙二十三年(1684年)岁贡,曾任滕县(今山东省滕州市)训导;次子王董,字孚子,岁贡,历任山东高苑、嘉祥县训导。王文煌有孙八人,其中贡生二人、监生二人、庠生四人。王正义,字质君,号胶溪,监生,候选州同;王宝善,字湘臣,乾隆年间恩贡,任巨野县教谕;王捷,字图南,号西圃,乾隆年间岁贡。曾孙中有五人为监生。

王文煌侄子中,大哥之子王塈,字克家,康熙十四年(1675年)乙卯科举人,任定陶县教谕;三哥文灿之子王垄,字子野,康熙年间岁贡;五哥文煜之子王堑,字锡九,康熙年间岁贡。王文煌侄孙中,王曰钦,字公安,号退村,乾隆三年(1738年)岁贡,诗人,著有《春采堂集》,《旧志·文苑》有传。单烺《大昆嵛山人稿别集·感旧三十八首》之《王公安先生》记载:"王公安,先生讳曰钦,字公安,岁贡生,体气朗茂,文章卓绝,有《春采堂集》。"王庭候,字绍公,号晴墅,康熙三十七年(1698年)戊寅拔贡,任蒙阴县教谕,乡饮大宾,品学为士林推重。工书,书法颜真卿《争座位帖》。乾隆十三年(1748年),乾隆皇帝东巡泰山,见其所书,称"摹颜得其神骨";善诗,其诗入选《国朝山左诗续钞》。

王文煌的侄曾孙王青箱，中乾隆四年(1739 年)己未科进士。王青箱，字书麓，号江左。曾祖王文煜，王文煌五哥。祖父王堕、父亲王曰钦都是岁贡。王青箱于雍正十三年(1735 年)中举，乾隆四年(1739 年)中进士，和清代著名诗人袁枚同科。王青箱授汤溪县(今属浙江省金华市婺城区)知县。

崇德愿勿虚
文章又其余
单务孜的家风

单务孜,字予思,号青湾,明末清初高密北隅人,进士,授中书舍人,累升礼部郎中,终官淮安府知府。

单务孜出生于官宦世家,祖父单明诩,明万历四十七年(1619年)进士,官顺天巡抚、兵部左侍郎兼右副都御史。父单若默,清康熙年间内弘文院侍读学士单若鲁四弟,以拔贡出任安阳县知县,为官有惠政,百姓立碑颂德。单务孜自幼颖异,笃志好学,顺治十四年(1657年)丁酉科山东乡试中举人,康熙三年(1664年)甲辰科会试高中会魁,殿试成进士。初授内阁中书舍人,守拙勤职,不事贪缘,几年迁内阁典籍。康熙五年(1666年)出任丙午科顺天乡试同考官。康熙十三年(1674年)辅佐简亲王西征,救活民众数十万人。又几年,升兵部督捕员外郎,负责督捕事宜,在任注重平反冤狱,未尝轻易判决一人入狱。后升礼部精膳司郎中。康熙二十五年(1686年),出任淮安府知府。

史料记载,单务孜为官"清介刚方,人惮其严"。当时淮安为天下财赋渊薮,治河转漕,岁例可得数十万金,单务孜到任后革除一切陋习。他还重视教育,在任曾募捐修缮府学。康熙二十九年(1690年),以父丧丁忧归里,离任时两袖清风,唯图书数卷而已。家居近十载,杜门教子,周济贫乏,不予外事,远近称颂盛德。

单务孜有五个儿子,其中四人监生、一人庠生,都是读书传家,深邃于学。他的孙辈中,绍续家学者大有人在。其中著名的有单履咸、单履晋、单履豫、单履萃。

单履咸（1700 一 ？），字九池，号渔村，雍正七年（1729）考选拔贡，后以知县分发湖南；雍正十一年（1733 年）以才干卓异，出任湖南平江县知县，后改任桃源县知县；乾隆四年（1739 年）调任湘潭县知县，乾隆九年（1744年）河南巡抚硕色以"才具优长、居心诚寔"举荐，授永宁县（今河南省洛宁县）知县。《永宁县志·名宦》（清乾隆版）记载，单履咸在永宁任上，"勤于民事，狱无淹滞"。永宁原有洛西书院，明末毁于战乱，旧址荡然无存，单履咸倡导重建，首捐百金，永宁绅民士庶慷慨解囊，洛西书院得以重建，又置学田增膏火，作《重修洛西书院碑记》立碑纪念。在永宁期间，主持纂修《永宁县志》刊行于世。永宁境内有万箱渠被洛水冲断，单履咸改道于北山原，引水灌溉农田，百姓深受其利。乾隆十二年（1747 年）年改任淮宁县知县，约在乾隆十五年（1750 年）以病解任。单履咸归里后，日以教育子侄为乐；又好诗文，在永宁时曾作《永宁竹枝词》十首，广为传唱。《高密单氏诗文汇存》里收录六首。其《游桃花源》诗曰：

> 夙有登临兴，仙源落日逢。
>
> 桥崩通独木，山缺补长松。
>
> 怀古桃千树，寻幽路万重。
>
> 欲归还少住，断续老僧钟。

单履晋，字仲昭，号秋峦，雍正十年（1732 年）壬子科顺天举人，试用知县。单烺在《大昆嵛山人稿别集·感旧三十八首》之《哭两同年·仲昭兄》序中说他："生而颖敏，倜傥风流，试辄冠军，后屡困棘闱……壬子兄始举京闱，年已四十四矣。屡上春官不第，又需次不得谒选，人至老愈贫，抑郁以终。"单烺该诗中有句"名士吾家老共推""结社倡为祖德诗"称赞他。单履晋善医，曾经为"扬州八怪"之一的高凤翰诊治痹症。高凤翰为之作《题画酬单仲昭医痹》：

> 丁巳残痹遭，缠绵八载过。
>
> 对宾常大坐，闭户只高歌。
>
> 众里愁人散，闲中爱酒多。
>
> 待君还我右，尚左且婆娑。

单履晋还工诗。他的《题斋壁》一诗即是行医的写照,也是晚年诗意生活的写实:

> 莫笑藏头老不才,小斋景物自佳哉。
>
> 到门有客禽犹语,缘径无花蝶亦来。
>
> 暖日勤移晒药具,老汤先拭试茶杯。
>
> 少年那识幽居味,吾爱吾庐却是才。

他的《村居》也是晚年闲适生活的写真,饶有趣味:

> 编竹为篱茅作竿,鼾然一枕睡酣甜。
>
> 佛头山绿晴当户,人面桃红近隔檐。
>
> 地僻乍惊村社鼓,喉馋常看酒家帘。
>
> 老翁闲适兼知足,食不烹鲜亦不嫌。

单履豫,字师田,号潍川,家居高密城,晚年住在潍河边,著名书法家、诗人。著有《遗诗》。其父单储,字石书,监生。单履豫生长于富裕家庭,雍正二年(1724年)中举,雍正五年(1727年)丁未会副(即副榜贡士),直隶试用知县。他品端志洁,于书无所不窥,卷帙堆积几榻间,终日蔽身其内,旁若无人,尤其喜欢《离骚》《南华经》等,经常抄写数遍,考订古今沿革、疆域、职官、兵制和赋则,一一论其得失,极为精核。工诗文,立论高深,刻意孤行,追古作者。工书法,是高密单氏"三右军"之一。他的书法迈明、元、宋,直追晋唐,行草入米芾、董其昌之室,意态横出,别有奇趣;兼工墨竹。单履豫一生雅意育才,设帐授徒几十年,登门求学者,远近云集,常一批达百余人。他教学时谆谆教诲,曾无倦容。晚年性特孤清,落落无所合,一室萧然,不关人事,日以吟咏为事,闲写墨竹,以寓其疏散之怀,绰有文(同)苏(东坡)风味。他的二哥单履晋也擅文名,名扬胶莱,兄弟二人不分伯仲,当时有"二难"之目。单履豫曾与单烺、单作哲、单正谟、单坤以等五人订"心盟",有文字之交。他去世后,单烺作《哀辞七章》悼念,中有"粹和饮至妙,文章又其余""五人交勖勉,崇德愿勿虚"等句,就是对单履豫的中肯评价。

单履萃,字刚中,号平原,雍正七年(1729年)己酉科举人,拣选福建试用知县,借补莆田场盐课大使。

德政入民心
忠厚载谱牒

夏畴的家风

甫营先宇就，又借一枝栖。

茅屋时防漏，衡门未觉底。

残书闲复理，旧榻梦还迷。

语妇敦邻好，叮咛到犬鸡。

——清·夏畴《移居》

夏畴，字青田，号赞纶，别号潍川，清代高密东隅人。进士，官至工部员外郎。

耕读传家　代有才人

夏畴一族，明初自浙江会稽迁来山东青州郡，后来一支迁来高密，编籍东隅三甲。传至三世，家道渐渐富裕，传习诗书。到四世时，夏畴的太高祖夏宇，学衔"岁进士"，也即"贡生"。自此以后，夏氏步入书香门第，以习《易经》为家学。夏畴的高祖夏天成，以岁贡生官临邑训导。《夏氏家乘》记载："五世祖仍由明经出仕临邑，春风桃李，声名丕振，尤多所著作，盖渊源家学，实自兹始。"夏畴的曾祖父夏行，选贡，承先启后，好学修行，可惜英年早逝。祖父夏士誉，字衷白，学识渊博，品行端方，于明天启元年（1621年）辛酉科山东乡试中举。夏畴的父亲夏亮仍，字勋一，号贻庵，清康熙十四年(1675年)恩贡。夏畴则是这个家族的集大成者,进士出身。相传,夏畴出生时其父梦见明代才子瞿昆湖来拜谒。瞿昆湖,名景淳,字师道,昆湖是其号,常熟人。明嘉靖二十三年(1544年)甲辰科会元,殿试第二名,即榜眼。为人清介自持,累官礼部左侍郎兼翰林院学士,锦衣卫首领陆炳先后娶四妻,欲封其最疼爱的小老婆,请他撰写封诰,瞿先生认为不合礼道,严词拒绝。权臣严嵩又为代请,瞿先生亦不应允。前一晚夏畴父亲梦见瞿昆湖,次日夏畴出世,迷信的人们以为夏畴是瞿昆湖再世,对夏畴寄予厚望。后来夏畴成人后,"果高才逸藻,推重一时"。据记载,夏畴幼时质朴鲁钝,但刻苦力学,所读书粘贴几案上,背熟后再换掉,终身不忘。由于夏畴勤奋刻苦,加上著名塾师李岱生的点拨教诲,康熙五年(1666年),夏畴中式丙午科山东乡试第四十二名举人。次年丁未科会试,高中第七名贡士,成为清代高密少有的会魁之一,殿试中三甲第七十三名进士。夏畴工诗,著有《潍川集》,其诗入选《国朝山左诗续钞》。《夏氏家乘》(民国版)收录夏畴《北来鸣》诗集三十三首。

夏畴的父亲弟兄四个,他的父亲最小。他的二伯夏亮契,字五敷,是个副榜举人,大伯和三伯都是秀才。叔兄弟中有两个秀才和一个监生。叔伯侄子中有七个秀才、一个监生和一个贡生,书香门第,人才辈出。夏畴的族裔中有个叫作夏之锌的,字云韶,号松溪,增生,是个著名诗人。《旧志·文苑》记载,夏之锌"为文清贵,累次荐元不售,遂肆力于诗,出入苏陆诸家,与同邑诸生张克绥字怀远、单襄芬号南洲先后以诗名著"。

夏畴兄弟二人,弟夏甸,字信山,庠生。夏畴夫人单氏,明顺天巡抚单明诩的孙女。夏畴有一子,名夏居仁,考授州同。一女嫁给刘统勋的长兄刘绪炤。刘绪炤,字尔愚,康熙五十二年(1713年)癸巳恩科乡试中举,官河南固始县知县。夏畴堂兄弟中,夏瑚字塗山,顺治三年(1646年)丙戌科举人,例授文林郎。

勤政有为　遗爱于民

《高密县志》(清康熙版)记载,夏畴的高祖夏天成任临邑训导期间,"陶铸士类,多所成就。归里后,读书谈艺,不予外事"。夏畴的祖父夏士誉,明崇祯五年（1632 年）授河南孟津县知县，《孟津县志》（嘉庆版）载，夏士誉到任后，见城池残破，招民补葺完备。当时承平日久，百姓不知兵祸，颇多怨言。不久，明末义军风起云涌，附近州县被农民军屠戮，而孟津得以免祸。夏士誉又组织百姓修筑境内河堤，避免水患，百姓名曰"夏公堤"，并立碑纪念，明末进士、孟津名士王铎亲自撰写《新修河堤碑记》。百姓由此佩服夏士誉的远见卓识。后来夏士誉调任偃师县知县，时值明末大乱，"群盗"四起，偃师县城原为夯土城墙，夏士誉以砖石加固，并在四门增建吊桥。明崇祯九年（1636 年），李自成起义军进入河南，夏士誉招募壮勇五千人，朝夕训练，起义军不敢犯境，偃师人立《募习壮勇保城碑》纪念，王铎又亲自作《保诚御寇碑记》。时值偃师境内发生蝗灾，夏士誉率领部属四出，发放仓粟，悬赏报酬，飞蝗很快被捕灭，秋粮得以丰收。当时洛阳屯集兵马，附近州县百姓被征军饷和劳役，夏士誉以偃师民力不支，数次请求减少数额，偃师百姓感其恩惠，为其建生祠于县城西郭外。夏士誉保卫偃师的事迹曾在当地广为流传。清乾隆年间，湖南名士张九钺游历河南，听闻夏士誉事迹，曾作诗咏叹："昔有偃师邑侯夏高密，御贼守城功第一。衔刀壮士五千人，桴鼓亲提严纪律。我搜荒棘孟津碑，邑乘光芒为补述。"夏士誉由偃师擢升入京，任工部主事，累升工部营缮司郎中，敕授奉直大夫，转授河南汝南道按察司佥使，因病没有到任，后以病归里而卒。死后入祀偃师县名宦祠，事迹载入《偃师县名宦传》。

夏畴于康熙十七年（1678 年）出任陕西澄城县知县，同年出任戊午科陕西乡试《诗经》房同考官。其任职澄城期间，曾捐俸银重修纪念唐代魏徵的魏郑公祠，政绩卓著，澄城县士民为其立德政碑。康熙年间澄城县名士路一麟在《夏邑侯重修唐魏郑公祠记》中称颂说："侯为山东巨族，大魁天下，其德政文章造于瘠土，名于士民。"夏畴以良好的政绩擢升入京，任工部主事，旋升工部屯田司、营缮司员外郎。康熙四十三年（1704 年），康熙皇帝亲书朱熹诗"流云绕空山，绝壁上苍翠。应有采芝人，相期烟雨外。"赐给夏畴，以资鼓励。夏畴蒙恩赏赐并不止一次，据《万寿盛典初集》记载，康熙五十二年（1713 年）三月二十五日，值康熙皇帝六十寿辰，御赐七十岁以上大学士李光地、王掞等松花石砚各一方，夏畴作为年已过六十五岁的在京官员，与尚书张鹏翮等也蒙恩赏赐松花石砚各一方。如果宦绩平庸，断乎不能得到康熙皇帝如此青睐获得赏赐的。

忠厚为人　品行端方

雍正八年（1730年）高密夏氏《夏氏家乘·跋》中记载，高密夏氏："世传忠厚，专事耕读，无问亲疏远迩，无不相接以爱敬，相待以忠信。至若以上而凌下，以卑而犯尊，吾族中从未之有也。"《旧志》记载，夏畴的曾祖父夏行"以忠厚世其家"。夏畴的祖父夏士誉"学益渊博，品更端方，夙为邑中诸名宿推重"。夏畴的堂伯父夏梁皋，字陈九，廪生，在明崇祯十五年（1642年）抗击清兵、保卫高密的壬午全城战中，奋不顾身，身中数箭，死于城墙之上。夏畴也是个忠孝之人。在外做官，他无时不怀念父母兄弟，对父母亲人的思念之情，在他的诗作中多有呈现。他在《五月初一日遥祝椿庭》诗中曰：

> 屈指客中忽此日，客中此日倍怆神。
> 年年膝下斑衣舞，此日天涯羁旅人。
> 惭愧鲤庭虚岁月，蹉跎燕市负君亲。
> 朝来南望频频祝，莫向长安念子身。

他在《寄舍弟旬》中写道：

> 别离经数月，乡信何茫然？
> 未识尔今日，尚能记去年。
> 只身千里外，两地一心悬。
> 好慰高堂意，莫令游子牵。

他在《移居》中"语妇敦邻好，叮咛到犬鸡"一句，格外传神，鸡犬不欺，睦邻友好，可见其宅心仁厚，古代文人"温良恭俭让"的品德在夏畴身上体现得淋漓尽致。

今山东省高密市柏城镇沟南、柴沟镇马旺、李家庄等地之夏氏为夏畴一族。

碧血千秋烈
丹心一门英

薛受益的家风

福建漳州东山岛上的关帝庙（当地人称"铜山关帝庙"）有一副门联："山岛雾收舒正气,海门日出照精忠",这副门联是清康熙年间官至广东潮州总兵的薛受益撰写的,这副门联所表达的内涵也正是他一生光辉的写照。

勤王金甲胄　报国血衣裳

薛受益(?—1702年),字谦若,清朝初年高密城阴社(今山东省高密市薛家老庄)人,康熙年间以军功官至潮州总兵。

薛受益是遗腹子。他的父亲去世五个月后,薛受益才来到人世,他的母亲范氏,时年二十五岁。《旧志·节烈》载,年青的范氏"有臂力,能左右射",是一位英雄母亲。一次,薛氏家族里几个顽劣子弟欺负范氏孤儿寡母,寻衅滋事,范氏一手打过去,一个人顷刻倒地,其余人等抱头鼠窜,从此,无人再敢招惹这对母子。薛受益少年时即勇健过人,虽然家贫但"不务正业",整天骑马策鞭游走四方,名为游山玩水,实则到处推销自己,待价而沽,大有游侠遗风。他相继到了河北、贵州等地,结果未能找到合适机会。后来,又到云南,跟随总督赵廷臣进入浙江,因其英勇作战,不断受到表彰和提拔,不到三年就被授予千总。康熙十三年(1675年),他随军征伐"三藩之乱"之一的耿精忠叛乱,因率先登城而被提拔为嘉兴守备官职。此后又连破马九玉、马胜部。叛军中骁将马鹏,外号"马五鹞子",曾数挫清军。在一个风雨交加的夜晚,薛受益亲率五十名精兵突袭,生擒马鹏于军帐中,大获全胜。薛受益回营后,风住雨停,明月当空,便携亲信登山赏月饮酒。传说他兴致来了以后,豪情大发,作诗一首:"一上一上又一上,一上上到大上头。伸手堪摘天边月,揽尽江南八百州。"尔后他又帅兵平定王玉贞、姜拐子等部,功绩卓著。康熙十七年(1679年),他以福建督标游击的身份,讨伐延平王郑经的漳州"流寇",连续攻破十九座兵寨,收复海澄,晋升汀州城守副将。薛受益在漳州战役中,"冒矢石体无完肤,炮石由面贯脑后,出血淋甲胄尤力战"。康熙二十七年(1688年),薛受益奉旨进京引见,康熙皇帝亲自"问前后破贼状,且解衣验其创"。康熙二十八年(1689年)三月,薛受益被授潮州镇总兵,后加授左都督、荣禄大夫。康熙三十五年(1696年),靖海侯施琅临终前曾上疏保举爱将,薛受益为其一。薛受益秉性豁达大度,在潮州总兵任上十余年,史称"兵民相恰"。康熙三十三年(1694年),潮州韩江大水决堤,薛受益亲率兵民筑堤防水。清代诗人陈玉猷曾写有《大水行》一诗,形象描写了当年潮州军民抗洪抢险斗争的情景,其中一段曰:"大官憔悴小官苦,囊塞石砌劳经营。百姓他惶力不足,役及太平无事兵。观察总戎并徒步,身当匏子非沽名。"此处总戎就是指担任总兵的薛受益,诗中夸赞他领导军民干实事,绝非沽名钓誉。康熙三十六年(1697年)诰封特授荣禄大夫,其妻刘氏、继室卞氏并封为一品夫人。康熙四十一年(1702年)八月卒,十二月予赐祭葬,祀忠义祠。他的坟墓在高密薛家老庄东北薛氏祖茔内,墓前有石坊,上镌刻文曰:"皇清诰授光禄大夫薛受益之墓"。幕后有石人四尊、石马两匹、石碑两座,苍松翠柏葱茏茂密。该墓于一九五八年被毁。清代高密诗人单为拯曾经吟诗《过薛公受益墓》,表达了对这位英雄的敬重之意:

> 功比泰山峻,名分沧海长。
>
> 勤王金甲胄,报国血衣裳。
>
> 碣篆残风雨,松鳞老雪霜。
>
> 一抔黄土在,凭吊意苍凉。

薛受益的儿子薛瑞,字山辉,号东轩,由于父荫被授予御前蓝翎侍卫。

御前侍卫分一等、二等、三等、蓝翎四级,分别为正三、四、五、六品秩。御前侍卫保送到绿营任职俱加一等用,升迁较快,成为侍卫平步青云的另一途径。薛瑠由御前蓝翎侍卫外放湖南镇箪(今湖南省凤凰县)游击,官秩正五品。当时雍正皇帝在西南少数民族聚居区推行"改土归流"的政策,遭到了以苗族为主的少数民族的强烈抵抗。从雍正二年(1724年)到乾隆元年(1736年),大大小小的起义几十起,此起彼伏,较为著名的有雍正十年(1732年)台拱九股苗数百苗寨起义和乾隆元年(1736年)"苗王"包利领导的古州起义,朝廷急需大批将才剿抚造反民众。《旧志·武功》记载,薛瑠"久历苗疆,纪律严明"。在驻守当地时,正好遇到莫宜峒的苗人首领率领苗众起义,薛瑠奉命前往平定。他率军到达后,不是靠武力进行残酷镇压,而是晓以利害祸福,令三日内交出"首凶",胁从不治,凭借他的威名,薛瑠兵不血刃地平定了乱局,保全苗民数千人。乾隆六年(1741年),一部分居住在贵州永从等处的苗族、瑶族人举行反抗起义,薛瑠奉命率军前去堵截防御,多次击败义军,屡立军功。乾隆十一年(1746年),因功升任浙江黄岩镇总兵,驻守黄岩城。后来他从黄岩镇总兵调任建宁镇总兵,从建宁镇总兵又调任台湾镇总兵,这就是《旧志》上说的"三为总戎"。乾隆十三年(1748年)闰七月,薛瑠调任台湾镇总兵,次年六月病故,卒于任上。他是清代在台湾任职的高密人中官位最显赫的一位。

薛瑠有两个弟弟,大弟薛士杰,字敬英,康熙年间,薛士杰以父薛受益军功荫授御前侍卫。康熙三十年(1691年)出任直隶张家口左曹游击,后升任江南镇江营参将。康熙五十年(1711年)二月随两江总督噶礼出海捕贼。噶礼以薛士杰"胆量实比他人异样"上奏,寻升任湖南辰州协副将。康熙五十五年(1716年)升任浙江处州镇总兵,后加左都督。《滕县志》(道光版)记载了康熙皇帝于康熙五十二年(1713年)所赐诰命的部分文字:"谟猷克壮,才艺兼优。早执锐以披坚,久司军旅,乃建牙而仗节,遂总戎麾。"康熙六十一年(1722年)病卒,雍正元年(1723年)三月赐祭葬,祭文称之"性行纯良,才能称职",卒后葬于滕州薛城北门外。

薛瑠的儿子薛隆绍,袭骑都尉世职。乾隆十九年(1754年),署山东文登营中军都司,后迁贵州普安营游击、贵州抚标中军参将。乾隆二十八年（1763年）七月，贵州提督冯哲以"老成端谨，营伍熟练"为由，举薛隆绍"堪胜总兵"之任，入京引见，升广东广州协副将，后因故照例降二级，以候选游击用。乾隆三十七年（1772年）授湖南永州镇标中军游击，并奉命代理总兵印。后又因事被牵连，被发配新疆乌鲁木齐当苦差。乾隆四十二年（1777年）三月到达乌鲁木齐，后卒于新疆。薛隆绍之子薛廷起，世袭骑都尉世职，嘉庆年间（1796—1820年）任广西宾州营参将。

鞠躬尽瘁　忠义千秋

薛受益事母极孝，时称"薛孝子"，其母常教导他为官要"清、慎、勤、爱士"，薛受益没有辜负母亲的教诲，为官"能立名节，洁己爱下，不受军中一钱""以清白著"。其离任汀州时，"军民卧辙留者数万人"。其任潮州时，"尤励廉节"。时论以为薛受益清名著海内，实因其母善于教子的缘故。薛受益征战一生，最后卒于任所。

薛瑞也于戎马倥偬中，军纪严明，爱兵爱民，恪尽职守，战功卓著，为保卫边疆、巩固边疆做出了积极贡献，最终卒于任上。《旧志·武功》记载，"及三为总戎，夙夜靖共，不避艰险，人咸谓克缵父绪云。""克缵父绪"意为能够继承他父亲的精神。薛瑞之子薛隆超也葬身荒漠，马革裹尸而还，可谓满门忠烈，光照千秋。

薛家一门英武，治军有方，属下也愿卖命。《旧志·卓行》中记载了一位叫蔡荣的仆从，其先太原人，年少时随为官的父亲在苗疆（今贵州省、湖南省一带）生活，后来家庭遭遇变故，举家无所归依，听说临近的将领薛隆绍有其祖父遗风，投券为奴，后随隆绍戍边。等到薛隆绍死去（不知是阵亡还是病故在岗位上），蔡荣奉尸沙漠，奔走京师，具状上闻。朝廷念及薛氏世功，赐金返葬。薛隆绍的妻子全氏感德蔡荣，拿出蔡荣的卖身契在薛隆绍的棺材前焚烧，对其儿子薛廷起说："你的父亲生前有托付，死后得归葬，都是蔡荣的功劳，你应当与他序为兄弟，共分田产。"蔡荣力辞不受。

祖孙宴琼林
仁孝续家风

王度昭的家风

男儿生畏不成名，执经抗疏唯君能。

闻君马首更东去，风节岂但乡人荣。

——清·孙勤

这是清代康熙二十四年（1685年）乙丑科进士、终官通政司参议孙勤写给王度昭的一首送行诗，诗中赞美了主人翁的职业操守和品行。王度昭（1651—1724年），字玉其，号带河，亦号范五，清朝初年诸城水西社（今山东省高密市前水西村）人，康熙年间进士，官至浙江巡抚、兵部左侍郎，他的孙子王辂也官至知府。祖孙二人不仅绍续家风，而且光大了门楣，把水西王氏家族的名望推向高潮。他们创造的良好家风深深地影响了后世。

薪火相传　琼林有名

王度昭是王劝的族侄。王度昭的曾祖王思孟和王劝的祖父王思曾是亲兄弟。王思孟，字养吾，庠生。王度昭的祖父王廷元，字献墀，号对之，郡庠生。父王勤，字懋哉，号文只，邑庠生。

王度昭在兄弟三人中居长，二弟王容昭，字襟河，号愚旃，康熙四十七年（1708年）戊子科乡试举人，考授内阁中书，拣选知县。幼弟王向昭，字治侯，邑廪生。康熙二十年（1681年），王度昭中辛酉科山东乡试第五名举人,次年壬戌科联捷贡士。康熙二十四年(1685 年)乙丑科补殿试,登第三甲第五十八名进士。宋朝太平兴国九年(984 年)至政和二年(1112 年),皇帝均于汴京城西琼林苑赐宴新进士,故称"琼林宴"。自此,"赴琼林宴"便成了登进士第的代名词。元、明、清三代又称"恩荣宴",虽名称不同,其仪式内容大致不变,仍可统称"琼林宴"。后来王度昭之孙王辂,不负厚望,继承祖父家风,于雍正元年(1723 年)中进士,御笔记名在景山教习馆行走。

忠于职守　廉明勤惠

王度昭于康熙三十一年(1692 年)出任云南浪穹县(今云南省洱源县)知县。当时"三藩之乱"刚刚平定,居民大量逃亡,而官府仍按原有户籍摊派劳役,百姓苦不堪言。王度昭到任后,查清户籍,减免劳役。又创办宁东义学,邑人为其立德政碑以示纪念。康熙三十六年(1697 年)行取浙江道御史,次年丁父忧,服阕后补云南道御史。王度昭为御史抗直敢言,史称"风裁甚峻"。康熙四十年(1701 年)疏劾广东巡抚彭鹏,康熙四十一年(1702 年)弹劾户部尚书李振裕索属员祝贺礼物,直声名闻朝野。康熙四十二年(1703 年)授湖广布政使司参议、分守下荆南道,驻襄阳。其好友孙勷赠诗云:"前时北阙焚谏草,今朝远指襄阳道。沂山潍水多白云,一片愁心令人老。男儿生畏不成名,执经抗疏唯君能。闻君马首更东去,风节岂但乡人荣。"在襄阳时,当地发生水患,王度昭及时上报灾情,当地得以免税赈灾。王守仁祭田数百亩为猾民违法侵占,王度昭秉公裁决,将其祭田还其后裔。康熙四十五年(1706 年)内迁光禄寺少卿,寻任顺天府丞。康熙四十六年(1707 年)擢大理寺少卿,次年七月出任河南乡试正考官,十二月擢左佥都御史。康熙四十八年(1709 年)七月迁太常寺卿,后任通政使,擢左副都御史。

康熙四十九年(1710 年),王度昭升任户部右侍郎。当时偏沅巡抚(雍正二年改称湖南巡抚)赵申乔与提督俞益谟相互弹劾指责,康熙命王度昭随尚书萧永藻前往湖南查审,不久受命署理偏沅巡抚。当时滞狱累累,王度昭夜以继日,办结四百余案,康熙赞扬他"实心任事"。同年九月授浙江巡抚,康熙五十一年(1712 年)二月兼理江宁巡抚,三月又受命署理苏州巡抚。王度昭初任浙江,"屏馈遗,力禁滥差、株连之弊",颇有清名。杭州西湖为天下名胜,在浙江三年,王度昭未曾到此一游。曾添建浙江贡院号舍二千三百间,当时直省号舍以浙江为最多。王度昭曾受到康熙皇帝的多次赞誉,蒙恩赏赐御书金扇等物。但王度昭识人能力较差,不能很好地辨别下属官员的好坏,有时滥充好人,不能严厉约束下属官员,因此,其下属官员依仗巡抚之名,招摇过市,由是官风日下,其名声亦坏。康熙五十三年(1714年),康熙阅览王度昭奏折,颇多不满,说:"迩来浙省歉收,民生艰难,每观王度昭所奏,并无实心为民之处,尔等传问九卿。"朝臣们迎合康熙旨意上奏:"王度昭从前居官亦有才能,今不尽心为民,全无益于地方,诚如圣谕。"于是命令王度昭来京,授工部右侍郎。康熙五十五年(1716年)丁母忧;康熙五十八年(1719年)服阙,补兵部右侍郎。康熙六十一年(1721年)转左侍郎。雍正元年(1723年),王度昭因病告老还乡,次年正月卒于家。

王度昭长子王奇猷,康熙五十六年(1717年)举人。次子王弘猷,康熙五十三年(1714年)举人,乾隆年间官孟津县知县。清修《孟津县志》评价他:"廉明勤惠,百废俱举,尤崇儒术。"王度昭之孙王辂,进士,官池州府知府,署理安徽按察使;王轼,荫生,官福州府通判;王泰,官晋州州判,都有清明政声。其中王度昭之孙王辂的遭遇,道出了清朝官场的险恶和不易。

王辂(1691—1759年),字孟载,号车同,康熙五十六年(1717年),与父王奇猷同榜中举人。雍正元年(1723年)中进士,雍正三年(1725年)四月考试引见,奉旨以六部主事用,授工部屯田司主事。雍正四年(1726年)改刑部主事,后调大理寺右寺正,雍正六年(1728年)升吏部考功司员外郎,雍正八年(1730年)升吏部考功司郎中,后调吏部稽勋司。王辂为官清正无私。其任职考功司时,京察不阿权贵。任职稽勋司时,掌管八旗勋旧及大臣世袭,人惮王辂刚介,"无敢干以私"。居京城六年,不携家眷,铺盖被褥萧然如寒士。雍正八年(1730年)奉旨补授福建延平府知府。前任知府亏空欠银不能离任,到任后王辂替其偿还欠银。在任"持己清慎,一如吏部时"。雍正十年(1732年)福建巡抚赵国麟曾上奏说:"延平府知府王辂到任未久,居官颇好。"乾隆三年(1738年)丁忧,乾隆五年(1740年)服满引见,奉旨补授安徽池州府知府。在任"整己率属,不为烦苛",后又奉命署理安徽按察使,旧牍累累,王辂昼夜审理,数日内积案一空,百姓悦服。

乾隆十一年(1746年),池州府属县贵池县(今安徽省池州市贵池区)发生命案,知县谢锡伯审案不实被革职。谢锡伯不服,不等公审刊刻揭帖,诋毁知府王辂及承审官。谢锡伯在揭帖中说,在贵池三年,在知府前"致敬尽礼",若不申冤,要将知府勒索过的都说出来,并说教官顾乾系王辂从弟王靖同年,婪赃揽事。谢锡伯随后供出,乾隆八年(1743年)十月,王辂向他借银一百两,又借米一百九十八石。当时王辂已卸知府任,奉旨进京,正在途中。两江总督尹继善认为:"知府系表率大员,如有需索徇私等事,亦未便含糊不究。"奏请将王辂暂留质讯,不久王辂被革职,流落江宁,后至扬州,卒于客舍,年六十九岁。

高风亮节　仁孝传家

王度昭的先世代有德行。其父王勤,哥哥去世早,没有儿子,只有一女,嫁给乔姓人家。乔家很穷,日子过得非常拮据,经常吃了上顿没下顿。王勤割田分宅给她侄女,让她们过上温饱的生活。王度昭在云南浪穹县县令任上有德政,离任时,浪穹百姓为其建生祠。王辂为官清廉,有政声,罢官后贫不能归。治下的百姓父老闻知,相率馈赠柴米油盐,送行的人一度塞满了道路。王辂有四子:长子王锡蕃,国学生;次子王锡碫,字介亭,邑庠增生,入籍高密县城;三子王锡彤,字右宾,号耘圃,监生。幼子王锡畴,字伦叙,侍父于江南。王辂在延平时,为其订婚胡通判之女。王辂罢官后,王锡畴年十八岁,其时岳父已调遵义,屡来书信促之前往迎亲,王辂也督促他马上出发。王锡畴泣不成声,说:"我们父子伶仃落魄如此,我哪能再忍心离开您?"王辂因为贫病交加,滞留于途日久,书童、仆人都走了,饮食、药饵、衣服洗涤等事,都是王锡畴自己动手。王辂去世后,王锡畴哀毁不起,去世时年仅三十三岁。至今潍河密水仍然传颂着王氏一门良好的家风。

传家遗训期绳祖
报国深恩在爱民

单含的家风

　　清康乾年间,适逢"康乾盛世",文化比较发达,政治相对清明,社会比较安定。高密秉海岱之灵气,涌现出一批文化世家和名门宦族。高密单氏一族中的单含家族,凭着家族基因的强盛和广泛的姻亲人脉,不断攀上一个又一个门阀高阶。当然,光鲜的背后,必定有一个优良的家风遗传密码。单含似乎找到了打开其中奥妙的钥匙,凭着他们父子四人中一个布政使、两个知州、一个知县的骄人前程,单含家族在单氏家族中占有极其重要的历史地位。

传家遗训期绳祖,报国深恩在爱民

　　单含(1682—?),字宏度,号贞可,清朝高密北隅人,监生,雍正年间以知县累升澄州知州。他曾经总结为官之道:"天理、良心、王法、人情四者贯彻,斯不愧官守。"这句话被后人奉为做官者的至理名言。

　　单含出生于一个官僚世家。祖父单若鲁,进士,国子监祭酒,终官内弘文院侍读学士。父亲单务敦,字稚畏,号青原,廪贡生。康熙末年,单含以监生在户部捐州判,又捐知县。雍正元年(1723 年)奉旨以知县发往山西,委署介休县知县。其在介休任内,改建顺城关义学,置地三十余亩,以其收入资助诸生求学。又在县城建育婴堂。雍正三年(1725 年)被山西巡抚伊都立以失察之罪弹劾罢职。雍正六年(1728 年),照营田例捐复候补,初选山西陵川县知县,时任翰林院编修的刘统勋举荐单含"明白老成,办事勤敏",改补湖南长沙县知县。刘统勋与单含本是姑舅表兄弟。当时雍正皇帝下旨内外臣工保荐贤良不避亲族,于是刘统勋举荐单含。《长沙县志•名宦传》(清嘉庆版)载,单含在长沙任上,"性刚毅,门绝苞苴,尤恶蠹吏,在任数年,案无留牍"。雍正十年(1732年),湖南巡抚赵弘恩以"为人明白、办事勤谨"举荐,升任澧州直隶州知州。单含在澧州任职五年,史称"一州大治,百姓立碑颂其德"。清修《澧州志》记载:"法严守峻,有挥霍才。"乾隆元年(1736年)高密发生灾荒时,单含出粟数百石赈济族人,又煮粥赈乡里。

单含的长子单行举,字孝闻,号六可。乾隆元年(1736年),单行举中式丙辰科顺天乡试举人,次年会试中式副榜。乾隆十八年(1753年),出任四川云阳县知县。乾隆十九年(1754年),调署四川大宁县(1914年,因与山西大宁县同名而改为巫溪县)知县。单行举在云阳颇有政绩,《云阳县志》(清咸丰版)记载,其在任"秉正刚方,吏畏民怀"。他曾捐养廉银重修文庙,"每逢月课,勤劳考校,士民悦服"。单含的次子单言扬,字次升,号声远,乾隆七年(1742年)进士。乾隆十八年(1753年),出任湖北麻城县(今湖北省麻城市)知县。《麻城县志•人物传》(清光绪版)记载,其任麻城"性端庄,治尚清肃"。当时县衙官吏衣着奢华,与身份不符,单言扬"率以简朴,饬冠履,吏胥不得服纨罗"。麻城县衙使用柴火一直依靠县东荒山,山民为生计抗拒构讼多年,单言扬判决"荒茅任民樵采",百姓"烟火得以不匮"。乾隆二十一年(1756年)改任监利县知县,乾隆二十四年(1759年)署湖北巡抚周琬以"才具明敏"举荐,升荆门州知州。乾隆二十八年(1763年),单言扬因事被革职,发往新疆巴里坤(今新疆维吾尔自治区巴里坤哈萨克自治县)效力赎罪。单言扬在巴里坤时,曾督率屯民垦种,三年后才被赦还归里。

单含三子单功擢,字试升,号立斋,贡生。乾隆二十三年(1758年)因捐官授保定府新城知县,三年后调任天津知县,乾隆三十年(1765年)升任冀州知州,四年后升正定府知府,乾隆三十六年(1771年)升任清河道,三年后升任直隶布政使,乾隆四十四年(1779年)因徇庇劣员,部议革任,乾隆加恩仍留直隶布政使任,同年十一月病卒。

单功擢为人干练,深受乾隆器重,屡次受命办理要案。乾隆三十五年(1770年)三月进京引见,乾隆朱批称"此人似可出息"。乾隆三十四年(1769年)奉旨查办"安能敬试卷诗案",乾隆四十四年(1779年)查办"智天豹编造万年书案",这些差事均得到乾隆赞许。单功擢去世后,乾隆曾说:"直省道员历练诚实与单功擢相仿者,莫如刘峩。"刘峩后来官拜直隶总督。单功擢继配刘氏,为大学士刘统勋之女、刘墉之妹。单功擢卒后葬于高密西乡方戈庄北岭,当地至今流传着有关他的诸多传说。单烺和他从小毗邻而居,私交很好,曾有诗相赠,互相勉励。《余守广平,试升弟来刺冀州,地壤相接,音问时通,喜而赋此》诗曰:

> 何意居邻官亦邻,连城并列滏阳津。
> 传家遗训期绳祖,报国深恩在爱民。
> 合奏埙篪音自古,相安耕凿俗原淳。
> 倘能终竟无风浪,归去承欢慰老亲。

诗书继世　代有才人

单含一族通过其祖父单若鲁等人的潜移默化、口耳传授,家学延绵不绝。乾隆三年(1738年),单含以病归里,结诗社于高密城西芜园。乾隆六年(1741年),著名画家高凤翰曾为其作《野趣图》,此画现藏山东省博物馆。

单行举,举人,工书法,今天重庆市云阳县县城前长江江心的龙脊石,有单行举所书"水落石出"石刻,附有行书诗跋:"江峰览不尽,云树自年年。苍龙如可驾,我欲问青天。"书法遒劲,豪迈飘逸。

单言扬,以监生、习《春秋》,中式乾隆三年(1738年)戊午科顺天乡试举人。次年会试成贡士,乾隆七年(1742年)殿试成进士。他也是一位诗人,《旧志·艺文志》收录其《过晏子庙》一首。

单含的孙辈中,单钧,字秉之,号君平,监生,四库馆誊录,议叙候选州同;单铤,字仲颖,号砥菴,乾隆年间副贡,历任湖南澧州直隶州州判,长沙县知县；单鏻，附贡生；单铅，字廉夫，号菱浦，单功擢长子，监生，天资英异，幼有神童之誉，虽生官宦世家，然攻读刻苦，过于寒素，中年弃科举之文，肆力于诗、古文辞。单铅还是一位名医，因为少年时罹患痢疾近濒危、最终得名医相救的经历，转而研究医理。"先生旋故里，远近求医者日不暇给，全活以为计。先生之医，能望闻问切、预决死生，无一不验。"《高密单氏实绩》记载，单铅"施药济世，曾不索谢，人呼为神医"。清代古文大家王芑孙对其文章心悦诚服，王芑孙在《单菱浦薖庐古文序》中云："廉夫之文廉悍而峭坚，虽于韩柳王三家皆各得其偏，而其所得皆心得也。""当今海内如此人，不及四五辈也。"著有《薖庐遗文》，工诗，其诗入《国朝山左诗续钞》。单可基有诗《赠廉夫弟》：

> 穷达由天定，萧疏任性真。
>
> 除书无别好，缘病得闲身。
>
> 案积求铭牍，门多问字人。
>
> 吾宗如弟少，臭味自相亲。

单铸，字端夫，号雪岩，单功擢次子，监生，江西候补县丞，署理铅山县知县。单铽，字纫甫，号兰坡，单功擢三子，监生。单镇，字崧甫，号芝岩，单功擢四子，监生，诗人。单铿，字季滔，号鹭洲，单功擢五子，监生。

立官守勤慎
举业兴门庭

傅宸楗的家风

明清时期高密傅家先后出过七位进士,其中,傅钟秀及其直系后人五位,从侄傅宸楗及其孙子傅咏两位,科甲联芳,后先辉映,造就了山东半岛著名的文化家族。傅宸楗家族源远流长的诗书之风、为官清廉的宦风,也成为高密好家风的有机组成部分。

傅宸楗,字文友,号简庵,清代高密南隅人,进士,官福建长乐县知县,为官有贤声,事迹载《旧志·宦绩》。

傅宸楗的父亲傅钟奇,字平子,号百凡,庠生。傅钟奇和进士、太常寺少卿傅钟秀是叔伯兄弟,同一个祖父,傅宸楗是傅钟秀的堂侄。傅钟奇兄弟八人,除了老大以外,都有学衔。其中老二傅钟灵,字九芝,号青峰,康熙年间岁贡,选招远训导,孝义载《莱州府志》。其他几人都是秀才。傅宸楗的两个弟弟都是秀才。他的叔伯兄弟中,有一个举人,两个副榜举人,九个秀才。

傅宸楗"博学能文",康熙二十四年(1685年)中进士,康熙三十四年(1695年)授福建长乐县知县。《长乐县志》(民国版)记载,其在任"精明勤慎,吏胥无敢扰者"。时朝廷下诏清查丈量耕地,傅宸楗披星戴月,马不停蹄,逐区详定田亩,历时两年,"积弊为之一空"。

当时长乐有嫁女攀比彩礼陋俗,百姓往往因嫁女而贫穷,以致百姓惧怕生女,一旦生有女孩即将其溺死。傅宸楗力除此陋俗,下令溺死女孩者以杀子孙论处,同时将《家礼》所载婚仪内容张榜公示百姓。有因嫁女攀比彩礼者将其治罪,由此士民感悟,风俗为之改观。长乐人林某在浙江任县令,"因亏帑籍没死",其子羁狱中。傅宸楷为之代偿亏价,使其子释归。康熙三十五年(1696年)丙子科福建乡试,他出充同考官,所拔选多知名之士,乡试解元余正健等九人皆出自傅宸楷门下。后傅宸楷因病卒于长乐,当地民众民为立像祭祀,清代名臣李光地为其撰写墓志铭。

傅宸楷的长子傅梦熊,字耀系,号滨臣,附贡生。次子傅梦辉,字贯仲,清乾隆年间岁贡,任寿张县训导。孙子傅谧,字静涵,清乾隆岁贡,乐安县训导。傅试,字明以,号蕴生,廪贡生,曾任济南府训导,补济宁州训导,莒州训导,金乡县教谕、泗水县教谕。傅试之子傅攀龙,字次阳,号墨溪,诸生。《旧志·文苑》记载,傅攀龙"与昆季友于最笃,以弟猶龙秋试遘疾卒,绝意进取,肆力于诗,受诗法于李文在(李杜)先生,与夏之镇、单汝惺诸人日相唱和,遗诗悽艳动人,酷俏长吉(李贺)"。著有《清拙斋诗集》。其诗《燕斋对菊感怀文在先生》云:

> 菊蕊潇疏带冷烟,几枝摇曳晚风前。
>
> 半塘秋水人何处,欲问黄花意黯然。
>
> 悄对空庭只自思,花开花谢总凄其。
>
> 月明一片黄昏影,疑有诗魂过竹篱。

傅宸楷的孙子傅咏,字元声,号淡成,进士,历任盐山、龙门等县知县,署沧州知州。

傅咏于雍正四年(1726年)中丙午科山东乡试第四名举人,雍正八年(1730年)中进士,以知县分发直隶。直隶总督孙嘉淦见到傅咏,对他极为赏识,以《五子近思录》相赠。傅咏此后历任盐山、龙门、阜平、赤城、香河、高邑、故城等县知县,乾隆六年(1741年)署理沧州知州,后以母年老终养归里,杜门授徒,不再出仕,从游者甚众,著有《自箴录》。傅咏为官各地,俱有政声。其任盐山,"平冤狱,捕大盗,有神明称"。其任沧州,值承办祭陵大差,"不扰民,民德之"。其在香河,开盘山驰道,"悉心营度,以恤民尽职为务"。《高邑县志》(清嘉庆版)载,其任高邑"廉静严明,民怀其泽"。

积学算来皆有后
敦行没去亦登仙

单赓的家风

清同治九年(1870年)单紫诰所著《高密单氏实绩》中,记载了一个治家有方的达人。他"性严正,不近俳优樗蒲事。治家有礼法,即是童女稚孙,无敢以亵服见者。不避嫌怨,人有过,面斥无贷,而奖劝后进,则拳拳如不及焉"。这个严正的老人,就是单赓,字梧冈,号宁白,清代高密西隅人。康熙年间举人,曾任江西雩都县(今江西省于都县)知县。他的良好家风奠定了孝子满门、冠冕相继、雅士相衔而出的世家大族的基础。其中,他有三个孙子、一个曾孙官至知府,这份家族荣耀实不多见,因而广为传颂。

有勇有谋 治绩报最

单赓的祖父单嶽,字申生,号三窑,进士单崇三弟,庠生。父亲单父牧,字牧之,号澹庵。清顺治九年(1652年)拔贡。康熙四年(1665年),出任灌阳县知县。《灌阳县志》(清道光版)记载,单父牧在灌阳九年,"劝农桑,兴学校,奖善惩恶,至今民犹怀感"。其离任后灌阳百姓为其立"去思碑"。康熙十五年(1676年)出任顺天府大兴县知县。其任大兴,史称"发奸摘伏,豪强敛迹"。当时大兴县衙每逢升堂审案,就有旗人至堂哄闹,单父牧请上官代奏,赐鞭两条,悬于堂上,有旗人扰乱即鞭之,自此旗人不敢扰乱公堂。

单赓于康熙二十三年(1684年)甲子科中顺天举人,后放江西雩都县知县。其在任"革陋例,屏馈遗"。有妖僧尔康谋乱,他单骑驰赴诱捕归案,一讯立伏,合邑惊为神君。

单赓有三个孙子官至知府,分别是单烜,官至天津知府;单烺,官至贵州铜仁府知府(另文介绍);单燽,官至福建建宁知府。这里重点介绍一下单烜和单燽。

单烜(1733—?),字奎灵,号云溪,贡生,乾隆初年,单烜遵河工例捐纳知县。乾隆二十年(1755年)三月选授福建武平县知县,乾隆三十年(1765年)补浙江龙游县知县。次年改任归安县知县,因事革职,被奏留直隶营田效力,期满送部引见,奉旨以知县用。乾隆三十九年(1774年)授江西广丰县知县,乾隆四十三年(1778年)迁南昌知县,次年升任辰州府知府,后护理辰沅永靖道、岳常澧道。因审转命案有误,降一级调用,引见后奉旨仍以知府用,授直隶永平府知府,乾隆五十三年(1788年)调天津府知府。单烜曾八次入京引见,乾隆皇帝曾在引见朱批上称赞他"能事外吏、结实、山东派"。单烜之孙单为鏓曾在《奉萱草堂文钞》之《记盐山逆旅主人事》里记载一件事,说明单烜执法严明。盐山县原先是直隶天津府的属邑,"逆旅主人"原先是一个公子哥儿,官宦之后,好结交朋友,朋友多是无赖之徒,这个人整天斗鸡走狗,游手好闲,惹是生非,闹得地方鸡犬不宁,惹了不少官司。当时的县令也许收了好处,也许因为此人家族有势力不敢惹,每次都大事化小小事化了。后来一个官司闹大了,县令上报了天津知府,单烜查实后,命人杖刑"逆旅主人"。那些胥吏衙役以前收过此人好处,面面相觑,都不想动手。单烜震怒,扔下令签,责令重重地打板子,打得"逆旅主人"皮开肉绽。"逆旅主人"由此长了记性,知道"畏法",从而改邪归正,开设了旅馆,有规有矩地做买卖,晚年儿孙满堂,享受天伦之乐。而那些和他一时的公子哥儿、泼皮无赖们,由于仍然故我,不知悔改,结果不是死于仇家,就是犯法而死,即使侥幸活下来的,其子孙也破败没落了。"逆旅主人"到了晚年,碰到致仕回乡的单烜后人,说起了这些往事,非常感恩单烜当年给予的教训。单烜执法如山,秉公办事,"逆旅主人"最终明白了"小惩大诚之义,不怨而德,以痛自洗濯,而保其全家"的道理。单为鏓还提到,单烜担任辰州知府、永平知府时多惠政,离开辰州时,送行的长队数十里相望,以致他无法乘船离开,说明他是一个深受百姓爱戴的清官。

单燨（1732—？），字寿灵，号梅屿，乾隆二十五年（1760 年）庚辰科顺天举人，后大挑一等，分发江苏试用知县。乾隆三十二年（1767 年）五月，两江总督高晋以"才识俱优，办事敏干"举荐，试署江阴县知县。同年署吴县知县。自此直到乾隆四十二年（1777 年），先后任高阳、昌黎、太谷、阳曲等县知县，所至政绩斐然。他任高阳县县令时，针对高阳地处要道，官府往来频繁，百姓供应驿站草豆等饲料繁剧的实际，减少了供应，提高了价格。当时四乡拨车应差，衙役地保等一干人等从中作弊。他斟酌缓急，区分远近，随时签拨，事情虽多但百姓不受扰乱。县里有一个盲人，是一个泼皮无赖，欺行霸市，敲诈勒索，为害累累。前几任县令碍于他眼盲而难缠，没有惩办他，这更加助长了他的嚣张气焰。单燨暗地调查，证据确凿，为他挂上"瞽毒"牌子游街示众，合邑称快。离任时，百姓如失慈母，恋恋不舍，恳请挽留，上官不许。他担任太谷县县令时，原先一到雨季，风峪口的水就自西边直下冲击县城东北二关河古城营各村，民众深受其害。原先旧河道日渐湮塞，城南各村受害更多。由于利害不等，纠纷不断，虽有修理打算，久拖未决。为杜绝后患，他向上官建议，采取修理旧堰、疏浚旧河与开通新渠、引水入汾河的办法，多措并举，一劳永逸解决水患。其中新渠，长七里余，宽二丈，深一丈。上官批准了他的建议并委任他督工，约定一月为期，结果他十天完工，人称有神助。开渠之日，万众欢呼，掌声雷动。当地百姓亲切地称呼此渠为"单公渠"。每到四月他的生日，太谷县的民众鼓乐欢呼前去祝寿。有人想为其立生祠，单燨百般推辞掉了。单燨任职阳曲时，"加以严明，吏辑民安"，其去任多年后，阳曲百姓仍然称颂。《阳曲县志》（清道光版）记载，单燨"四十二年任。承高（宫溪）之后，加以严明，吏辑民安。至今父老传闻称好官者，莫不知有高（宫溪）与单云"。乾隆四十三年（1778年），单燨署霍州知州，政绩显著。《霍州志》（清道光版）记载其任霍州"多惠政""增拓书院生童膏火，创修南北石桥、西土桥，裕留养局经费，士民德之"。乾隆五十年（1785 年）七月升泉州府知府，十月改任建宁府知府，其任建宁，"判决积案，一郡称神"。乾隆五十二年（1787 年）单燨以患病去职。

在高密单家，还流传着一个单燨智救即墨老乡的故事，可以看出他的官品和人品。

《高密单氏实绩》记载：单燽在霍州期间，有一个自称是即墨人的刘某以贩卖鱼鳖虾蟹等去霍州谋生。海货价贵，刘某获利颇丰。当地一个毛姓地痞无赖整日横行霸道，无恶不作，当地无人敢惹。一天，他拿出二十文钱，想强买两条大黄花鱼，刘某不答应。霍州当地人都远远地朝刘某摆手，示意别惹这个姓毛的，给他算了。刘某明白大家的意思，说："毛大哥，这鱼我不要钱了，就当是送给你的吧。"因为刘某没交保护费，毛某故意找碴，说："难道我买不起两条鱼吗？你这是玷污我的名声。"于是拔出刀来刺向刘某。急忙躲开后，刘某气愤不过，挥拳打向毛某，不料这一拳正好击中毛某身体的要害部位，一下子把毛某打死了。地方上报官府，州府派员调查取证，定性为打架误伤致死。当地老百姓长期受到毛姓恶霸欺负，暗中感谢刘某为民除害，悄悄告诉他说："知州老爷老家是莱阳郡的，和你是老乡。你如实供述，知州老爷肯定能放你一马，从轻发落。"当时即墨和高密同属莱州府管辖，两县百姓习惯互称老乡。到了审案那天，单燽喝令刘某报上姓名籍贯，刘某说是即墨的。单燽听了大声呵斥，命令衙役对刘某掌嘴五下。刘某急忙磕头，辩解说自己确实是即墨人，千真万确，不敢哄骗官老爷。单燽把惊堂木一拍，怒气冲冲地大声说道："听你口音，明明是云南人，为什么冒充山东莱州府的？你是不是听说我老家是莱州府高密的，就想假冒老乡，希望我徇私枉法，对你网开一面从轻发落？真是大胆刁民，岂有此理！"刘某不得已，只好供述自己原籍是云南的。单燽听罢也不再审问，立命将刘某下狱。当晚，单燽一边安排随从问清楚刘某在霍州的住处，将其行李物品一一清点寄存；一边命令狱中衙役好生对待刘某。同时马上派人秘密到刑部为刘某上下疏通。结果刑部判决文书下来，将刘某充发山东即墨军营效力。临行时，单燽命人归还刘某贩鱼的本利及其行李，另外还私下赠给刘某三十两银子。刘某回家，立即立了一个牌位，上书："恩天单公生位"。这一故事生动说明了单燽为官清正廉明，不徇私枉法，同时也说明他为人宽厚，明辨是非曲直，能够在法律允许的尺度内维护社会公平正义。

青箱世业　文献世族

史载,单赓的父亲单父牧工诗,著有《诗集》,诗入《国朝山左诗续钞》。单赓"在籍杜门却扫,至老手不释卷"。单赓有三子,长子单凤毛,字羽丰,号桐轩,附监生。次子凤喈,出绍给单序,监生,考授州同。三子凤文,字千初,号彩章,增贡生,曾任湖南布政司广盈库大使,工诗文。单赓有六个孙子,分别是单烺,进士;单燨,举人;单煃,贡生;单烇,字燕明,号伽园,监生,分发广西州吏目,借补陆川县温水司巡检;单焯,字淑灵,号季青,监生,盐务议叙,候选州同,钦加一级;单煻,字淑明,监生。可以说六人个个皆有成就。其中进士单烺,最为有名,著名诗人,著有《大昆嵛山人稿》。单烺自幼学诗于祖父单庚,"每夕自塾归,灯下课读唐人诗,(单庚)教以切韵法,及长益肆力于汉魏诸家。"

单赓的曾孙中,有一位进士、一位举人、六位贡生(含副贡)、九位监生和一位武庠生。其中,单可基,字野圃,号肃中,单烺之子,进士,终官知县,著有《竹石居稿》《在庵笔闻》。单可琪,字东圃,号次山,单燨之子,乾隆五十九年(1794年)甲寅恩科举人,候选知县。单可垂,字工甫,号柳桥,单烺之子,拔贡生,终官知县,著有《课心斋稿》《课心斋诗稿补遗》《浮槎漫草》《闽中草》《游感集》等。单可玉,字孟璞,号师亭,单燨之子,廪贡生,终官河南卫辉府通判,工诗词,善书画,著有《容安斋诗钞》《来鸥亭诗余》。单可瑨,字希山,单燨之子,嘉庆年间副贡,候选直隶州州判。单可地,字持如,号乔中,单烺之子,附贡生。单可璿,字仁甫,号六如,附贡生。单可琚,字佩中,号雪舫,例贡生。单赓的玄孙中,单可玉之女单为娟,字莅楼,号纫香,是高密历史上为数不多的几位女诗人之一,著有《碧香阁遗稿》。单为鏓,字伯平,嘉庆年间拔贡,道光元年(1820年)举孝廉方正,历任巨野训导、栖霞县教谕。山东巡抚阎敬铭以"著述渊深,情性淡薄,宿儒耆德,品端学粹"保荐,诏加五品衔,主讲济南各书院。死后入祀高密乡贤祠。以经学、诗文、书法为世所重,书法《争座位》有"一字千金"之誉。著有《四书述义》《四书续闻》《春秋述义》《读经札记》《奉萱草堂文钞》《奉萱草堂诗钞》。他还是一个书法大家,为世所重。单为锜,字于湘,号耐村,附贡生,署甘肃清水县知县。单为镔,字宝之,号铁岩,监生,任四川金堂县知县。

单为宝,字子珍,号月樵,监生,候选知县。

良好家风　几代守望

单赓治家,严肃有礼法,要求子孙杜绝赌博、包养戏子;对衣着不整、行为不端之人严加呵斥,大人小孩、男仆女婢见了他都规规矩矩,生怕做错了事而提心吊胆,诚惶诚恐。他的儿子单凤文,在纪念妻子任氏的《皇清例封安人亡室任氏墓志铭》里记载,"先君(单赓)治家以礼,子妇虽小过,必加督让,安人(任氏)事亲近二十年,无违心。"单凤文的儿子单烺治家有方,全赖继妻黄氏。大学士刘墉《黄恭人寿序》中说黄恭人:"治家严整,衣食务朴,略后贵盛,不少增侈,不喜言人过失,子辈偶言及,辄不悦,曰'若辈当务矜饬,免人讥评足矣,他人事,无与闻'。"每逢春秋家祭这样的大事,她都带领儿媳们亲自洗刷祭器,摆放贡品,毕恭毕敬,不敢慢待。

单赓的另一个孙子单煃也谨遵家法。单煃的妻子李恭人是高密名门之后,康熙五十二年(1713年)进士、翰林、巡视台湾御史李元直之长女。单煃的儿子单可玉十岁时,母亲李恭人病了,单可玉在床边陪护时,动不动就摇晃摆动两个膝盖,看起来极不稳重,受到母亲呵斥,自此终身不再摇膝。单可玉十四岁的时候,李恭人去世,单煃时任武平知县,训诫儿子说,"今世公子席履丰厚,轩轩傲闾里,为父兄辱,吾深恨之,汝勿效此!"单可玉自是"甘淡泊,薄滋味,终身不改节"。单煃的继妻王恭人,也是名门之后,诸城人,父亲是雍正年间举人王槃,曾任宝应县知县。王恭人性严厉,喜怒不形于色,单可玉对她毕恭毕敬,王恭人也对他疼爱有加。父亲单煃生病了,每如厕,单可玉都偷偷地查看一下粪便,看看是燥是湿,煎药也必亲自尝试,服侍父亲身边三十余年,操持家政井井有条,没有误事。单可玉的继妻刘安人,是刘统勋叔父刘果的孙女,年十九嫁于单可玉,侍奉公婆能得欢心。乾隆五十三年(1788年),天津知府后院突发大火,刘安人和单可玉所生的四个儿子都被烧死,只救出一个大女儿。刘安人白天要服侍公婆和宽慰丈夫,每当夜深人静,刘安人思念儿子都要痛哭流涕。当时单可玉已经四十二岁了,怕单家无后,刘安人又劝夫君纳妾室,妾室入门后,刘安人待之以礼,阖家雍然有序。单可玉晚年又得四个儿子,其中老大单为鏓为侧室郑氏所生，刘安人视为己出，对单为鏓"督教不少宽，既就傅，为延严师，漏三下始自塾归，五鼓即起读，以为常"。单为鏓十六岁时，一次朋友相邀，太阳未出，出去游玩，太阳出来后即回，刘安人"则震怒不予食"。二十岁时，曾留不专学业的游荡子于书斋，刘安人"对案不食"，单为鏓惶惧请罪，"始霁颜"。可见，刘安人对单为鏓读书、交友管教之严。单为鏓后来教书授徒，每次回来探望父母，她都督促他早点回去，说"食人之食，不宜顾私恩"。单可玉由于不善巴结上司，十几年没有补官，日子非常拮据，后来病故，家里日子更是艰难，以致家里粮食没有升斗之储，一家人不得已返回高密老家。家里有几十亩田地，她勤俭节约，先后安葬了夫君单可玉及其两个侧室，嫁出四个庶出的女儿，又为庶出的三个儿子娶了媳妇，日子过得井然有序。以前，她婆婆王恭人的一位婢女常常造谣说刘安人的短长。归里后，听说这个老婢女日子困顿，刘安人不计前嫌，时常接济她。刘安人平常无疾言厉色，自奉甚薄，每每以惜福训诫子孙，所以安享晚年。这些记载出自单赓元孙单为鏓《奉萱草堂文钞》中的《府君行状》和《母刘安人行状》。

侠肠堪对日
傲骨不随时

单畴书的家风

礼法勿疏,谨守成规于祖父;

言行须慎,要留好样于儿孙。

——清·单畴书

这是清朝嘉庆年间,进士单可基所著《在庵笔闻》里面记载的单畴书的一句楹联。单畴书治家有方,上述所撰楹联"人以为名言"。而他不畏权势,数次弹劾雍正皇帝宠臣年羹尧,成为一段政坛佳话。

单畴书,字演先,又字惟访,号砺峰,堂号"敦本堂",清朝高密北隅(今山东省高密市醴泉街道)人。生年不详,卒于雍正七年(1729年)农历六月,累官户部右侍郎。

单畴书的曾祖、祖父都没有功名。父亲单绮千,字文郎,康熙四十七年(1708年)岁贡生。单畴书兄弟二人,其兄义书,监生。单畴书幼时就好读书,康熙三十五年(1696年)丙子科乡试中举;次年,丁丑科会试联捷中式。殿试之后,单畴书以优异成绩取第二甲第三十六名进士。

单畴书以进士授江苏靖江、陕西延川、江苏赣榆等县知县,以谨慎老成、操守廉洁著称。单可基说他任县令期间"廉正仁明,颂声四达"。《靖江县志》(清光绪版)评价他:"养士爱民,催科不扰,而政尚严厉,一时豪强敛迹,盗贼潜踪。"《延川县志》(民国版)称赞他"才学兼优,吏治廉明"。《赣榆县志》亦载:"性缜密,有经济才,治狱讼如家人""胥贴服,无遁情,故在任无冤狱，称廉平焉。"江苏省赣榆县有个名叫"单家集"的地方，是"公任内所立，放名至今，颂德政不衰"。后来他由上官保举入京行取湖广道监察御史，协理山东道事；又升任陕西布政使司参议，分守宁夏道，仍带湖广道监察御史衔；又改洮岷道，著《良法十条》，使"民便之"。期间，他上奏了《洮岷所属疆域辽阔恳请归并疏》，建议并村屯撤旗县，以便加强中央对边远地区的掌控。后来他又奉调入京，历任鸿胪寺少卿、太仆寺卿、大理寺卿。雍正五年（1727年）七月，晋刑部右侍郎；次年七月，改户部右侍郎。为加强财政管理，他在调查研究的基础上，先后上了《请除渠草虚冒钱粮浮收积弊疏》《请均积聚以裕畿辅民食疏》等奏折，所提建议都得到了皇帝的采纳。

单畴书自召为大理寺卿后，特命提督查汉护渠工程。期间，他忠于职守，因地制宜，提了很多好的建议，先后上了《条陈插汗托护地方开渠设县建筑城堡盖造兵房疏》《回奏添派土著武弁协同督工并估计用料疏》《奏明办理渠工情形疏》等，苦心经营，实心效力，寒暑不休，四载不辍，因劳瘁卒于工地。雍正帝闻讣，赐优恤银一千两，并赐祭葬，祀陕西名宦祠，例赠资政大夫。

单畴书是有傲骨的。在任赣榆县令时，他刻了一枚比目鱼钮图章，图章上镌刻之句为："侠肠堪对日，傲骨不随时"。任御史时，风采著于朝野。在他任职宁夏时，雍正皇帝的宠臣年羹尧时任大将军、川陕总督，手握重兵，总制两省，权势显赫。年羹尧行部至宁夏时，单畴书出来迎接。年羹尧骑着骏骡如飞一般，却让单畴书跑着搭话，根本不把单畴书放在眼里。单畴书奋力一追，勒住年羹尧的骏骡笼头说："将军骑骡飞驰，卑职脚力不行，不能追随。"年羹尧斜眼笑着说："真是个呆子！"年羹尧飞扬跋扈惯了，办事不讲规矩。单畴书秉公守正，不肯逢迎，此后每事抵牾，年羹尧怀恨在心，总想构陷单畴书。单畴书也不甘示弱，据理力争，先后上了《劾年羹尧私人白讷等增加仓耗疏》等奏折，控告年羹尧奸贪横恣，肆行无忌，藐视国法，侵扣军需，罪大恶极。年羹尧则以"才力不及，操守不廉"为由弹劾单畴书。雍正下特旨："单畴书办事才情或有不及，断非操守不廉之人，著调回以卿员用。"雍正帝知其操行，召入京，任大理寺卿。雍正皇帝接见他时，问及年羹尧的情况，他即诚惶诚恐地回答说，年羹尧"跋扈无人臣礼，不抑其权，后必生变"，雍正深以为然。他又上《劾年羹尧树党营私疏》，参奏年羹尧"任用私人，滥窃名器，僚属殃民，假权市恩"，对年在宁夏的同党常玺、阎甫世、朗廷槐、赵健一一揭露。当时年羹尧深受皇帝宠信，红得发紫，单畴书敢于弹劾，可见其胆气与正直。他的正直得到了雍正的信任与赏识。他病逝后，雍正痛悼，谓侍臣说："单畴书谨慎老成，忠于王事，朕方欲重用，奈何死哉！"

单畴书善诗书，著有《敦本堂诗文全集》。后来传至其七世孙单甡昭，珍藏秘如枕中鸿宝。单甡昭病故后，其妻痛不欲生，一把火把全集烧毁。后人搜集，仅得奏议十篇，辑成《敦本堂奏议》；诗百首，辑录成《敦本堂诗钞》。

他在《课士》中说：

> 岁月闲闲里，何堪老不才。
> 文章知己赠，风雨好怀开。
> 捲幔花香入，敲诗鸟语催。
> 欣欣桃与李，移向我门栽。

他在《怀友》中云：

> 一载延川令，惭无善政闻。
> 岁华惊过隙，风雨叹离群。
> 才短逢时拙，情多触绪纷。
> 关山舒望远，几度目行云。

他在《满城风雨近重阳仿徵明体四首》之一说：

> 满城风雨近重阳，景物凄其落叶黄。
> 莫怪渊明偏爱菊，独存傲骨耐寒霜。

从他留世的诗中我们可以看到他的人品和诗品。他的书法也有根底，尤善于楷书。清代同治年间潍县人陈介祺所编著的《桑梓之遗录文》里收录他两篇楷书诗文。

单畴书良好的为政操守也传给了子孙。单畴书有五子，长子单铉，字师文，号河东，雍正四年（1726 年）丙午科举于乡，历任直隶邯郸、固安等县知县，兼摄文安县知县。时任直隶总督李卫好收贿，喜逢迎。单铉认为溜须拍马，谀媚上司，君子不为，从不向李卫行贿。雍正十三年（1735 年）被李卫参劾罢官。单铉题诗于署云："不为折腰辞五斗，只因强项解双符。"去官归籍时，两县百姓"讴思不置，勒碑以颂其德"。皇帝闻之后，命以直隶州知州起用。单铉得中风病，不能应诏。三子单鉽，字冲若，号述文，雍正元年（1723 年）癸卯恩科乡试中举人，雍正五年（1727 年）丁未科会试会副，任山西宁乡县（今山西省中阳县）知县，敕授文林郎。四子单镛，字立声，号率文，雍正年间恩科副贡。幼子单铎，字木斋，号觐文，与其三哥同榜举人，任四川铜梁县（今重庆市铜梁区）知县。《铜梁县志》（清光绪版）评价他："清慎自矢，勤劳抚字，听断明敏，人服其公。"他还是一位经学家，著有《研经堂周易显指》《研经堂春秋释义合注》等。他还擅长绘画。单烺曾作《观木斋兄画黄葛树忆黔中路》一诗，提及单铎的绘画韵事。只有次子单锳，是个诸生（秀才）。五个儿子，可谓个个成才。

单畴书孙辈中，单澍，字翼慎，号雨艇，与单湘（字云汀，号半村）均为单鉽之子，于乾隆十五年（1750 年）庚午科兄弟同榜举于乡。单澍为拣选知县，单湘出任河南陈留县（今河南省开封市祥符区）知县，敕授文林郎。单湘善诗画，《旧志·艺文志》收录他的一首《和广文吴翼堂清微观原韵》。单可基有诗《题云汀七兄画》，对他的画品给予较高评价。诗曰：

茅亭翼半坡，清旷延众妙。
四望苍翠合，断崖悬飞瀑。
小艇系松根，倚石闲垂钓。
余霞明微澜，水禽沙际叫。
即事惬心赏，足可供吟眺。
虚壁生烟云，幽人自写照。

单畴书的重孙中有五个监生、四个庠生。他的元孙中，有一个单梦龄，字锡九，号松岩，中嘉庆十九年（1814 年）进士，未仕而卒。单梦龄之子单墀，字荫堂，号芳坪，道光八年（1828 年）乡试副贡，著名诗人，著有《芳坪诗草》。

单畴书的子孙，男的有品学，女的也刚烈。单作哲《记单贞女归守事》记载：单畴书之孙女，单铉之女，幼时许配给诸城李龙骧的二儿子李冈。已经定了婚期，还没嫁娶，李冈就病故了。父母可怜女儿，要给她另寻一户人家。女儿涕泪交流，说："女儿此身义不更适矣！向以父母春秋高，女虽贱，谓可承欢膝下以终身。今改字，是不谅女心也。又幸举幼弟，吾父母可宽然无他虑，女其归，事舅姑（公婆）矣。""家人闻之，咸诧异焉。"李家父母听到这个消息，很是感动，含着泪，高兴地迎娶了她。其父单铉写诗一首为之送行，其中有句"靡他志气通神鬼，好把图书付女儿"。时任杭州知府的单德谟作《贞女诗寄河东兄》：

> 坚贞堪与柏舟齐，远播家声到浙西。
>
> 霜雪无情摧玉树，松筠有节重金闺。
>
> 波枯古井何须缒，泪结清冰尚未笄。
>
> 泉路冥冥心已慰，喜逢巾帼气如霓。

又据单可基《在庵笔闻》中的《姊妹双节》记载，单氏到李家后，孝敬公婆，妯娌和睦，治家严肃，性识明觉，蔬食素服，冰霜苦节，五十年如一日，李氏敬为女宗。后来她的父亲也移住诸城，单氏极尽孝养之道。她去世后，获"节孝"称号，奉旨建节孝牌坊。她的一个妹妹嫁到高密南乡梁尹任家。二十岁那年，丈夫去世，她也投井殉节，时称"闺中双节"，轰动一时。单可基说道："盖少司农（单畴书）家教有素，故女孙亦各著其行，山左人争述之。"其实，单贞女和她的妹妹是封建礼教的牺牲品，放在当下，是极不人道和残酷的。封建社会对女性贞节大加宣扬，致使妇贞节观念根植于女性家族成员思想深处，所以封建社会出现了大批守节、殉夫的贞烈女性。她们牺牲自己的青春和希望甚至献出生命，来换取家族的荣誉。

当然，时代不同了，家风的内容也要与时俱进。当下，家风要符合社会主义核心价值观的规范，但做人的根本不能变，"要留好样于儿孙"的初心不能变，这才是我们应当向古人学习致敬的地方。

道义相守重名节
诗学世泽耀古今

李元直的家风

有清一代，高密老木田李家先后出了八位进士，成为继明朝弘治、正德年间李介、李昆父子兵部侍郎之后，又一个家族人才兴旺的高峰，衣冠簪缨，从容文翰，风流蕴藉，后先辉映。其中的杰出代表就是李元直和他的儿子李高、著名诗人李怀民、李宪暠、李宪乔。他们家族留下了为官清廉爱民、为人名节彪炳、为诗自成流派、世守家法的良好家风，后世景仰。

清正廉洁　民称贤良

李元直（1686—1758年），原名元真，字象山，号愚村，清朝高密西隅人，进士、翰林，雍正间官至四川道监察御史、巡视台湾兼提督学政，刚正敢言，以直声振一时，与李慎修并称"山东二李"，《清史稿》有传。

李元直出生于元明以来高密世家大族，其始祖自陇西迁于高密，"衣冠相望，代有伟人"。父亲李华国（1654—1725年），字端甫，号慎斋，康熙二十三年（1684年）中举，授滋阳县教谕。担任教谕期间，前来问业的成人、儿童络绎不绝，李华国把愿意听讲的都留下，允许他们在教室外亭廊里旁听，以致"庑舍皆满"。康熙四十五年（1706年）考核卓异，遭母丧，补单县教谕，奉旨引见，擢升直隶阜城县知县。其任阜城，以"受贿徇情，天诛地灭"二语榜于县衙前，衣着简朴，每日素食，百姓呼之"李青菜"。在任去除耗羡陋规，改百姓义务出牛旧规为公用付酬，设滚单法，讼无留牍，政声远播,邻县有冤狱,往往请求上官移案阜城审理。因老病乞休,百姓绕署哀号,不让离去,不得已又留任两年。后以年老多病辞官归里,泣送者数千人,阜城百姓为之建生祠,有的人感其德设牌位于家,饮食并祝,入阜城县名宦祠。

李元直年轻时,曾随侍于父亲身边,深受教诲。雍正八年(1730年),李元直奉旨以御史巡视台湾兼提督学政,到任后,疏请增加养廉银以杜绝馈赠,并条上番民利病数十事。按照惯例,巡台御史到任,每自视如客,政务皆听于台湾本地官员。李元直到任后一改惯例,关心民瘼,"于民生疾苦、地方利弊,知无不言,言无不尽""欲有所施措",这自然就得罪了地方官员,引起他们极大不满,纷纷告状。雍正八年(1730年)六月,两江总督高其倬疏参李元直"任性自用",遂被罢职。

李元直的弟弟李元正,字含贞,号雪崖,雍正十一年(1733年)进士,官河南汝阳知县,因为廉洁慈惠受到百姓的爱戴。后因受欺骗,造成失误而遭弹劾。当他离开汝阳时,百姓沿途为之祷告,祈祐平安。李元正回乡后,不时与亲族雅集畅谈。路上遇见行人,不分士庶"必尽款曲"。乾隆年间曾受聘主纂《即墨县志》。

李元直有四个儿子,其中长子李高和四子李宪乔都是官员,为官清廉,和父祖一样,有贤明声。

李高(1702—1753年),原名宪高,字志山,号荆南,居高密城里火神庙巷,进士,官潞安府同知,为官有清誉,人称"李青天"。

李高于雍正八年(1730年)中进士。雍正十二年(1734年)授江苏江浦县知县,因在任政绩卓著,升任刑部安徽司主事。时乾隆帝对山西吏治颇多不满,乃选拔贤能官员发往山西澄清吏治,李高遂被发往山西委用。初摄太平县,三月而太平治,历摄寿阳、平定州、吉州、闻喜等州县,"所至有冰蘖声"。乾隆八年(1743年)授保德州知州,当时山西发生饥荒,李高到任仅三日,听说塞外米价贱,请求巡抚设法由黄河运米,百姓得以安宁。数月后改任绛州知州,绛州滑吏土豪为非作歹,李高到任后首先惩罚其尤者,厘革陋规一百二十八条,百姓镌碑以纪盛事。清修《绛州志》称:"慈惠廉正,革行户供应陋规,催粮设立滚单,民甚便之。"邻地发生一起盗窃案,被盗人执盗名以告,经数官鞫讯,盗贼不应,案难定。上官委派李高审理。盗贼听说是绛州"李青天",说"我不忍心欺李青天",于是尽吐真情。案结后,被盗人对李高非常感谢,馈赠给他花木数株。后易盆时,见内埋有黄金。李高命立即送还赠花人。一次,李高去太原,住旅店后收到同僚信件,言蒲州知府有缺,都推李高。他的仆人蔡允进言:"需少赂巡抚守门人方好,不然,怕不利。"李高听后,独自在檐下踱步到午夜,徘徊良久,终于没有采纳蔡允之计。离任后,绛州百姓为其立生祠,称之为"李青天",每当十五等节庆日百姓持香祷祝。乾隆十六年(1751年),考核异等,擢升四川顺庆府同知。山西巡抚阿思哈奏称李高:"明白干练,办事勤敏,父年迈,栈道崎越难于迎养,援照亲老改补近地之例,请留山西。"遂改授潞安府同知,由潞安再摄绛州,绛州百姓闻之,"耕者辍其耒,贩者驰其担,欢迎赴诉,百里不绝"。后摄长子、榆社等县,当时官署案牍山积,李高不置幕宾,亲自操理,七日剖决五十余件案件,心力交瘁,不久患消渴病卒于官署。

李宪乔(1754—1797年),字子乔,一字义堂,号少鹤,乾隆年间恩赐举人,官归顺州知州,工诗文。

乾隆三十一年(1766年)四月,李宪乔十九岁,以拔贡生的身份参加廷试,以例应授知县,因为年少而罢。乾隆四十一年(1776年),乾隆皇帝巡幸山东,李宪乔前往献诗,取为一等,恩赐举人;乾隆四十五年(1780年),以四库誊录议叙,出任广西岑溪县知县;乾隆四十七年(1782年)署梧州府所在地苍梧县县令,次年请辞,复任岑溪县县令。在任期间,轻徭薄赋,修建易使桥等便民设施,深受民众爱戴,与先前其他两位县令一起,被称为"岑溪三贤"。乾隆四十九年(1784年)四月二日,梧州太守陆某以公事留省,委托李宪乔代替府考事宜。那个时候,梧州县令葛某、怀集县令李某都是举人出身为官多年的县令,却没有得到这个主持府学考试的机会,都十分失落、不满。李宪乔到考院后,持回避牌,封锁院门,不会宾客,不通出入。起先,梧州旧俗,府试文武童子试,前列案首的大多是靠送礼走门子钻营而得,掌管府试的一干官员,亦获利巨丰。李宪乔代替府试后,屏绝托请钻营,梧州人士皆不以为然,文武官员多怀疑,一时飞短流长。及榜发,优秀学子名列前茅,一郡欢腾。乾隆五十五年(1790年)署归顺州知州,后任职宁明州。乾隆五十八年(1793年)出任柳城县知县,乾隆六十年(1795年)再任归顺州知州。嘉庆元年(1796年)十月离任,赴省城桂林。次年奉命赴百色军营,从征贵州兴义苗民起事。事毕监押案犯入京,暴卒于广西永福道中,赠知府衔,赐祭葬,恩荫一子以县丞用。

李高的重孙李楹(1824—1888年),字立卓,号觉堂,进士,累升礼部郎中,光绪年间外任榆林府、西安府知府,署盐法道,题护陕西按察使。

咸丰五年(1855年),李楹中式乙卯科山东乡试第十四名举人;咸丰十年(1860年)中庚申恩科二甲第六十二名进士,以主事分发礼部行走;同治十年(1871年)补礼部主客司主事,次年因襄办典礼出力保奏赏戴花翎;同治十三年(1874年)补仪制司员外郎,掌祠祭司印;光绪五年(1879年)出任榆林府,次年补西安府知府;光绪八年(1882年)署理凤邠盐法道,次年兼署督粮道;光绪十年(1884年)四月回西安府本任,次年两次大计卓异,请咨引见,经陕西巡抚叶伯英奏请逾格录用;光绪十四年(1888年)题护陕西按察使,不久即卒。

道义相守　注重名节

李元直的父亲李华国"清惠在民",入祀阜城名宦祠和高密乡贤祠。

李元直"性介而刚,少骹骹有志行""风骨岿然,胸次洒落,善谈谐,踔厉风发"。康熙五十二年(1713年)中进士,选授翰林院庶吉士,散馆后授编修。康熙五十六年(1717年)以翰林编修出任顺天乡试同考官,次年出任戊戌科会试同考官。后辞官奉养父母八年,服阙后仍补编修。

雍正七年(1729年),考选四川道监察御史。史载,李元直为御史,"以天下为己任,居台谏仅八月,凡数十章奏""直言敢谏,有胆有识,名彻殿陛,声展台垣。"雍正曾下旨内外臣工保举贤能,不避亲族,此令既下,人才杂进,一时夤缘为弊弥漫。李元直力言其不便,保举之例遂停。雍正表彰其直言,将广东进贡荔枝数枚赠之。御史李慎修亦有直声,与李元直并称"山东二李",京师人称李元直为"憨李",称李慎修为"短李"。

李元直归里后,杜门读书为乐,"人之望之者,真如泰山北斗",曾一度主讲济南泺源书院、白云书院。其长子李高任职山西时曾迎养于绛州官署。

乾隆七年（1742 年），时任江西巡抚陈宏谋举荐李元直，乾隆以保荐私人为由斥责陈宏谋，李元直最终未能再次出山。雍正帝曾说："元直可保其不爱钱，但虑任事过急""甚矣，才之难得！元直岂非真任事人？乃刚气逼人太甚。"李元直晚年说及雍正知遇之恩，"辄泣下"。李元直任职翰林院时，与孙嘉淦、谢济世、陈法，以古义相互勉励，名满京华，时称"四君子"。雍正七年（1729 年），李元直任御史时曾举荐好友陈法，陈法被授直隶顺德府知府。其好友孙嘉淦任湖广总督时审理谢济世案，袒护巡抚许容，时论认为不公，李元直遂与之断交。李元直在其《台湾闻蝉》一诗中借吟蝉以明心志：

> 生是餐霞客，谁能饮浊流。
>
> 高标虽自许，清操本无求。
>
> 螳臂寻声至，童竿逐响投。
>
> 因风还送籁，缄口愧忠谋。

李元直卒后九年，官至东阁大学士的陈宏谋为其撰墓表，称赞他"正言谠论抒素志，汉之汲兮唐之魏"，将其与汉代名臣汲黯、唐代名臣魏徵相提并论。乾隆四十九年（1794 年），著名诗人袁枚应李元直第四子李宪乔之请，为其撰墓志铭。铭曰："神羊岳岳，谁折其角！宝剑棱棱，其锋孰撄！既以试之，又复置之；非废弃之，将老其才，而徐俟之。虽然幸而藏，得全其光；至今华表，尚有寒芒。"

其子李少鹤也以风骨著称。李少鹤（1746—1799 年），名宪乔，字子乔（一字义堂），号少鹤。乾隆四十一年（1776 年）举人，乾隆四十五年（1780 年）出任广西岑溪县县令，后迁广西归顺州（今广西壮族自治区靖西市）知州。他为官清廉，生性狷介，不肯随俗俯仰，与李秉礼以风节相砥砺，与李秉礼、刘大观并称"岭南三友"。据王功后《岑溪令逸事》记载：乾隆四十九年（1784 年）八月，李宪乔奉宪调入省，参加考验三年政绩的大计之典。历来考核大计，虽有公道，不废奔走门路，竞相馈送，李宪乔"自知非其两长，静守以待之"，滞留桂林两月不归。他既不营求，漫无公事，日携小童，坐小舟，遨游桂林诸大小名胜。桂林即古桂州，唐宋名贤多到这个地方，所遗石刻甚多。如范成大(石湖)、苏轼(苏东坡)、黄庭坚(山谷)等人的墨宝笔迹,基本保留原样,没有遭到人们槌摹崩损。李宪乔一到,全面搜罗,一网打尽,亲自选择仆人中会拓碑的人,攀藤附葛,穿山拨洞,小心细致地拓下先贤墨宝。于是,"大僚皆知岑令好游山水之胜,而工书嗜古也。每与同僚见大宪,宪与他人语皆官事,与岑令言则必叩其所游何山,所得何碑,孜孜不倦,岑令亦乐述其胜。"于是郡人为之谣曰:"岑溪令,如明镜。利不争,名不竞。书其癖,山其性。"《靖西县志》(民国版)载:"敏明刚断,礼士爱民,尤工于诗;政暇尝以教州人士,州人粗知韵语,皆宪乔所教也。"李宪乔卒后,其妻子贫不能归葬,李秉礼送以千金始归故里。

从容文翰　世守家法

李氏一族,弃武就文以来,始终治《礼经》,后成家学渊源,"三百余年,子孙犹习其业"。康乾年间以来,该家族以科举入仕者,有举人李华国、李宪乔、李敦濂、李茂实等,进士李元直、李元正、李高、李楳、李德运等,而他们工制艺(科举八股文),也工诗,传承下来不少。例如,李元直工诗,诗入《国朝山左诗续钞》和《高密诗存》。李高工诗文,诗入《国朝山左诗续钞》。但真正使李氏一族以诗扬名天下的,还是开创高密诗派的"三李先生"李怀民、李宪暠、李宪乔。

李怀民(1738—1793年),名宪噩,以字行,号石桐,又号十桐,李元直次子,乾隆年间诸生,工书善画,为清代知名诗人,独以诗名驰骋于天下。

李怀民是高密诗派开创者,高密诗派又称桐鹤诗派,是乾隆年间兴起于高密的诗歌流派。乾隆年间,诗坛争奇斗妍,流派纷呈,连镳并轸,蔚为大观。家族、地域团体纷然崛起,各自风靡一方。高密诗派不满王士禛神韵说和虞山派诗风,以其寒士卓厉气骨、清寒耿介流风独行于当时诗界,令人耳目一新。李怀民尝说:"唐法备于中晚,所谓格律也。学律而不入格,唐音邈矣。"于是,李怀民"依张为《主客图》例,搜集元和以后诸家五言律诗,辨其体格,奉张籍、贾岛为主,而以朱庆余、李洞以下客焉",创作了《重订中晚唐诗主客图》,作为高密诗派的理论依据,与其弟李宪乔作《二客吟》。李怀民在《主客图诗论》中进一步阐明了高密诗派的诗学理论,山东学者闻而宗之。近代学者杨钟羲《雪桥诗话》载:"当虞山、渔洋主盟之后,(三李)独能奋袂其间,声气门户之说一举而空之。"张昭潜云:"山左自渔洋先生以明丽博雅为诗坛圭臬者百年,其后流弊所至,以獭祭为工,以声调为谐。高密李石桐怀民以张、贾之律救之,一时学者奉为宪令,遂成风气。"单铭《蔄庐遗文》中的《李石桐先生诗集序》云:"先生天姿高妙,而措辞恬雅,不事藻绩,其萧然闲放之趣,有非他人才力所能仿佛者。"张维屏《国朝诗人征略·听松庐诗话》云:"石桐先生生于渔洋、秋谷之后,而能自辟町畦,独标宗旨,可谓岸然自异,不肯随人步趋者。其五言朴而腴、淡而永,苦思而不见痕迹,用力而归于自然,五字中含不尽之意,五字外有不尽之音。"于是,海内广知高密有"三李先生"。学者称之为高密诗派、桐鹤诗派或李高密派。他的弟子比较著名的有"王氏五子(王新亭、王颖叔、王蜀、王希江、王子和)"和"后四灵(李诒经、王宁焯、王宁烜、单鼎)",以及邱县刘大观、福山鹿林松、胶州宋绳先、莱阳赵曾等。此派诗风后又传至广西、江西、江苏、河北、辽东等地,盛行数十年,至晚清民国尚有影响,历久弥香。

李怀民著有《重订中晚唐诗主客图》《石桐先生诗钞》《十桐草堂集》《紫荆书屋诗话》《李石桐先生赴岑溪日记》等,与李宪乔合著《二客吟》《晋唐六家五言诗选》等,《清史列传》《晚晴簃诗话》《晚晴簃诗汇》《国朝诗人征略》《清诗纪事》《国朝山左诗续钞》《随园诗话》《清人诗文集总目提要》《清人诗集叙录》以及清代《山东通志》《高密县志》《高密乡土志》等有传。

李怀民还是一位杰出的画家,善画山水,宗"四王",尤醉心于王原祁。晚年喜倪云林笔意,使其画更加简朴苍润,平淡旷远。名载《国朝画徵录》《清画家诗史》。

李宪暠(1739—1782年),字叔白,号莲塘,诸生,与兄怀民、弟宪乔以诗齐名,时称"三李"。他与胶州法坤宏、历城周永年、潍县韩梦周等当时名士均有交往。乾隆四十五年(1780年),李宪乔出任广西岑溪县知县,李宪暠随弟赴任,不久李怀民亦奉母来广西。三人与广西文人以诗文唱酬,广西文风为之一变。可惜李宪暠自幼多病,在广西年余即去世。著有《定性斋集》《定性斋诗话》《莲塘遗集》《李叔白日记》等。袁枚曾说他的诗:

"醰醰有味,当采入《诗话》。"

李宪乔青年时代从兄李怀民受诗法,与兄怀民、宪暠俱以诗闻名,时称"三李先生"。乾隆四十五年(1780年),李宪乔出任广西岑溪县县令,得以结交江西临川李秉礼、广西桂林朱小岑、江苏长洲孙顾崖、四川新都赵延鼎、山东邱县(今属河北省)刘大观、诸城刘昀、江西胡森诸人。同时广西归顺童毓灵、童葆元、唐梦得、袁思名,柳城叶时晢等人相继投至门下,高密诗风在广西得到发扬昌盛。随后,通过李秉礼家族、胡森等人,高密诗派传至江西;通过孙顾崖、李瑞清传至江苏;通过刘大绅远播云南;通过刘大观散播鲁西、辽东、河南等地,直至民国时期尚有影响。清代诗人袁枚对李宪乔评价甚高,二人私交甚笃。袁枚游桂林,见李宪乔诗文,叹曰:"今之苏子瞻也。"张鹏展《国朝山左诗续钞》引单铭语评其诗:"规模较阔,出入唐宋诸大家,能运以己意,虽巉削不伤真气,他文亦简劲有法度。"李宪乔《凝寒阁诗话》杂论古今诗,议论锐利,对当时诗人少所许可。有句:"都下谈诗者曰纪晓岚、翁覃溪、钱箨石三人而已,然晓岚博而时俗不可耐,覃溪有志而无实得,亦不能免于俗尚,箨石文尚不如其人,是所谓晨星者不过尔尔,未足一探求也。"著有《少鹤内集》《鹤再南飞集》《龙城集》《宾山续集》《拗法谱》,编有《晋唐六家五言诗选》《韩诗臆说》等。

李宪乔书画方面也有成就。他书法米南宫、苏东坡,兼及邢侗。画工兰竹,偶写山水,亦不落俗套,笔精墨妙,名重当时。

"三李先生"的子孙们,诗守家法,并且培养了一大批弟子,从而使高密大地、潍胶流域学诗者言必"李高密(诗派)"。

李诒璠(1738—1791年),字德孚,号通庵,监生,李怀民长子。李兆元《十二笔舫杂录》记载:李德孚,石桐先生子,诗守家学。五言如"雁声来大漠,霜气拥孤城""渐得古人趣,翻教下笔难"皆佳。李诒玙,字鲁钦,怀民次子,诗守家法,曾为族兄李诒经校《卓庵吟草》。李宪乔《凝寒阁诗话》云:"诒璠作诗,皆能清妥;诒玙诗,更清冷可爱也。"

李诒珩,字君衡,李宪乔长子,工诗,乾隆五十七年(1792年)病逝于广西田州,早卒。李兆元《十二笔舫杂录》记载:李君衡,少鹤先生子,年二十四卒。其过《贾岛墓》句云"定识近山下,不容凡草生",真能守其家学,铸金事者也!《晚晴簃诗汇》卷九十八收录其《扬州晚泊》一诗并传云:"君衡,少鹤子,与群从玉章诒玢、在中诒瓒、方中诒琚,从子勺海敦测、子范敦澄,皆以诗世其家学。"李宪乔《凝寒阁诗话》云:"诒珩读杜工部《北征》诗、《感怀》诗,小子开章一作古诗,便能卓荦如此,正似大家儿,堕地不作寒乞声也。坡云:'此咄咄来逼老夫矣!'胸次嵯枒有物,最为可喜。"

李诒璋,字达夫,号那庵,荫生,候选县丞,李宪乔次子。随父居广西多年,与父亲门生叶时暂等多有交往,结下了深厚情谊。叶时暂《越雪集》前有其识语,并有诗赠答。诒璋诗颇得家传,著有《一篑诗集》《题亡友诗集》。李宪乔《凝寒阁诗话》云:"诒璋《画马》诗,才笔犀利俶傥,当亦不减小坡。唯胸次更加光明,眼界更加高阔,则可以读老坡矣!老坡诗妙处,不要但赏其妙于语言,令人解颐,须能识得其光明洒落,于人世俗情琐态,超之高万万丈,故随其嬉笑游戏,无不为不朽而可传。昔人言:'东坡胸中有万卷书,笔下无一点尘'。须思其所以无尘者若何。近时世俗人作诗,直是泥里洗土块,哪有光明境耶?"

李诒瓒(1738—1791年),字在中,号玉泉,郡廪生,"三李先生"之侄,李高之子,工诗,承其家学。《家谱》卷十载:"受业无怀先生十余年。瓒趋奉诸叔尤谨,凡读书为文不自择,所好唯诸叔是从。"

李元直的曾孙,"三李先生"的孙子辈中,克绍家学的不绝如缕,余绪留香。李敦濂,字希周,以字行,号颐堂,又号康庐,读书务实行,嘉庆十二年(1807年)丁卯科举人,大挑二等,任职峄县训导,截取知县,告老归乡后,教授乡里,名宿多出其门;李敦源,字左之,岁贡生;李敦涝,字涝同,号湘南,道光年间副榜贡生,铨选直隶州判。

李元直的玄孙中,李茂实是个有故事的人。李茂实,字汉臣,号聚虹,又号歉园,咸丰二年(1852年)壬子经魁,拣选知县。他生而聪慧,数岁即能文,尤娴熟诗赋。十六岁那年,童生考试得了全县第一,"冠童子军",后来中举,学习更加刻苦,人们都对他抱有很大期望,以为必能中进士。他连续参加两届考试,没有金榜题名,于是就绝意仕途,聚徒讲学,以诗酒自娱。甲寅春,他和李埙(字石农)、王之桢(字克生)、任兆坚(字贡台)等一批著名文人结"西园诗社"，以资唱酬，地点在高密城西单氏"秋水居"别墅，数日一聚，有时通宵达旦，结果被酒伤害了身子，落下了后遗症。他有一首诗叫作《上元夜》，中有句"尺许春泥寸许冰，街坊且闹上元灯。病中不作繁华想，梦在山楼第一峰"，意趣不大吉利，有学识的人以为这是谶语，预示他将不久于人世。果不其然，这年四月二十八日突然病故，年仅三十三岁，一县之人都为他英年早逝而惋惜，事见《旧志·文苑》。

孝亲孝悌　代有完人

李元直的父亲李华国，年十八中秀才，勇于挑起家庭重担，出门教书十余年，布衣蔬食，节以养亲，且"仰事父母，俯畜弟妹"。其父卒，"哀号彻昼夜，附身附棺，勿之有悔"。父卒后，李华国对其母张氏"益笃孝"。李元直也是大孝子。入翰林后，本可以谋个好前程。可是父母年纪大了，怕有"树欲静而风不止，子欲养而亲不待"之撼，回家侍奉父母八年，直到养老送终且守孝期满以后，方才出来为宦，实在难能可贵。李元直的儿子李高也极其孝顺，曾将父母接到潞城官署供养。当然，古代的孝顺，其中还有一个内涵，就是完成父祖的志愿，金榜题名。李高少年时，一天问祖母："笃孝与治学哪项重要？"祖母答："力学正所以为孝！"李高从此更孜孜不倦，终于如愿以偿。李怀民三兄弟的父亲去世得早，他们对待母亲宋氏，那都是言听计从，从不忤逆母亲之意。李怀民科场失利，本想一心致力于诗，但是母命难违，不得已多次赴考，依然名落孙山，心中苦楚自不待言，这在他的诗里多有体现。李宪暠也"事亲笃孝，兄弟友"，辅佐四弟李宪乔任岑溪县令，勉以仁爱。临终遗言也是嘱咐女儿"善侍祖母"，嘱咐儿子"勿诳语"。李宪乔事母极孝，尊敬兄长，他们兄弟之间互为师友，切磋诗艺，诗文唱酬，兄友弟恭，彼此怀念关心的诗词充满诗篇。李宪乔的《送归使》是歌颂母爱的诗篇，从中可以看出他们母子情深：

慈母思子泪，年来几时干。

家仆走万里，计程费百天。

一日一感嗟，亦是百潸然。

母年过七十，禁此忧虑煎。

颖叔遗羹志，季路负米贤。

二子虽殊途，只在百里间。

我何太左计，求禄来八蛮。

引仆使其说，细讯母容颜。

饮食与动履，一一皆如前。

欲信恐母属，慰我令我宽。

匝月遣之归，资斧筹艰难。

吾母倘能来，速发勿迥延。

不即寄当归，莱衣舞园田。

与兄先有约，此出只三年。

　　李宪暠的二儿子李诒琚，字方中，庠生，居家孝友，待人宽厚，年少时居住在乡下待鸿村（今山东省高密市大洪村），常常受到乡邻称赞，可惜天不假年，年仅二十六岁就辞世，儿子李敦渿才出生三天，妻子法氏幼读诗书，有学问，虽然多病，仍然亲自教育孩子读书，历尽坎坷。孩子长成少年后，迁居城里，送孩子读书，如严父一般督导学业，后来李敦渿取得副榜贡生，法氏苦节一生，也实属不易。

　　李诒瓒也是好样的。李怀民《侄诒瓒圹志》中说他"性和易，交友信，御下宽""邻人善之"；《旧志·善行》说他"慷慨好施，岁饥，出粟以赈，多所全活"。他的儿子李敦濂（字希周）、孙子李茂实都是高密著名文士，《旧志·文苑》有传；他的重孙李泰运也入《旧志·儒林》。李泰运，字履安，贡生，精于古文学。《旧志·儒林》记载，李泰运"尤笃于天性，事寡母以孝闻。子侄之贫乏者，多依以生活。堂兄某殁，有孤女十余龄，抚养遣嫁，埒于己出。与人交，虽契友无戏谑。教授生徒，终日无惰容"。卒后，门人私谥曰"文简先生"，著有《六宜轩诗草》藏于家。

勿染纨绮习
孝义绍家声

单德谟的家风

清乾隆三年(1738年)的一天,时任巡视台湾兼提督学政的单德谟打开一封来自老家高密的家书,信中报告长子中举的喜讯。单德谟喜悦之余,沉思一番,提笔写了回信:"汝等上进有阶,足慰远怀。然勿谓汝等读书之力,此祖宗积德余庆也。宦家子弟多不能守家声,由于得之易耳。汝曹当勿染纨绮习,益自刻苦,是所望也。"(单绳谟《皇清诰授朝议大夫例授中宪大夫原任福建分巡巡海汀漳龙道先兄渔庄单公行略》,以下简称《行略》。)后来,次子中举拣选知县改任教谕,他写信道:"更图奋勉,益光前烈。"常言道,家书抵万金。单德谟不仅以家书的形式教育勉励后代克绍家声,而且也以自己良好的修行,为子孙和高密单氏家族做出了榜样,堪称诗书继世、忠孝传家的模范。

进士门第　诗书传家

单德谟(1700—1767年),字允符,号渔庄,清代高密北隅人,进士,乾隆年间巡视台湾兼提督学政,终官福建分巡巡海汀漳龙道。

单德谟出生于科举世家。高祖父单明诩,明万历四十七年(1619年)进士,累官巡抚顺天、兵部左侍郎兼都察院右都御史。曾祖伯单若鲁,进士,翰林,国子监祭酒,终官内弘文院侍读学士。祖父单务嘉,字嘉客,号绣陵,曾从师进士李岱生,"才锋犀利",于清顺治十四年(1657年)丁酉科乡试中举,顺治十六年(1659 年)己亥恩科贡士,顺治十八年(1661 年)补殿试中进士,时年二十五岁,官至按擦使司副使。叔祖单务孜,字予思,号青湾,康熙三年(1664 年)进士,授中书舍人,累升礼部郎中,终官淮安府知府。父亲单伦,字常伯,附监生,考授州同。

单德谟出生于这样显赫的科举世家,既是动力也是压力。好在他不负众望,于雍正四年(1726 年)高中山东乡试第一。清代高密有四人高中文解元,单德谟为第一人。次年中进士,殿试结束,诏见圆明园,赴琼林宴,蒙受恩赐。单德谟工诗,著有《浙闽诗钞》藏于家。民国高密单步青为之序,曰:其诗体现了"为政之勤,爱民之切,尽伦之诚,交友之笃""数百年后生气犹存"。例如,他在悼念去世的妻子傅氏时有句:"夙约期偕老,谁知事已非。临风看玉树,花片忽惊飞""玉人何处去,泣下泪沾襟。昨夜西风急,孤鸿鸣北林。"这首诗的调子哀而不伤,情感表达委婉含蓄,可字里行间流露出来对亡妻的钟爱和那份深深思念却显然是无以复加。

单德谟之弟单契谟,字敬思,号墨庄,雍正四年(1726 年)丙午科顺天举人,拣选知县。单烺《大昆嵛山人稿别集·感旧三十八首》之《墨庄兄》小序载:"清标令上,号为璧人,内行修敕,接物谦抑,年三十遽卒。"单绳谟,字其武,雍正七年(1729 年)己酉科顺天举人,贵州试用知县,工诗文,曾与单烺等人结高密"通德诗社(南园诗社)"。其所撰写《行略》是研究单德谟和明清高密单氏家族乃至高密文史的重要资料。

单德谟子侄中,恪守家法者大有人在。长子单襄榕,字树南,号荫圃,乾隆三年(1738 年)戊午科举人,诗人,高密"通德诗社"会员,任四川盐亭县知县。次子单襄棋,字秋枰,乾隆二十五年(1760 年)庚辰恩科举人,任临淄县训导、曹州府教授。工诗,著有《荔轩诗草》。四子单襄霖,字雨苍,监生。侄子单襄霈,字雨甘,庠生,《旧志·卓行》记载:"性慷慨,博学能文,遨游湖湘江淮间,人咸倾慕之,晚节益励,不随俗,不忤人。"山东巡抚国泰想要请他担任幕僚,他听说国泰飞扬跋扈,贪赃枉法,所以拒绝。工诗,曾因年老不能参加嘉庆元年(1796 年)丙辰"千叟宴",撰写纪恩诗三章,卒年九十余岁。单襄桎,字穑村,号耘根,监生。

亲历敢为　廉明勤政

　　单德谟的祖父单务嘉，是个政绩突出的清官，对单德谟影响较大。史载，单务嘉由进士步入仕途，先授直隶蠡县知县。在任治绩突出，受到人们的称颂与怀念，《蠡县志·名宦传》里有记载，后升迁江南江宁府（今江苏省南京市）江防同知。据《高密单氏实绩》记载，在担任江防同知期间，单务嘉处理了一起群体性事件，影响深远。当时部分经商回民与汉人发生纠纷，双方相互殴打，集千余人喧哗于军门外，府里主要官员恐怕干预致激变，一时都不知如何是好。单务嘉请求带领数十名干练衙役，前去处置。单务嘉讲明民族团结大义，"以善言慰散众回（民）"，夜中密拘一人，使其供出主谋，令役乘夜掩捕。他采取各个击破、分化瓦解的办法，很快平复了事件，杜绝了此类事件的发生。此时，正值吴三桂等三藩叛乱之际，单务嘉将诸事务处理极当，考核时，治绩最上。康熙十三年（1674年）升任常州府知府。在此任上，他对平三藩战争的后勤供应诸事做得很出色，康熙十六年（1677年），奉命督造军用船只，事未竣，即晋职按察司副使，分巡苏松常道。这个辖区，管辖范围扩大，既为平定三藩之后方，又处交通要冲。单务嘉"措画周详，兵不留行"，得受嘉奖"加五级"。不久，卒于任上。《高密县志》（清康熙版）评价他"才锋犀利，卓有政声"。

　　单德谟以进士起家，初授吏部稽勋司主事。雍正八年（1730年），单德谟升吏部文选司员外郎，次年升文选司郎中；雍正十年（1732年）丁忧回籍，雍正十二年（1734年）服满仍补文选司郎中；乾隆元年（1736年）考选山东道监察御史，大学士、吏部尚书张廷玉奏请仍兼文选司郎中，七月出任江南乡试副考官，改工科给事中；乾隆二年（1737年）奉命巡视台湾兼提督学政，次年十二月授江南驿盐道。他巡视台湾的事迹还被人绘成图画《乾隆元年单德谟奉命巡视台湾图》，现收藏于天津图书馆，许多文人吟诗歌颂。乾隆七年（1742年）出任杭州府知府，后升杭嘉湖道，三郡为之肃然，一时有"神君"之目。乾隆十七年（1752年）因蔡荣祖谋反案牵连革职，命发往军台效力赎罪，不久免罪回归故里。

　　单德谟为官，有其祖父之风，敢作敢为，英明决断，洁己爱民，所到之处以风节著闻。在任文选司郎中时，他秉铨公正，上官倚为左右手。有晋京谒选的人,托关系找到他,希望谋个好前程,他说"进身不正,人已两失",那人惭愧而退。在任吏部时,他曾经揭发堂吏之奸,退去他的衣裤当堂施以杖刑,时有"单司官善打堂书"之目。他在漳州时,革械斗、停柩、溺女之弊,备海防战船数千艘,海氛以静。单德谟早年得到乾隆皇帝器重,屡次得到重用。先后五典文衡,门生遍及天下,清代大学士蔡新就是其高足之一。雍正年间台湾没有专设的校士院。单德谟到任后,疏请建考棚,以作为岁试之所,得到朝廷恩准。乾隆十四年(1749年)他捐银重建漳州邺山书院,"去任后,漳人立生祠于邺山,每遇岁时及兄诞辰,辄诣祠内瞻拜,迄今不绝。"他又为明代黄道周所撰《榕坛问业》作序,并重新刊行于世,此事被世人传为美谈。

单德谟生活简朴,为官廉明。《行略》记载,单德谟"性甘淡泊,食不贰味,衣不厌澣濯,遗嘱禁用缁羽及一切靡费事"。在浙江期间,他曾在大堂两边悬挂着一副取自苏东坡"苟非吾之所有,虽一毫而莫取"二句的楹联以明志。他曾对儿子们说:"我一生居官不计盈余。除养廉银外,毫不染指。"单可基《在庵笔闻》记载,单德谟因失察罪被革职后,贫不能归。漳州人拥道哭泣,送行的队伍长达百里,争相赠送给他东西,即使卖菜的、扛活的、铁匠银匠木匠等普通民众,也竞相将铜钱投向他的轿子,不一会工夫轿子里就落满了,几乎没有坐的地方。《高密单氏实绩》记载,他在浙江按察院手植一槐,人甚爱之,不剪不伐,人称"单公槐",用《诗经》召伯故事,将其比作"召棠"。可见单德谟深得民望。

孝义传家　青史留名

单德谟的祖父单务嘉是个孝子。自古忠孝不能两全。单务嘉因忙于公事,不能顾家孝敬母亲,心里常常挂念。康熙十六年(1677年),其母去世的噩耗传到,务嘉"日夜哀号",一口饭也不吃,终以悲哀过度而卒,终前遗命以孝服入殓,享寿四十二岁。

单务嘉自身无子,过继两个儿子。单德谟的大伯单仙,字一夔,郡廪贡生,任东阿县训导。单德谟的父亲单伦,为人笃孝友,敦忍让,急难救贫唯恐不及,与物无尔我,谋人事如己事,有典型的古代君子风度,《旧志·孝友》

有传。单德谟非常孝敬父母。《行略》记载,单德谟"天性孝友,事亲色养。兄弟式好无间"。为了不负父母期望,学习非常刻苦,足不出户数年,秋闱一举夺得解元,也即头名举人,后来联捷进士。他当京官后,曾经把父母接到北京官邸享福。父母回乡后的几年,他屡次请假探亲,没有得到批准。后来他要请假回家为母亲过生日,走到半路,突然接到父亲去世的消息,竟匍匐着回家,到家时已是血泪人一个,痛哭流涕地说:"我这个做儿子的,竟不能看着父亲入殓,到死也不能赎此恨啊!"后来母亲去世,讣告传来,单德谟捶胸顿足,自恨曰:"两亲之丧,皆远隔庭帏,何以为子,何以为人?!"他哀毁几乎不想独生,一度想要自尽殉葬。母亲辞世后的头一年逢他的生日,子侄们要为他祝寿,他面带凄色,说:"古人有言,人无父母,生日当倍悲痛,更安忍置酒张乐以为乐?"说完,涕泣不已,素衣素食,终身不变。

单德谟的儿子单襄棋也是一个著名孝子。他的《述哀》可谓孝友的典范:

> 庭树摇秋风,鸦声何惨切。群雏未反哺,悲鸣情凄绝。
>
> 念余有贤母,巾帼洵超轶。爱敬奉高堂,甘脆罔或缺。
>
> 相夫及教子,懔然知大节。余兄名稍就,母心差慰悦。
>
> 弱弟未成婚,尚厪身孤子。自维不肖躯,才疏性复拙。
>
> 缘兹系母心,殷殷何时辍。爰自壬戌冬,迎养来三浙。
>
> 萱草日枯萎,五载才一瞥。寒风侵北堂,空叹梁园雪。
>
> 悠悠彼苍天,福善竟何说。而今长已矣,五内几崩裂。
>
> 又恐伤父心,饮泣徒悲咽。欲言复何言,相看泪成血。

书香耀门楣
清廉振家声

李师中的家风

山东省高密市市政府西邻,有一片小区名叫"蝶园"。这里曾经是清代乾隆年间翰林李师中的府邸。李师中,字正甫,一字秦凤,号蝶园,清代高密西隅(今山东省高密市醴泉街道)人,生于康熙二十八年(1689年),卒于乾隆十九年(1754年)。他是高密历史上为数不多的几个大画家之一,官至提督学政。李师中的家风一直让人传诵至今。

诗书传家

李师中出身于诗书世家。曾祖父李悦安,字靖华,明朝末年副榜贡生,曾出任绥德州知州。祖父李岱生,字千岩,号莱峰,清顺治十五年(1658年)进士,官福建长乐县县令,工诗文。据清初高密进士王俞昌所撰《皇清敕授文林郎戊戌科进士福建福州府长乐县知县莱峰李公墓志铭》载,李岱生十岁上学时并不聪明,学习经史动不动就忘了。十三岁时,晚上做了一个梦,梦到关公(关羽)命令周仓打开他的肺腑,把里面的东西都认真洗涤了一遍。自此以后李岱生"藻思焕发,经书艺援笔立就",县学、府学考试,动辄冠军。明崇祯四年(1631年)山东学使组织院试,李岱生第一名,他的父亲第二名,他的兄弟也列优等。当时的山东学使钱某高兴地对李岱生的父亲说:"你是苏老泉(苏洵),儿子们是苏轼苏辙一样的人才啊!"后来李岱生被调入省城白雪楼读书,又被评为全省第一。清顺治十一年(1654年)

李岱生中举,顺治十五年(1658年)成进士。他是著名教育家,他的科举文章镕铸经史,自成一家,著有《莱峰遗稿》刊行于世。他罢官后回家教书,诲人不倦,因材施教,先后培养出夏畴、单务孜、单务嘉、单父麟等进士,成为享誉一时的名师。

李师中的父亲李璇,字瑞庵,岁贡生,候选训导。他出生于富贵之家,但没有纨绔习气,为人慷慨,乐善好施,扶危济困。他言传身教子孙,遵纪守法,不越雷池半步;尊师重教,给予塾师束脩往往多于约定的数目,所以老师也倾心教授,"一门内入翰苑登巍科者,为一邑冠军"。

李师中于雍正元年(1723年)中举,乾隆元年(1736年)二月参加会试,中三甲第四十二名进士,入翰林院庶常馆,时年四十七岁。李师中诗书画皆工,为文有其祖父风,诗得唐诗真谛,著有《蝶园诗》。书法二王,兼有赵孟頫秀逸之气。其画国内知名。朱文震称其为"画中十哲"之一,与高翔、高凤翰、李世倬、允禧、张鹏翀、董邦达、王延格、陈嘉乐、张士英齐名。朱文震《画中十哲歌》云:"广陵逸士高凤冈,画笔直欲追倪黄,萧然门巷无堵墙。老阜刻意摹群芳,有时图山更兀苍,病余尚左谁能方?一官漂泊浮江湘。风流潇荡李奉常,南宗北宗兼擅场,品骘画类尤精详。紫琼三绝名素彰,天机敏妙腕力强,尺幅动欲浮千觞。南华山人江左张,磅礴下笔如癫狂,往往独自呈明光。李公初凤鸣朝阳,作图犀利刀剑芒,睇视凛凛含风霜。东山学士家法良,北苑元宰分毫芒。青霞琅琊大道王,足茧万里胸包藏,蜀山粤水勤皴皴。陈生市隐同卖浆,鹊华秋色归湖乡。建卿使酒时低昂,烟峦腌霭草木香,丞兮空老双松旁。"胶州高凤翰《赠李翰林秦凤》诗云:"李侯京雒客,名彦动金闺。载笔忽青冥,沾香近紫薇。人声腾虎观,吾道在渔矶。可忆闲窗画,秋风木叶飞。"(原注:向为余作《亭皋木叶下》册幅,甚妙。)其山水画,峰峦峻嶒,山石坚凝,用笔泼辣,皴点奇特。清代同治年间潍县人陈介锡(字晋卿)《桑梓之遗录文》收录李师中的几幅字画,其中有《高密李侍御师中设色花卉扇·蝶园画并题》,题诗曰:"霜天黄菊影婆娑,老圃秋容奈晚何。莫向西风叹寂寞,寒香冷艳本无多。"《高密李侍御师中杂画三·郑板桥题》中,在一幅落款"蝶园主人师中"的画中,李师中写道:"春日西郊看桃花回,信笔写此";郑板桥为此画题诗道:"偶从春日写秋山,繁缛都于笔底删。唯有一林红叶色,却如二月杏花间。"李师中在一幅画后自题诗中写道:"名园相错斗繁华,春艳终归富贵家。独坐客窗调笔墨,差堪写意只黄花";郑板桥题诗道:"西方金色无非白,品最高者色最黄。唯有菊花清欲绝,土之正气冶之良。"李师中在一幅画后自题道:"深秋佳色紫斑斓,妙在风枝雨叶间。昨夜渊明洪醉后,斜披僧衲入庐山";郑板桥唱和道:"人间何处种仙葩,不是陶篱旧发芽。汉使乘槎秋八月,偶从海外带还家",尾后有"板桥题洋菊",两人诗画唱和,惺惺相惜,成就一段画坛佳话。

李师中的哥哥李黄中,字廓园,号三桐,邑庠生,也是当时高密著名诗人,《旧志·文苑》提及他有诗入《国朝山左诗续钞》。单烺《大昆嵛山人稿别集》之《李三桐先生》载:"先生讳黄中,字廓园,号三桐,邑庠生。祖长乐公登顺治戊戌进士,文章为一代楷模,诸孙克守家法,先生名尤重……先生志气弥厉,迄于不售,晚年遂放于酒……时皆推为高士云。"李兆元《十二笔舫杂录》之《客窗剩语》中提到李黄中之诗。文中说:高密李廓园先生名黄中,幼负异才,屡试屡荐,竟以诸生终,晚年陶情诗酒,著有《三桐轩诗草》。其五言《陈仲子墓》云:"经过于陵地,长怀仲子居。操须如蚓可,食已尽螬余。断碣依荒塚,寒山绕敝庐。未知盖禄客,对树竟何如。"《雁至》云:"塞外秋光早,年年候雁来。关山明月夜,风雨荻花堆。影落寒潭净,声连画角哀。帛书何日到,佳节近登台。"其七言《新秋晚霁》云:"烟锁重门小院深,闲阶幽景足追寻。半窗桐叶依残照,隔寺钟声度晚林。月映疏帘风细细,炉添香霭夜沉沉。萧然一枕羲皇梦,盛暑炎蒸总莫侵。"《慈竹居咏腊梅》云:"东窗月上老梅遮,风味居然处士家。寒菊篱边零落后,更从竹外见黄花。"《春日馆中》云:"东风吹雨草花香,绿柳池边燕子忙。谩道荒村冷落甚,闲中春色异常寻。"

李师中的幼弟李时中,字亭午,号君宜,又号龙御,乾隆二十四年(1759年)举人,工诗。单烺在《大昆嵛山人稿别集·感旧三十八首》之《李亭午先生》中说他"卓荦不群,才华烂然",并有诗二首记之,其一云:

荒原落日野风吹,海上琴音失子期。

犹忆南园联步去,木香棚下定新诗。

单烺在《哭两同年·仲昭兄》中提及,单烺和李时中、单履晋为诗会,两人神骨甚清,单烺赠诗二人,有句"两副肝肠澡冰雪"。

李师中的后人秉持书香门第的传统,诗书传家,不堕先声。李师中有两个儿子。长子李继曾,字孝先,号思訒,清乾隆六年(1741年)举人。次子李绪曾,字兰圃,号思永,与兄同榜举人。李师中有孙子六人,他们是李大经,字星纬,号子常,贡生;李大受,字可斋,监生;李大勋,字逢尧,监生;李大任,字子重,号志伊,庠生;李大进,字益斋;李大凯,字乐亭,号松涛,监生;李大鸥,字南溟,监生。

李师中的曾孙中,李庄,字临以,号梦白,廪贡生,任工部营缮司主事,安徽和州直隶州知州;李蔼,字彙吉,号梅溪,监生,曾任云南新兴州(今云南省玉溪市)知州,白盐井提举,元江直隶州知州,后人们多以"新兴州"称李蔼家;李薯,字兆吉,监生,兵马司副指挥,候选州同;李锡符,字修文,号蠡村,恩贡生,候选直隶州州判。李师中的玄孙中,李堉,字子厚,号石农,清咸丰元年(1851年)举人,曾任山东省日照县(今山东省日照市)训导,议叙光禄寺署正;李垂裕,字制庭,号燕堂,监生,议叙六品衔,任四川新津县典史。

李师中是个大画家,他的裔孙中,以画名世者也不少。例如他的曾孙李镇,字子亮,清嘉庆道光咸丰年间人,诸生。他家道清寒,处之晏如,与王功后为契友,尝雪夜游长陵,苦吟高歌至晓方还,人称有魏晋之风。工诗,宗贾岛、孟郊。善书,宗法颜、柳。晚年尤精于绘事,有蝶园笔意,淡远有逸气;李友和,字节之,李镇之子,工画、善山水,谨守蝶园家法,有山谷真气,而尤工于写照,所绘长福短笺,存者视若珍宝;李徵,字叔明,李镇之孙,李友和之子,清末民初人,善画,工山水、花鸟,于传家学之外,远绍"四王",有苍茫茂远之趣,名载《续近代名画大观》。

清廉为民

李师中的祖父李岱生,清顺治十五年(1658年)戊戌科进士,是一位清正廉直、为民请命的好县官。康熙二年(1663年)李岱生被授长乐县(今福建省福州市长乐区)知县,时年五十二岁。长乐县位于福建省东部沿海,闽江口南侧,三面绕水,一面倚山,地势平坦,气候温润,四季常青,自古为鱼米之乡。但由于清初兵连祸结,加之海域变迁,田地淹没不少,十去其九,而丁赋仍故,百姓无法生存,于是都驾小船逃匿海岛中谋生。李岱生上任,察明详情,章报上官,为民请命,有"东南民力已竭,有司之悉索难胜"等语。起初没有得到批准,他三番五次行文上报,措辞益厉,上官不得已,乃为奏请,但已怀恨在心,在任年余,上官竟以"催科政拙"为由,将李岱生免官。李岱生行将离职,而"开除流亡之命始下,凡除丁六千余"。于是,李岱生匆匆将县《赋役全书》改定,使接任者以此计赋,缓解了当地群众长久以来的困顿。李岱生被免官,长乐"邑人称冤,遂为立生祠祀之"。李兆元在《十二笔舫杂录》之《客窗剩语》里提到了李岱生的德政。他写道:"吾莱高密李莱峰先生名岱生,字千岩,顺治甲午举人,戊戌进士,官福建长乐县知县,有惠政。邑人作李邑侯德政歌十首以记之。"当时他看到的刻稿已残缺,录其未缺者云:"我侯才,锦绣胸罗五步催。旭日开门延众士,春风桃李倚云裁""我侯直,执法如山无失人。胸怀浩旷绝纤尘,可拟光天与化日""我侯恩,常悯遗民食草根。申文百计为陈情,乞使残骸旦夕存""我侯廉,堂隅砥砺似霜严。日昃一羹何所供,盘中唯有水晶盐。"

出身于这样的一个家风良好的官宦之家,李师中自然耳濡目染。翰林院庶常馆散馆后,李师中授礼部祠祭司额外主事,后改吏部文选司主事。文选司掌班秩迁除,司长官为郎中。该司设汉主事三人,秩正六品。李师中由主事进员外郎,简称"员外",又称副郎。郎中、员外郎、主事为司官的三级。之后,李师中任京畿道监察御史,在任此职时,史称"有清直声"。乾隆十七年(1752年),奉命督学山西,次年,改提督贵州学政,诰授中宪大夫。乾隆十九年(1754年)冬谒孔子庙时,李师中在官廨中端坐而逝,享年六十五岁。在他所掌文衡期间,为官清正,所至"士风丕振",所"甄拔皆当世名流"。李师中崇尚简约,急公好义,服官所得俸金"半赡养兄弟亲戚",以致卒时,手头并无积蓄。

李师中的次子李绪曾,字思永,号兰圃,与兄李继曾同榜举人。他魁梧奇伟,须眉秀丽,性淳谨,厌浮华。父亲李师中在贵州任卒后,唯他在侧,奉柩(棺材)万里回乡,哀毁骨立,人以为至孝,后以拣选任新安县(今河北省安新县）知县。他清白自矢，废除附加粮银杂费，赈济饥民亲力亲为，自行查验，不假差役，以防他们中饱私囊，全活无算。在任四年，囹圄空虚，县人勒石颂德，上官以廉能保举，因丁母忧，与兄俱再未仕。他闭门课子，不予外事，卒年七十三岁。高密著名诗人李宪乔有《赠新安令族兄思永绪曾》咏其清廉：

县衙朝色静，知道县家贫。

雪后山僧谒，午来阶鸽驯。

露航挑莱女，冰港伐芦人。

疏拙吾家旧，闲闲亦及春。

齐家修身

李师中家族，和清代其他簪缨之家一样，有着源远流长的良好家风。根据《高密李氏家谱·事行小传》（民国版）等相关材料记载，李师中的高祖李柏，字尔节，"赒外戚，厚知交，解纷争，汲贤才，拯患难，佐修缮，赈荒歉，赫赫在目者，指不胜屈"。李师中的伯祖父李岐生，字天作，号康山，慷慨好义，胆识过人。明崇祯十五年（1642 年）高密县城遭受清兵围攻，他倾囊助饷，县令何平认为他义薄云天。他治家严，处事有体，清顺治五年（1648 年）中副榜贡生，候选通判。李师中之兄李黄中"性孝友，嗜诗书……砥节砺行，舌耕所获，尽供甘旨，不以纤毫自私"。李师中"性孝友""为诸生时，舌耕养亲，一钱不自私"。李师中侄子李景曾，字克绍，号仰庭，李黄中的二儿子，精明强干，跟随叔父李师中视学贵州，以例授礼部铸印局大使，因为祖母年高，没有赴任，居家侍奉，以孝闻名。李庆曾，字心怡，号鲁村，清乾隆九年（1744 年）举人，李黄中之子。性简约，一袍穿十余年不换。读书"昼夜攻苦，暑刻不易"，后感时疫而死，年三十七岁，士林哀惜。李宪曾，字念贻，号松岩，清乾隆十八年（1753 年）举人，李师中的弟弟李时中之子。李宪曾早岁丧父，家道中落。当时家乡灾荒严重，老母幼弟需要他一人抚养，家道艰难。他的母亲让他改行经商，他哭着说："我家世业诗书，怎么能让先人蒙羞啊？！"于是更加刻苦读书。中举后，任河北省馆陶县（今河北省馆陶县）训导。他在任，推诚待士，往来拜访的人络绎不绝，每次必款待酒食,情谊谆至。遇有贫困,竭力相济,卒年五十六岁。李师中的长子李继曾,字孝先,号思訒,乾隆年间举人,历山东省巨野县(今山东省巨野县)教谕,升浙江省建德县(今浙江省建德市)知县年余,以母丧归,再不出仕。他精明慎密,治家有法,不资先业,独立经营,数十年间,富甲一邑。他却朴素自安,常以奢汰为戒。乾隆十二年(1747年),先旱后涝,民大饥。次年夏天,又逢蝗虫灾害,平地涌出,道路场圃皆满,所过田禾根株无遗。连年灾荒,李继曾的亲族中有卖女儿于福山者三人,他悉为赎回,抚养成人,择配良家。他还常施舍棺木,救济穷困买不起棺材的族人。李师中之孙李松涛,太学生,两个哥哥早逝,留下寡嫂幼侄,他念及骨肉情深,接济嫂嫂,抚养幼侄,二十年如一日,凄风苦雨,备极辛勤,毫无怨言。他交友,人家久而敬之,俨然有晏子遗风。

李兆元《十二笔舫杂录》里记载了一个兄弟、子孙接力出书的故事,可谓孝友典范。李师中之兄李黄中,晚年著有《三桐轩诗草》,诗稿都是自己亲自选定的。李师中出任贵州学政时,携带其兄诗稿到贵州,打算为他刊刻于世。结果,没有等到付梓,李师中病死在官署,诗稿失踪。李黄中之子李景曾又搜罗父亲的遗稿,于残笺断幅中得诗数十首,汇集抄写,加以保存。道光三年(1823年),李黄中之孙李大基(字少堂)试用河南知县。因为李兆元和李家自明朝时就有通谱之谊,李大基拿出先人的遗稿,打算付梓,以承先志。李兆元很受感动,为之作序。

李师中的裔孙中也有孝子。清代中叶高密著名诗人、词人、书法家单为濂在《记李友和温衾事》中说,李友和(字节之)是高密前贤蝶园先生裔孙。他的父亲李镶(字子亮),高密著名画家,诗人。他不治家产,晚年丧偶,家境贫困,李友和卖画赡养他的父亲。偏偏李镶有个怪癖,好喝茶,穷讲究,品茶必须选择甜水井的水,李友和大老远就要早起排队取水。古代冬天人们御寒一般都用火炕,但李镶却独以有火气,不睡火炕。李友和怕冻着老父亲,每天晚上睡觉前自己先解衣服为父亲暖和被窝,十几年如一日,毫无怨言。单为鏓也有记叙,名为《二孝子传》,事载《单徵君全集》,《旧志》也有传记。

孝悌著于桑梓
诗书赓续联芳

单云荐的家风

清朝康乾年间,高密北隅尧头村,有一个书香世家,兄弟和睦,相亲相爱,代代相沿,孝友美名传遍四方。这个家族的核心人物就是单云荐。他的良好家风,是从老一辈就开始的。

单云荐,字世珍,监生,清代高密北隅人。祖父单父宰,字汉平。他"端严笃厚,奋志下帷",顺治十一年(1654年)甲午科乡试副车,后举明经。其文本先贤,理据程朱,为文华瞻宏博,名冠一时。他与兄弟和睦相处,相亲相敬,"怡怡如也",所以他的文集取名《棣香居近艺》。生父单立,字鹤滩,号怀东,又号东槐,康熙八年(1669年)举人,康熙二十一年(1682年)进士,试用知县。由于其弟单端年近四十尚无子嗣,于是单立把三子单云荐过继给弟弟,也是兄弟和睦的佳话。单端,字仲表,号敬庵,康熙年间岁贡,选平阴县训导。

《旧志》记载,单云荐"性谨厚"。单作哲《族叔世珍府君家传》记载,他出嗣给叔父单端后,能曲意承欢,数十年如一日。晚年单端又生了双胞胎儿子,一个叫单云鸿,一个叫单云从。孩子尚幼,单端突然病重不起,就把单云荐叫到床前,拉着他的手说:"你的两个弟弟,有成就是你的功劳,没有成就就是你的过错。"单云荐稽首受命,抚养两位弟弟亲爱备至,聘请名师教以学业。每天伺候两位弟弟起居,送他们去上私塾,课程没有完成或者不及格,他就对着饭桌不吃饭,默默流泪,甚至自打嘴巴,说对不起父亲的遗命。两兄弟受到触动,于是发奋读书,后来都成秀才,名声在外。他们长大后,单云荐就和弟弟们分了家。这两个弟弟不善于治家,困难的时候,他就时不时地周济他们。弟弟们居住在乡下,侄子们稍微长大,单云荐就让侄子们到城里来上学,晚上亲自督导他们课业。侄子单炳,字虎文,号困之,乾隆十五年(1750年)庚午科高中举人。单云荐常常遗憾地说,侄子有出息了,可惜叔父(指单端)看不到了!后来单炳又参加了会试,乾隆十九年(1754年)甲戌科中会副,历任平阴县教谕、知县,借补浙江长林场盐大使。

单云荐同生兄弟单云燕有智障,常为顽童欺负和小人算计,单云荐千方百计保护他,总算保住了先业。他长兄的女儿嫁给王氏,早寡,家殷富,一子暴卒,无嗣。王氏族人有觊觎她家产的,单云荐不避嫌怨,为她立后,以延宗祀。单云荐孝友的例子还有很多,他的行谊远近闻名。单作哲考上进士后,一时半会还没有官职俸禄,前去著名文学家、桐城文派主要代表人物方苞家学习古文,或者去杭州教书,生活拮据。方苞,字凤九,号灵皋,又号望溪,祖籍安徽桐城,官至礼部右侍郎。他毕生致力于治学,被誉为古文大师和桐城派创始人。著有《方望溪先生全集》,另著有《周官集注》《周官析疑》《考工记析疑》《仪礼析疑》《礼记析疑》《丧礼或问》《春秋比事目录》《诗义补正》《左传义法举要》《史记注补正》《离骚正义》《奏议》等,方苞所作名篇有《左忠毅公逸事》《狱中杂记》《汉文帝论》《李穆堂文集序》《书卢象晋传后》《与李刚主书》《孙征君传》《万季野墓表》《游潭柘记》等。单云荐帮助单作哲渡过难关,使他无后顾之忧。他去世前,还嘱咐儿子单林、单楸接力资助单作哲一家,这让单作哲十分感动。

单云荐生有两个儿子。长子单林,字鹿詹,监生,能恪守家法。次子单楸,字懋哉,号如村,乾隆四十五年(1780年)庚子岁贡,有文名。单云荐的妾室高氏温慧贤淑,善于当家理政,量入而出,日子过得有板有眼。她对待从子(侄子)如同自己的儿子,根据岁时不同经常资助他们。教子侄有礼仪,即使小孩子也不敢嬉戏无度,有进步就奖励,有过错就严厉斥责,决不宽贷,因而儿孙们都受到良好家教。她的治家之法成为"族党矜式"。单云荐的两个孙子都是著名诗人,《旧志·文苑》有传记。

单可惠,字嗣侨,号芥舟,别号白羊山人,诸生,清代诗人,著有《白羊山房诗钞》,诗入《国朝山左诗续钞》。他工诗古乐府,借古乐府题以寓意。例如《前有尊酒行》云:"前有一尊酒,名曰白虎尊。殿上设此礼,古用旌直臣。有喻有呼咈,所以为华勋。其言有至味,其酒乃大醇。拜献南山寿,陛下千万春。"《公无渡河》云:"箜篌急擘叹且歌,公无渡河公渡河。一壶之外非有他,乱流而济理则那。人生行处皆风波,箜篌所叹何其多。"《张灯曲》清代已负盛名,该诗描述上元佳节,气势宏伟艳丽,直迫唐人。其诗云:

> 上元张灯夺月彩,古时嫦娥应好在。
>
> 手攀桂树看人间,春灯万点春如海。
>
> 衣香人影何纷纷,车如流水马游龙。
>
> 百戏鱼龙争变幻,千家楼阁高玲珑。

单可慈,字竹君,号伧山,监生。诗人。事亲以孝,家贫,不得不背井离乡去湖南一带教书为生,挣钱养家,所至名人多与之交游。著有《伧山诗初集》《伧山诗补遗》。《亲老》一诗,可谓其代表之作:

> 亲老岂不知,遂敢轻远游。聊以计菽水,此外非所求。
>
> 濒行有定期,母心增烦忧。亲为理琴书,亲为缝敝裘。
>
> 转恐伤儿意,忍泪不肯流。勉强自言笑,嘱儿去勿愁。
>
> 儿妇率诸孙,侍我与儿侔。唯仲比邻居,有事可相谋。
>
> 况当壮游年,何能守故邱。叩辞遵母言,双泪暗盈眸。
>
> 行行手自挥,不敢重回头。吞声出门去,白云天际浮。

高密著名诗人、学者、书法家单为鏓为之选定并作序。其诗"婉挚有味,不减渔洋"。清初大诗人王士禛,号渔洋,世称"渔洋先生"。其堂弟单可惠对其诗有较高评价。他在《伧山诗题辞》中说:"实得江山助,三湘供苦吟。气吞云梦小,情孕洞庭深。每有凌霄志,时怀陟岵心。旅愁与乡思,五字是知音。"单可慈还是一位书法家,书法米襄阳(米芾),得其妙谛。

单云荐的曾孙辈中出了一个了不起的大书法家、诗人、词人单为濂,他是单可惠的儿子,名动天下。他的孝顺也是闻名遐迩。单可慈的四子单为潃,字晋卿,道光年间恩贡,选济阳县训导。

单云荐这一支脉,孝悌传家,诗书继世,如同当时百脉湖的湖水,烟波万里,浩瀚无边,为高密大地上的淳朴民风和学风注入了源源不竭的活力。

孝义传家久
诗风继世长

李尔立的家风

清朝康乾年间,高密南隅梨园(今属山东省高密市密水街道)有一户李姓人家,祖以忠显、母以节著、子以孝称,而获广泛传颂。单烺在《大昆崙山人稿别集》之《李南园先生》序言中有句"家世孝谨,邑人推为德门"。这户人家,并非赫赫有名的"木田李",而是后世称为"景芝李"的李尔立家族。

忠孝传家

李尔立,字健如,号南村,清朝康乾年间高密城里人,后住城南梨园。祖父李裀,字龙衮,一字澹园,明末清初高密景芝社(今山东省安丘市景芝镇)人,举人,会试副榜,任中书,后迁礼科给事中,转任兵科给事中。他关心民众疾苦,敢于为民请命,虽九死而不悔。《旧志·名宦》记载,李裀"性耿介,不畏权贵,遇事敢言,人咸惮之。或通贿,辄相戒曰,勿令山东二李知"。彼时"山东二李"非后来的"山东二李",一指掖县(今山东省莱州市)人李森先,二指李裀。因为李裀任职的兵科给事中也是言官,可以直接上疏言事,弹劾大员。他在担任兵科给事中期间,先后上疏十几条,都关乎政要。其中《谏逃东疏》最为有名。该谏始终贯穿民本思想,切中时弊,给初入关就不顾民众死活、到处跑马圈地的清朝贵族当头棒喝,因而引起清顺治帝的震怒和权臣鳌拜等人的嫉恨,将他发配宁古塔,以致病困而死于荒寒之地。后来由于圈地运动愈演愈烈,百姓流离失所日益严重,危及定鼎中原不久的清朝政权,皇帝这才认识到李裀的远见和胆识,下令贵族严禁圈地,宽饶失地逃跑的汉人百姓,清初严重的民族矛盾和阶级矛盾才得以缓解。可以说,李裀一疏救了无数百姓性命。清雍正元年(1723年)入祀忠义祠。

李尔立的父亲李继祖,字聿修,秀才,年纪轻轻就辞世了。当时李尔立的母亲冯氏年仅二十二岁,尔立只有三岁,家有厚产,族人觊觎。冯氏潜避高密城中,依诸至戚得免。冯氏于高密县城定居后,母子相依于患难中。她"内奉孀姑,外捍强暴,其间风雨飘摇,履危蹈险,类非人世所能堪,而孺人矢死持之"。冯氏延师训子,家政严肃。冯氏以"抚孤苦节",死后获得旌表,入节孝祠。李尔立长大后,事母至孝,每天早晚问安,四十年如一日,乡人无不称赞李尔立是个孝子。李尔立嗜书,家藏万卷,常诵读至夜分,后虽仅取岁贡,却是位知名文士,被任命为济阳县训导,因母亲年老多病,没有赴任,在家侍奉老母亲,享受天伦之乐。

李尔立之子李长瞵,字根田,雍正七年(1729年)己酉科举人。李长瞵"少失祜,事母无违颜"。母亲去世后,哀痛不已,朝夕思念。他把母亲的灵位(木主)摆放在中堂,朝夕上香摆供,顶礼膜拜。

仁义立世

李尔立"与人交,重然诺""凡可济物者,无不为之尽力"。他的从兄李尔翼,谨慎诚实,是个谦谦君子,有古人风仪,李尔立和他非常亲近,如同亲兄弟一般。李尔立的舅舅冯某因事家产败光,他为舅舅赎回田产。他的妹妹家道中落,他赠送妹妹百亩良田。康熙四十二年(1703年),高密"淫雨弥月,禾稼尽没",导致次年春天的"大饥,人相食,死者枕藉"的凄惨景象。夏季又传染病流行,致"村落几墟"。在这次大灾荒中,李尔立"罄所有以恤亲族",按照李氏家族人口分发口粮,救活数百人。由于他的德行感人至深,当他去世后,"远近闻者,皆为流涕"。人们不断怀念这位品德醇厚的人,于乾隆十七年(1752年)将他的木主请进了忠孝祠,以志不忘。高密著名古文学家、进士单作哲在《祭李南村文》中曾有言赞曰:"君孝友传家,其行谊之美,待人接物之厚,已众著于人。"

　　李尔立儿子李长鳞也是一位仁义君子,他开放家庭藏书,让贫穷的士子可以借阅书籍。他还热心公益,和单烺等人一起发起成立高密"通德诗社",甘心担当"守门员",迎来送往,提供茶水乃至宴会,有时还为赛诗会优秀学员发奖品,培育、团结了一大批诗人,成为当时一大文化盛事。《旧志·志余补》记载:"南园精舍在城南二里,为李孝义(尔立)先生别墅,亭池竹石之盛,甲于一邑。其子李长鳞,与同邑王立丰、单烺、李师中等四十余人唱和其内,名为'通德诗社'。莱郡守洪公肇楙,月以马递征诗,一时称盛。"由于诗社地点位于城南二里的南园精舍,所以诗社又称"南园诗社"。李长鳞与单烺、王立丰、李杜、綦墨庸、王立性、单彬如、单石田、单宗元等人在南园"分题角胜,觞咏流连,为高密百余年来佳话"。

诗界领袖

　　李尔立工诗,于城南辟小园,名南园,园址大体在今山东省高密市密水街道梨园一带,与侧近文士酬唱其间,著有《静斋诗稿》行于世。从他《夏日南园》一诗中,我们可以体会到他追求人生的淳朴真诚、淡泊致远,向往幽美、恬淡田园生活的情怀。诗云:

> 树里还栽竹,蔬边更种花。
>
> 从来炙手热,不到野人家。

　　官至户部右侍郎的单畴书也有赠李尔立的诗,抄录如下,可以领略一下南园主人的风韵:

题李建如南村别墅前韵二首

一

> 夕阳深处叩柴门,携手追欢郭外园。
>
> 秋近池塘荷乍老,风翻竹树露初繁。
>
> 放怀诗酒俗缘却,领略溪山大意存。
>
> 坐久不知好月上,清辉随处印苔痕。

二

深掩柴荆静不哗，砧声何处起邻家。

苍茫层出云间树，舒卷无心岭上霞。

琴结素心宜共赏，诗敲险韵恐难嘉。

与君早定登高约，好护东篱数本花。

李长瓂是"南园诗社"（也叫"通德诗社"）发起人。单烺在《李南园先生》序言中提到李长瓂"身长六尺，余须数本，气貌浑庞如古佛。乾隆癸亥（乾隆八年，1743 年）先生倡为文字会，执桃苅为盟主，集诸名流觞咏于其别墅之南园，遂以名社。"李长瓂是一位德高望重的诗人，著有《基田居诗草》，同社诗人多有诗作唱和。例如单烺就有《南园社集和根田韵》《夜半雨雹柬根田》《戏题李南园画菊卷并和其韵呈李森子丈》《答李根田再邀南园看芍药》《根田因前诗送麦却之复辱以诗奉答》《柬李南园》《寄李根田》《王延祺夫子席上和南园寻梅曲》等。李长瓂所作《雪中示儿曹》和《病戒》可以看作家训、家言，关乎立志、养生等内容。分享如下：

雪中示儿曹

双扉当晨启，飞雪集前楹。

林庐光皎洁，上下湛虚明。

对景忽不怡，徘徊步南荣。

欲言且复止，脉脉伤我情。

我生多艰辛，终鲜弟与兄。

举步愁荆棘，周道纷纵横。

何以解吾忧，岂不在后生。

有子共六人，半尚在弱龄。

三人虽志学，经术犹未精。

未及论文艺，先愿惜令名。

苟可致家政，始觉吾身轻。

芒鞋共布袜，踏雪有余清。

小子其思奋，使我意能平。

病　戒

自我得病来，中夜长跏趺。

静观病中因，一一见根株。

七情俱为累，唯怒害更殊。

忽发不及觉，触动在须臾。

防之苟不早，气动神为愈。

浩然在吾身，犹如鼓韝炉。

疾徐顺其性，操纵搦其枢。

往来有定候，终始无变渝。

火烈力复猛，一泄气长沮。

念此心恐惧，凛凛戒豪粗。

昔闻长者言，淑躬贵和愉。

平心而经世，乃为爱其躯。

多怒而尚理，是谓所智愚。

诵之日三复，嗔恚渐以无。

小心钦宝训，守之不可逾。

为人多大节
历仕有循声

单作哲的家风

单作哲(1710—1767年),字侗夫,号紫溟,清代高密北隅人,进士,官池州府同知,署理知府。工古文,为桐城派代表作家。

治学严谨　为官清明

单作哲出生在一个没落的知识分子家庭,到他的爷爷这一代,基本一贫如洗了。他的父亲单询,字信庵,郡庠生,是一个穷秀才,"性严正,动必循礼,与人无城府",曾于诸城等地授徒为生,一生颠沛流离。单作哲生于困顿中,从小立志读书,光大门楣。史料记载,单作哲"生而颖异,幼失怙恃,家贫借书抄读,一览即能记忆"。雍正十年(1732年),单作哲参加壬子科山东乡试,仅中副榜,但他并不灰心,反而更加奋发读书。雍正十三年(1735年)中式乙卯科顺天乡试举人,乾隆元年(1736年),乾隆帝命内阁学士、负责教习庶吉士的著名文学家方苞选录明朝和清朝前段的八股文范,作为应考学子的标准读本,题名《钦定四书文》,方苞在整理考生文章的过程中,发现了单作哲的应考文章,大为叹赏,进呈乾隆帝阅后被钦定第一。于是,方苞将单作哲卷文作为他所纂《钦定四书文》的首篇。单作哲于乾隆元年(1736年)中进士,座师鄂尔泰欲以博学鸿词举荐,单作哲辞让。乾隆六年(1742年)赴京铨选,拜谒方苞,方苞非常高兴,和他论文法,遂受业于方苞门下两载。盖单作哲为文质朴,不尚华丽,与方苞古朴文风正相契合,受到方苞赏识。因此,方苞决定收单作哲为晚年弟子,称"高第弟子",悉心授之以学。方苞常叹曰:"吾暮年得士,单子一人而已。"方苞晚年甚为器重与倚畀作哲,每做文章,必以示作哲,如提出质疑,立即修改。方苞对单作哲不仅倾心加以指点,还把晚年著述《尚书述》《朱子诗义补正》《书义补正》等原稿传与单作哲。方苞去世后,单作哲往返数千里拜其墓,还竭力弘扬师说,完成恩师遗愿,刊刻方苞遗著《朱子诗义补正》于世,还与方苞子方信芳一起整理刊刻了方苞去世前手订的《张彝叹先生遗诗》《王昆绳先生遗文》。单作哲是方苞的嫡系传人,著述颇多,对桐城文派在山东的广泛传播和蓬勃发展起着重要作用。

方苞曾言:"吾所得士,博学如雷𬭸,聪明如单作哲,无憾矣!"单作哲不善书法,但方苞却与其子侄辈说他写字端直,与其为人一样,足见方苞对单作哲的赏识。单作哲得自方苞真传,古文自然有所成就,著有《古文法式》一书,可惜此书未能流传至今,致使今人难窥其在古文领域的造诣。

乾隆初年,族兄单德谟任杭州知府,单作哲应邀执教其家。乾隆九年(1744年)十月选授饶阳知县,主持编纂《饶阳县志》。他在任"清白自矢,明察以断,吏胥畏服,民不忍欺",尤其对盐店相沿之陋规,悉数裁去,并罢除一切苛细杂捐,裁撤了多余的勤杂人员。单烺在《送绍闻之饶阳并示紫溟》中说:

> 送尔轻离别,南枝异北风。
>
> 目穷千里道,泪尽一杯中。
>
> 寒雨留荒驿,清波倚短篷。
>
> 阳关新乐府,不忍听玲珑。
>
> 饶邑京畿宰,民间畏若神。
>
> 印床少留牍,辇路不劳人(时有平治道途之役)
>
> 相见温凉后,遍询骨肉亲。
>
> 道余仍落魄,鹿鹿困风尘。

单作哲在饶阳时,平反一件冤案,影响很大。商人何中祥与萧士登、萧士利口角而散,晚想就宿僧寺,僧人不收留,且恶语相刺。何中祥愤怒,上吊自杀。僧人惧怕,弃尸井中,被村人打水捞出,抬置旷野。何中祥之子遂告萧士登、萧士利谋杀其父。萧氏二人被逮入狱三年,未结案。单作哲到饶阳后,复理此案,认为有许多疑点,怀疑是桩冤案,于是就到事发地点做调查。恰那个僧人有讼事,单作哲忽然想起何中祥死处与其寺庙相近,遂讯问,僧人如实供出何中祥的死因,真相大白,萧氏二人蒙冤得以昭雪。

乾隆十五年(1750 年),单作哲调任河北枣强县知县(今河北省枣强县),"课农桑、崇学校、革摊派、谨催征、修邑乘,惩奸厘弊",纂修《枣强县志》。乾隆十七年(1752 年),修建枣强县城东西南三门,在护城河上筑砖砌桥梁,不久以病请假回籍。乾隆二十二年(1757 年)赴部谒选,再任饶阳,饶阳士民"走数百里请问者无虚日,咸以神君再临为祝"。后署邢台、曲阳知县。乾隆二十四年(1759 年)三月题补武清县(今天津市武清区)知县,在任洁己爱民,宽猛并用,忠于职守。当时武清县距离京师仅百里,徭役频仍,他将派向百姓的车马费改为轮流出车;车辆不够数,雇用车辆由官府付工价,以此革除了向百姓收车马费的陋规。单作哲在枣强与武清前后六载,曾屡办皇帝銮舆所经御路事宜,驾轻就熟。乾隆二十五年(1760 年),承办皇帝所经盘山路事宜,得赐糖果并蟒缎。而他所经手的差役,都由官府出钱,没有增加当地农民负担。

乾隆二十九年(1764 年),单作哲升安徽池州府江防捕盗同知,先后署理池州府、宁国府知府,摄理贵池县(今安徽省池州市贵池区)。乾隆三十年(1765 年),兼知府五个月,结案七十余起。池州府为山区,单作哲在办案中亲历查勘。他不避盛暑,早出晚归,废寝忘食,以致体力疲惫,感染痢疾,经月不愈,仍旧照常理事。幕友多次劝他注意休息,可他总是说没事儿。勤劳之性久而弥笃,这种精神是难能可贵的。单作哲在池州任,安徽巡抚知他谙练差务,曾派其督察船价和添办校尉劳役价款两差。此两差皆为棘手事。在船价方面,船家胆小怕事的,多为胥吏侵吞;狡黠跋扈的,又想方设法额外多得。至于校尉劳役价款,更是多方掣肘,软硬都不好办。单作哲洞悉诸弊,按时稽查,圆满完成差务。《安徽通志·名宦传》(清光绪版)称赞说:"听讼明决,胥吏惴惴奉法;绅士进遏,张髯危坐,不可干以私。"《池州府志·名宦传》载:"性亢直,意仁厚,修筑郡城不扰百姓""喜闻过纳善言,访民间利弊酌行之,其时夜户不闭,人沾其泽。"乾隆三十年(1765

年)乾隆帝南巡,单作哲办差得当,蒙恩赏赐貂皮等物。乾隆三十二年(1767年)卒于任上。其族兄单炜《哭紫溟弟》诗云:

> 不信讣音确,徐思泪忽倾。
>
> 为人多大节,历仕有循声。
>
> 常入孩提梦,遥怜白发生。
>
> 归田仍未得,追痛约同耕。

崇德守礼　品重当时

单作哲"性严毅,行不苟合,义不苟取;好直言,常面折人过"。他年少时有经世之志,不屑于治家;在官时自奉淡泊,食无兼味,朝服以外的衣服不穿丝绸;家里只置薄田数顷,保家人生计;经常周济贫苦族属及亲戚;居乡时,曾修葺单氏宗祠,置买祭田,家世清寒而弗顾。

单作哲成就离不开其母的教诲和其妻支持。单作哲的母亲来自胶州匡氏家族,匡氏家族是明代和清初的望族,"先世江南赣榆人,始祖福以武功食采于胶,因籍焉。历前明及国初,代有显者,宅产雄一邑"。单作哲为匡氏独子,"母举哲后即不妊,六七岁犹抱乳",然而匡氏对单作哲学业的督责却非常苛刻,单作哲"就外傅归必覆所诵,不能覆必予笞出痘,甫痂,即以朱书课摹画"。匡氏不仅严于督教,且亲授唐人五七言绝句,讲古人行孝事,从小教单作哲幼仪。在严父慈母相标榜的社会,如此严厉的母亲应比较少见,也正因如此,单作哲幼时就能脱颖而出,被称之为"神童","九岁属文,经师自逊为不及"。

单作哲富贵不忘糟糠之妻,夫妻伉俪情深。他与妻子刘氏是患难之交。单作哲没有发达时,当私塾先生的收入微薄,常靠举债度日,妻子刘氏日夜辛劳,以纺织所得助单作哲进京赴铨选,单作哲曾云:"余不善治生,丙辰成进士后,岁入稍裕,半耗于子母息,妻自归余后,习为纺织,佣一老妇代爨汲,旦夜操作,未尝有倦色。庚申冬,余赴铨都门,出白金数铤,助行李费,曰:是数年来十指所积也。"单作哲任官饶阳后,刘氏跟着去了县衙,临走还不忘捎着纺车,生活一直简朴。因为嫁女的缘故,刘氏回了高密,时间一长,单作哲对妻子甚是思念,于是作《初秋夜坐口占二律寄内子》一诗赠妻子。诗曰：

> 不见平安字，闲愁逐日生。
>
> 幼男初就傅，弱女试调羹。
>
> 世路嫌余拙，家门赖汝撑。
>
> 糟糠能不厌，尺素慰离情。

妻子不幸去世后，单作哲悲痛异常，撰写了《妻刘氏哀辞》，并写有悼亡诗多首。

单作哲有四子，其中有学阶的是：长子单可㘯，字昭子，号梦宣，监生，四库馆誊录，议叙任直隶南宫县（今河北省南宫市）县丞；次子单可晒，字昉子，号仲宣，庠生；四子单可萃，字尾子，号季宣，考授从九品。孙辈中也有监生、庠生。这些秀才子孙的成就虽然无法与单作哲相比，但也算书香余绪。这些都是与单作哲的教育分不开的。

在《紫溟文集》里，单作哲多次提到教育子女不忘祖德，不忘家训，勉励子女懂礼节、知进退、勤读书。例如他在《可地字说并箴》中，见其族侄单可地循循雅饬，赠其字曰"顺承"，勉励子侄顺亲孝悌，忠顺为本。他的《家言》《传经堂祀说示可㘯》《记教授祖考遗墨暨祖妣杖示可㘯》等篇，都是教育儿子牢记家训的名篇。例如《家言》中他对儿子可㘯说："从祖骏西府君语余曰：'吾兄弟三人，伯兄早逝，吾与弟居张仙庙后，南北异院，然饮食必共。吾以故近出，弟不先食，必具酒肉以待，或暮归必使人迎诸途；将近关，则弟已灯笼候道左矣。弟谦退，与物无竞，吾好以气陵人，然忿争之际，弟出一言相劝即为释，唯恐伤弟意也。'呜呼！余单独一身，未知有兄弟之乐也。吾见世之同气而参商者，未尝不痛心也！汝身为长兄，庶弟三人皆幼小，吾老矣，饮食教诲唯汝任，其永思先人之令德，以无忝所生。"

为人要读书，努力求自淑

单作哲性嗜书，"邺架万轴"，所得廉俸半购图书。自经史子集以及山经海志、医卜星相之属，靡不毕收。凡遇人有家藏旧籍善本，不惜重价购买，或组织抄录，他亲自校对。其他如金石图籍、名贤手迹，并皆装潢成册。历仕以来,凡归家,囊中尽是书籍。

单作哲性好为文。为文雅正清真,有方苞风格。尤好奖掖后进,在家居时,"每月会族中子弟考其文艺,而甲乙之"。在任时,每月到学宫考课诸生,亲自阅卷,并讲解文章。在池州时,有闲暇,常召各县教官相与讲论,终日无倦容,乐此不疲。单作哲著有《考妣遗事》《五经补注》《读史琐录》《有恒堂书抄》《古文法式》《紫溟文集》《紫溟诗集》等。乾隆二十九年(1764年)在池州任时,将所存邑人诗作三百二十一首题名《高密诗存》刻印,这为后人研究高密诗词文化留下了一份重要文献。

单作哲在政事之暇,辄话经史,对子女常说:"士不多读书,徒自潦倒,昏昧放逸,这就是没有人品。"他有一首写给长子单可玘的诗《示玘儿》,是一篇劝学的诗篇。当时大儿子已经十一岁了,还不知用功,于是他在饶阳县衙为远在家乡的儿子写了信,结合自身经历加以教诲。这首诗可谓舐犊情深,而所言又可谓发人深思。诗曰:

> 十年曰幼学,努力求自淑。
> 何况逾一岁,讵容仍鹿鹿(同碌碌)。
> 忆余十一时,经书已满腹。
> 搦笔学为文,千言常竟幅。
> 汝今如我年,父书未能读。
> 蠢蠢耽儿戏,不畏夏楚扑。
> ……
> 人为万物灵,对之宁无恧。
> 亦有芝与兰,芬芳世争服。
> 人为人所贱,曾不如草木。
> 吁嗟尔小生,日月不汝宿。
> 倘可暂宽假,岂不念舐犊。
> 长恐竟无成,爱汝能勿畜(同蓄)。
> 千里寄斯言,出入当三复。

守先人之遗训
勉忠厚以裕后

单烺的家风

　　清代康乾年间,高密北隅(今山东省高密市醴泉街道)寿星街单家大院出了一位官至知府的大诗人。郑板桥钦其人品,作字数幅为赠,且把此人的一句"不是好议古人,无非求其至是"作为读史名言。这个令人钦敬的人就是进士单烺。他良好的家风,影响了一代一代单家子孙。

九世为官不要钱

　　单烺(1708—1776年),字曜灵,一字青偊,号大昆崙山人,清代山东高密县北隅人,今山东省高密市委二号院宿舍是其故居,高密单氏长支十三世。父亲单凤文,字千仞,号彩章,增贡生,官至湖南布政司广盈库大使;母亲任氏,高密南乡梁尹人;外曾祖父任琪,进士,官至礼部员外郎;外祖父任培,举人,官至江西进贤县县令。

　　单烺于雍正十年(1732年)中举。乾隆元年(1736年)赴会试为贡士,旋丁母忧,乾隆四年(1739年)补殿试,取三甲第九十四名进士,初授龙门县(今河北省赤城县)知县。他在任时推行保甲法,盗寇悉靖,一境肃然。乾隆十七年(1752年)调任抚宁县(今河北省秦皇岛市抚宁区)县令。乾隆二十一年(1756年)调知宛平(今北京市丰台区)。他勤于政务,明察秋毫,平反七年冤狱。《畿辅通志》(清光绪版)记载,"邑多奸猾,吏莫能诘,其首尾案山积不可理",单烺"首杖蠹吏,清狱之淹滞者,期年政举"。直隶布政使准备开征北京西山煤税,单烺直言谏止。为平抑京城煤价,单烺奉命组织排泄积水,开掘西山旧矿,士民称便。乾隆二十五年(1760年),京郊大水,单烺为民请命,九谒直隶总督方观承,祈求发放赈济。方观承感动,勘灾赈济。单烺以政声卓异,得到乾隆皇帝赞赏。"政声上闻,上每语及京县辄称君。"直督方观承屡荐于朝,因"格于例"而不果。单烺的儿子单可基在《在庵笔闻》之《赈济无私》中说:"为官以操守为要。盖根本不立,诸弊丛生。而侵赈肥己,是夺饥民之食,尤干天怒。"单可基在这篇文章里,记载了其父单烺任宛平县令期间赈灾轶事。乾隆二十七年(1762年),宛平遇灾,单烺几次申请,声泪俱下,道府官员以临近的大兴县(今北京市大兴区)没有灾情报告为借口不准,他就以辞职相要挟。待得到允许后,单烺亲往四乡查验户口,谆谆告诫胥吏不得侵蚀赈灾粮款。宛平百姓"人庆更生"。临近的大兴县百姓也得到了赈济,皆呼曰:"单父母活我也。"赈灾完毕,余下款银两千两,胥吏建议,按照惯例可以作为"纸笔费"由县令支配,实则想要纵容单烺私吞。单烺说:"我怎能贪占利己呢?!"于是散尽余款给灾民。单可基在《陈醉汉》一文中借陈醉汉之口说赈灾的功德:"我辈非单青天,早填沟壑了。"

乾隆二十八年(1763年),单烺因为政绩突出,升任顺天府西路同知,乾隆三十三年(1768年)升广平府知府。在任六年,丁父忧归。史载:"率下清整,申前任龙门保甲法于属邑,步军统领尝有以名捕者,按册即获。会云南师兴,量均境内车马以次更用,民无蠹累,而以父丧去职。"乾隆四十一年(1776年),单烺服阕,补贵州铜仁府知府,勘决田地,清理积讼,苗民悦服,后又护理贵州粮驿道。松桃红苗人白王保为乱,众人以为众苗皆叛,惊慌失措,欲派兵剿灭。单烺向巡抚韦谦恒建议,叛乱者只七人,众苗皆受害,以苗人治苗即可,不必兴师动众。于是主动请缨,与贵东道佛德前去安抚,他一方面动之以情、晓之以理地说服教育苗众不要被白王保挑唆和蒙蔽,要求受害者弃暗投明;另一方面采取论功行赏的办法,"谕以为苗除害之意,且给以糗粮,众苗争先往捕"。白王保自缢,其党六人皆伏法,苗地相安无事。这件事充分展现了他危难时刻临危不惧、处事刚毅果敢的风格,受到人们的广泛赞誉。

单烺为官,处处为民着想,忠实地履行着为民"父母"的责任和使命,不忘家训,政声循良。他的为官清正廉明、勤政爱民的品德也深深影响着下一代。他在《送紫溟弟之杭州并柬充符兄》中谆谆教导族弟单作哲(号紫溟),要学范仲淹"先天下之忧而忧,后天下之乐而乐"的民本思想。当时杭州正发大水,他要单作哲与单德谟(字充符)一起"速共讲求流亡措安堵,全活一郡待命人",这样才"平生乃不负所学,家训无忝吾先祖"。他在《续刻世业录成感赋》中,细数了祖先的辉煌业绩后,接着谈了单氏家风、家法的传承。他写道:"发祥溯自陕州训,搜辑闻从顺治年。积学算来皆有后,敦行没去亦登仙。四乡居室多勤稼,九世为官不要钱。绵远唯凭家法好,宠荣莫忝国恩偏……"他是这么说的,也是这么做的,而且他的儿子们也行稳致远,很好地传承了他的家风。

单可基,字野甫,单烺次子,乾隆二十七年(1762年)举人,乾隆四十六年(1781年)三甲第七名进士。他为人谦和抑敛,遇人无论贵贱,以礼相待。他历任商城、洛阳令,多惠政,常常步行于村墟,与夫老谈孝友农桑事;调揭阳,摘伏惩奸,吏胥畏服。辞官回家后筑建"竹石居",啸咏其中,不与外事。

单可垚,字景甫,号三如,单烺三子,监生。他由四库馆誊录议叙河南汝阳县(今河南省汝阳县)、永城县(今河南省永城市)县丞。乾隆五十一年(1786年)十二月升兰阳县(今河南省兰考县)知县。乾隆五十四年(1789年)三月升睢州(今河南省睢县)知州,丁母忧后,补裕州(今河南省方城县)知州。奸民张化赴部告乡邻四十余家,上令严治。单可垚经过调查、严审,对被冤枉的村民全部昭雪。嘉庆元年(1796年),湖北白莲教徒率先揭竿而起,各地纷纷响应,引发了清代中期规模最大的一次农民起义,他率众防御,获胜;白莲教余部张汉潮等复略中州,他率众讨平,论功加二品衔,升浙江温州府知府。时温州盗匪猖獗,单可垚捐俸募团练乡勇,亲自督战,歼其渠魁,境内一时安谧。海氛不靖,备陈防海要务。水贼朱四统众三万,乘船而至,声言为其党羽报仇。单可垚誓以决战,对众人说:"我食君禄,死是分内事,你们速回籍!"既而,水贼围温州城,单可垚昼夜督兵,捍御三日后,夜中雷雨交加,急雨狂风,老树连根拔起,贼船尽覆。天明,单可垚领军出城掩杀,贼四散,俘获千余人,朱四单骑遁去。捷奏,钦命加四级,晋授通奉大夫。未几,引病归,卒于家。

单可垂,字工甫,号柳桥,单烺四子。性豁达,事亲以孝闻。乾隆五十四年(1789 年)拔贡授委用知县,署漳平。嘉庆十年(1805 年)三月任南安县(今福建省南安市)县令,南安俗好械斗、溺女,他设法劝禁,诸弊为息。嘉庆十二年(1807 年)九月,署理福清县(今福建省福清市)知县。嘉庆十三年(1808 年)八月,调任霞浦知县。摄汀州府同知时,海寇朱渍、朱渥兄弟盘踞深洋,四处为害,他奉命征讨,于除夕夜直捣海寇巢穴,一举击毙朱渍,朱渥率众乞降,海氛以靖,解组后不能归,闽人感其功德,竞相馈赠才得行。

单烺的孙辈中,也有几人任县官一类官职的。单为锜,字于湘,号耐村,附贡生,署甘肃清水县知县;单为宝,字子珍,号月樵,监生,候选知县;单为钤,字吉人,号旗南,监生,曾任江苏清河县(今江苏省淮安市清江浦区)马头司巡检、宿迁县(今安徽省宿迁市)主簿、铜山县(今江苏省徐州市铜山区)斗虎司巡检;单为鋆,字子衡,附贡生,候选兵马司副指挥;单为鎜,字鉴塘,监生,候选州吏目;单为镡,字欧亭,监生,候补主簿,借补兴国州黄颡司巡检。单可基辞官后,不时告诫弟侄勤勉为官。其《勉锜、镔两侄得县令》诗云:

> 计日弹冠百里临,丁宁勉自凛官箴。
> 须忧国事如家事,欲卜民心问己心。
> 历节好承先训远,恤人莫忘主恩深。
> 他年倘报循良最,扶杖遥听喜不禁。

单可垂也在《闻侄为衔讣》中说:

> 先德世清廉,囊橐少余蓄。
> 无田将何耕,有书不可鬻。

蔬食家风老未忘

单烺的母亲任氏"生世家而习于俭勤",晚年亲赴云南照顾夫君生活起居。当时丈夫官职不高,云南荒远落后,加上战争频仍,物力维艰,生活一度入不敷出。任氏率家人妇昼夜操劳,一年之内,她就形容憔悴。单烺深受其母亲影响,无论为官还是家居,粗茶淡饭,过着简单朴实的生活,诗中多有对田园生活的向往。他在《奉酬桐詹表伯题因陋草堂菜圃韵四首》之一中说:"陋巷自应结陋堂,小园一亩菜花香。清斋禅悦贫相称,蔬食家风老未忘。莫笑盘盂多韭品,且求醴酦溉藜肠。竹篱密插红尘隔,何物狂夫逐臭忙。"在父母的影响下,后代也谨遵家法,以蔬食为荣,以浪费为耻,省下钱财帮助困难的人。单可基在《自题小照》中曾言:"不嗜卢仝茶,不爱杜康酒。坐卧手一编,挥毫不停肘。"诉说自己简朴的生活。他生活朴素,廉政爱民,离开揭阳县令任后,当地百姓每逢他的生日还为他唱戏纪念。他在《闻揭阳人士逢余生辰作乐志愧》中说,"素餐每愧无遗爱,尸祝如何感故侯",可见他在秉承家训方面是认真的,以致致仕后"囊橐空如洗"。"衣因留客典,僮为借书忙。"因为请知心朋友留下来吃饭,把衣服都典卖了,真是一贫如洗。单可垂为官十四年,致仕家居后,生活如同普通百姓一样清贫。课孙之余,拄着拐杖到处转悠,吟诗作对,没有一个仆人跟随。《高密单氏实绩》称他为"百代之遗型"。

我不嗜钱不嗜酒,唯喜一编常在手

"我不嗜钱不嗜酒,唯喜一编常在手",这句诗是单可基《读书》中的一句,既是单可基的读书写照,也是他们家族学风的写实。

单烺自幼跟随祖父单庚学诗,"每夕自塾归,灯下课读唐人诗,(单庚)教以切韵法,及长益肆力于汉魏诸家。"覃思研究,学问大进。乾隆七年(1742年)游学北京,他与诸名流唱酬,声动日下,时有"山左三幼(高密单烺、曲阜颜幼客、博山赵幼后)"之称,乾隆十二年(1747年)回高密与李长瞵等创立"通德诗社"。后来单烺侍游湖南,又与沈纪荣、石闻琢、余立峰一班知名诗人交游,彬彬一时之盛。清代大学士刘墉曾有《答单可基以恶纸索书》诗,其后注云:野甫尊人青侅观察有句云"疏磬堕秋烟",人遂目为"单秋烟"。这就是单烺被称为"单秋烟"雅号的由来。单烺著有《大昆嵛山人稿》《大昆嵛山人稿别集》。时任太仆寺卿的一代文章宗匠陈兆仑为之作序,其中评论道:"……开卷读之,往往惊绝。盖大体胎于汉魏,独为举世所不为,而波澜意度囊括唐、宋以下,不名一格。于是知青侅之诗之工也。"

单煨不但自己发奋图强、著书立学、为人师表,而且把五个儿子都培养成才。次子单可基云:"基童年承先君子,教以声律之学。"长子单可地,附贡生;二子单可基,字野甫,童年即擅诗名,著有《竹石居稿》、笔记小说《在庵笔闻》。高密著名诗人李诒经《题单野甫诗稿》中说:"剧药烧丹养此身,那教白首更青春。争如一卷传千古,便是长生不老人。"三子单可垚,字景甫,监生,立下赫赫军功,并因此受到嘉奖提升,官至知府,授封通奉大夫。四子单可垂,字工甫,拔贡,终官知县,善词章之学,被称为"才名著当世,足为后人诗",著有《课心斋稿》《课心斋诗稿补遗》《闽中草》《浮槎漫草》等。五子单可椿(一作可瑃),字仁甫,号六如,附贡生,候选盐课大使、茂名县知县。单可基有一首诗《留别仁甫又成一首》较为自豪地介绍了兄弟们各自成才、恪守家法、兄弟友爱的情况,可谓上乘之作。诗曰:

> 矫矫双飞雁,灼灼连理枝。雁影忽南北,好花亦离披。
> 感念顾复恩,生我五男儿。同气实一身,惧失义方规。
> 在昔官洛邑,景甫宦于睢。两地迎慈母,人羡埙与篪。
> 今兹岭南游,仁甫复追随。彼苍岂无意,殊为家门奇。
> 奈何意外累,锄兰蕙代之。茹荼忍无言,区区天或知。
> 囊橐空如洗,剧邑虚尔为。唯弟急兄难,分俸数馈遗。
> 既供行李困,复肩宿逋追。顾兹鹡鸰爱,益增蓼莪悲。
> 升沉何足论,念弟独在兹。弟才殊英锐,我家推白眉。
> 纯刚化之柔,与时咸攸宜。我归亦云好,啸傲康水湄。
> 独念长兄殁,家计难支持。景甫防江守,筋力久苦疲。
> 工甫思作吏,自忘是书痴。况复去八闽,民俗尤浇漓。
> 思之终夜叹,音断天南陲。一门承雨露,四地足相思。
> 我去弟努力,莫自负良时。勉哉唯忠孝,家庭永怡怡。

单可垂致仕后,也把教授孙辈为己任,恪守诗书传家之风。单可垂有一首《课诸孙夜读》,较为生动地反映了祖孙夜读的情形。诗曰:

> 藏息依然守故吾,寒宵课读等师徒。

祖孙一几环三面，茅屋三间傍一隅。

敢望功名能远到，唯期矩蠖守良图。

回头灯火儿童日，兄弟追随雨雪俱。

唯愿忠孝慎始终　年年长享天家禄

单可基在《在庵笔闻》之《先子遗事二则》里记载了单烺忠厚传家的故事。他一生没有纳妾，在他担任广平知府的时候，他的夫人黄氏偷偷派人到天津购买了一位美女，打算为他纳妾，供他使唤。她打算到了衙门再告诉他。当时单烺的父亲也在署衙供养，正卧病不起。单烺知道了，十分生气，说："哪有老子卧病在床，儿子纳妾的，真是岂有此理！"他立即下令辞退了那位女子，连钱也没让退还。后来单烺调离广平时，当地群众感恩，自发为他立生祠，已经动工了。单烺听说后，立马遣人拆掉。他的前任病故，亏空官银两千四百两。当时他丁忧在家，他的族弟单试升在直隶（今河北省）一带当县令，打算为他垫付。广平的同事王永年已经调到磁州，听说后也写信告诉单烺，打算帮他分担。单烺一概拒绝。他说："我接前任交代的款项，反而累及兄弟和朋友吗？"于是交代家中变卖土地等归还。

单烺的行为也感染着儿孙们，事事不忘祖训，积德行善，福佑儿孙。本县一个李姓人家向他的大儿子单可地借贷，到期时多算了二十两银子。次日，单可地找到李姓人家问他账目对不对。起初李某人以为算错少还了，直到单可地从袖子里拿出二十两还给他，他才如梦方醒。人以为这是诚信不欺、忠厚老实的典范。单可基在《自题小照》里，有个名句"守先人之遗训，勉忠厚以裕后"，这是他的心路历程。他在《景甫六十初度仁甫率侄镔、镇至裕署庆祝诗以志喜》中，对三弟可垚高度评价，并以忠孝相砥砺。其中有句：

人人尽道长官好，黄童白叟祝长生。

一门欢聚乐骨肉，先畴德积儿孙福。

唯愿忠孝慎始终，年年长享天家禄。

单可垂在《祁孙来闽，读其过兰溪诸作，颇有清超之致，诗以勖之》中有句：

> 吾宗家世本忠孝，烈愍大义照乾坤。
>
> 唯愿与子共勉旃，不愧单氏之子孙。

他在《同大侄为星侄孙祁对酒夜话》中有句"祖训不可忘，先服期共守"，可见，单烺的家风是一脉相承的。

恪守遗训
砥行力学

张善述的家风

清代著名学者掖县(今山东省莱州市)人李兆元曾经为嘉庆元年(1796年)高密南河湾《张氏族谱》作序。其中有句:"至清乾隆时,西铭公复以弱冠成进士,其兄弟子孙砥行力学,贡成均,登贤书者,一门中后先接迹,积善之家必有余庆,《易》之言信矣!"这里的西铭公,就是张善述。

张善述(1720—1768年),字薪传,号西铭,进士,清代高密西隅人,居县城南门里河湾,后世称他这一张姓为"河湾张"。张善述祖父张殿辅,庠生,因为孙子张善述得到朝廷封典,敕赠为文林郎,广东肇庆府高明县(今广东省佛山市高明区)知县,敕文中有句"嗣清白之芳声,泽留再世;衍弓裘之令绪,祜笃一堂"。祖母仪氏,因故得封为孺人,敕文中有句"职勤内助,宜家久著其贤声;泽裕后昆,锡类式承乎嘉命"。父亲张惟忠,字进思,太学生,因故得封为文林郎,江南庐州府合肥县知县,敕文中有句"提躬淳厚,垂训端严"。母亲李氏,因故得封为孺人,敕文中有句"家风肃穆,内则娴明",可见家风严谨。张善述在兄弟六人中居次。兄张善继,字兰庭,岁贡生;三弟张善绪,字敬轩,邑庠生;四弟早亡;五弟张善行,岁贡生;幼弟张善举,字时翔,邑庠生。张善述历任合肥、繁昌、高明等县知县,为官有善政。他的夫人单氏贵而能勤、富而能俭,培养子孙刻苦读书,励志成才,留下一段治家佳话。

张善述中举人,是在雍正十三年(1735年),年仅十六岁。少年登科,为当时高密盛事。他于乾隆七年(1742年)中进士,乾隆十六年(1751年)

授安徽合肥知县,署理庐州府江防同知。乾隆十七年(1752年)出任壬申恩科乡试礼记房同考官。乾隆二十年(1755年)改任繁昌知县,以丁忧去职。乾隆二十六年(1761年)出任广东高明知县。《高明县志》(清光绪版)载:张善述在高明四年,"为官简朴,沉极能断,屏翻浮嚣,署无冗食之人""政去繁苛,治尚体要,案牍悉清,民咸赖以安居乐业"。张善述崇尚教育,每月亲课士于署内,随定甲乙而奖赏之,一时士习彬彬日上。张善述于乾隆二十九年(1764年)复以丁忧去职,乾隆三十三年(1768年)去世。他屡宰大县,所在有政声,没及大用,突然得病离开人世,享年四十八岁,士民无不惋惜。

张善述去世后,其妻单氏擦干眼泪,担负起治家的重任。单氏出身名门,其父单履贞,字于冬,监生,候选州同。她是张善述的继室,为子孙请良师,择益友,朝夕督责,毫不姑息,教育子孙力学苦读。乾隆年间左都御史、提督浙江学政、诸城人窦光鼐在《张母单孺人寿序》中说,单氏"恪守遗训""无愧顺德",门内"孙辈十余人率循循雅饬,朝夕诵读不辍,未敢稍予外事,其严正有如此"。他又感叹道:单孺人"自吾友之亡,奉其家法循而行之二十余年如一日焉。夫谨身寡过,承先启后,此士人之所难,而乃于闺阁得之,可谓贤矣!"在单孺人的精心培育下,张善述的四个儿子,都有建树。老大张楫是恩贡生,以明经终。老二、老四是太学生,老三张梃,字徕圃,号砺坡,年未弱冠即中举人,官临朐教谕。嘉庆元年(1796年)敕授修职郎,敕文中有句"持躬有素,奉职无惭。教以诗书文义,实资于讲习;谕之礼让士品,正籍以陶成"。他教士有法,当地文风为之一变。张梃是一位诗词名家,著有《砺坡草堂诗集》《砺坡草堂词集》。致仕后杜门课子侄,多年不予外事。

张善述孙辈中,老大张楫四个儿子都有成就,依次是:张星炜,字赤城,号鹤亭,性醇和,工诗文,乾隆六十年(1795年)乙卯恩科举人。张星炯,字鉴亭,号丹城,又号耐庵,嘉庆年间岁贡生,候选训导,著有《师圣堂文集诗集》。张星烺,字斗南,庠生;张星炳,字景离,增生。张善述其他孙子中还有附贡生、太学生、庠生、增生等四人。李兆元在其《十二笔舫杂录》之《梅影丛谈》中提及张星炳、张星炜兄弟。李兆元曾是张善述的学生,还与张星炜是同年举人。他记载:张星炳"天资卓荦,喜为诗"。嘉庆二年(1797年)秋天,张星炜因为参加府试来到莱阳,相晤于铭墨轩,谈及古诗声调,认为李兆元知诗,迫切地请他写成册子。于是,李兆元书写了《或问五则》赠给张星炳。李兆元在《客窗剩语》中提到张星炳:道光三年(1823年)冬天,李少堂请假暂回高密,李兆元以《古本大学诂略》《中庸贯》《十二笔舫杂录》转寄张星炳,甲申(道光四年,1824年)春,李少堂来河南,星炳题四言古诗一首寄来,云:"用志不纷,乃凝于神。盛德大业,富有日新。扶世翼教,程朱之伦。彝鼎金石,宜亿万春。"李兆元读之不觉汗下,"然,良朋千里赠言,所当奉为箴铭,益自勉励,录之以当书绅"。《客窗剩语》里他也提及张星炜。他说:张鹤亭"性醇和,工制艺,诗无稿。录其《过溯泽村访友》句云:垂杨通曲径,落日照高楼"。

张善述的曾孙中,也有人缵绪家学。张埂,字翼斋,号静庵,清道光十七年(1837年)丁酉拔贡,著有《小酉山房享帚编》《诗赋稿》;张垲,字君阜,号伯高,清道光十二年(1832年)壬辰岁贡生;其他庠生、增生、廪生等六人,还有官品至六品者。其中张埼,字蔚堂,六品衔候选兵马司吏目,他是张楫之孙,张星烺之子,同治九年(1870年)曾为其祖父母讨得朝廷封典,分别封为儒林郎和安人,敕文中中有句"弓裘衍泽,瓜瓞绵麻""德懋兰仪,光生槐里",可谓祖孙几代,家法世守,后者继起,门庭耀彩。

知将清白绍家传
更向诗书期后进

刘墉的家风之一·学风

　　刘墉(1720—1805 年),字崇如,号石庵,清代山东省诸城县逄哥庄社(今山东省高密市逄戈庄社区)人,乾隆十六年(1751 年)进士,嘉庆年间官至体仁阁大学士、太子少保,卒后谥号"文清"。他是清代著名政治家和书法家,是高密的历史文化名片。高密号称"三贤故里",其中一贤就是刘墉。刘墉和他的父亲刘统勋、侄子刘镮之三世宰相,一门三公,被乾隆皇帝称为"海岱高门第",世所罕匹,留下了良好的家风。雍正年间曾执教刘家的安丘名士李漋曾经感慨地说:"近世言家法者,首推东武刘氏。"嘉庆皇帝还没登基时,有诗《题石庵师傅槎河山庄图》,其中有"相国家声著,洋洋表海东"之句,盛赞其族家风。

　　刘墉一族的发迹,是从其曾祖刘必显开始的。而刘氏家族之所以发达显贵,则是因为有良好的学风。

　　刘必显(1600—1692 年),字微之,号西水,明末清初诸城逄哥庄社(今山东省高密市逄戈庄社区)人,进士,官户部员外郎,有清名。刘必显幼时,刻苦力学,家贫无书可读,其父于亲友处看到好文章,就抄录到废纸或书写于手掌或手臂上,归家教授。年少时避乱山中,父老惊恐未定,忽闻读书声,原是刘必显于石上摊书朗读。刘必显十九岁成府学秀才,岁试第一,为青州府十四县之冠。明天启四年(1624 年)中山东乡试第六名举人,此后三十年屡试不中,又因倔强成性,耻事干谒,遂至家徒四壁。有人劝之出仕为官,辞曰:"唯思得进士二字,启牖后人耳。"清顺治九年(1652 年),年过半百的他终于考中进士,授行人司行人,终官户部广西司员外郎。刘必显致仕归乡后,构筑槎河山庄(故址位于山东省五莲县大刘家槎河村)别业,在山庄中教育子孙力学苦读。在他的教育和影响下,他的四个儿子中有二人中进士。他的十七位孙子中有十二位中举人,其中三人又中进士。六十一位曾孙中十五人中举人,其中三人再中进士。后裔中还有二人中进士。有清一代,东武刘氏家族共有十一位进士、三十五名举人、秀才一百多人,科第之盛,山左无双,冠冕一时。东武刘氏后裔不仅在科举制艺方面非常突出,而且在文学艺术方面也很优秀,家学源远流长,出了不少诗文、书法、绘画、收藏鉴赏名家,彪炳于世。其中,刘延圻辑清顺治到清晚期刘氏八代七十二人诗作千余首诗词,汇成《东武刘氏诗萃》刊刻面世,成为家族诗词文化集大成者。

刘必显的儿子刘果和刘棨,则将父亲创造的良好学风发扬光大。刘果,字毅卿,一字木斋,晚号樵云老人,进士,官至江南提学道。刘棨,字弢子,号青岑,进士,官至四川布政使,以清廉闻名于时,《清史稿》有传。

据记载,刘果幼时愚钝,六岁就学家塾,授以书不能读,唯昏昏思睡。一日,有道士至门,"执手孰视,口若有所属",此后"日诵数百言终身不忘"。刘果不仅长于文学,又富有武略。史称:"神仪岸异,疏目美髯,人以髯仲呼之""有勇力,时值天下大乱,开弓射贼,发必应弦。"明末,祖父刘通死于农民起义军之乱,刘果随父刘必显南迁金陵,投靠表伯郑瑜。郑瑜时任南明御史,劝刘必显父子出仕,刘必显辞曰:"家世业儒,虽未能以文章名世,终不敢投笔事戎。"清朝入主中原、定都北京后,刘果回归故里,家徒四壁,蓬蒿没人,刘果"略无一顾",发愤读书。顺治十五年(1658年)中进士,终官江南提学道。刘果重视人才培养,康熙十七年(1678年)擢升江南按察司金事、提督学政,梁章钜《制义丛话》中夸赞他:"力挽狂澜,拔幽滞于前茅,置时髦于未第,而江南之文渐有起色。"江南才子戴名世对刘果佩服极致,其在《上刘木斋先生书》中感激刘果知遇之恩,"今先生之所以赐予名世者,可谓至矣,名世之文,先生识之,名世之名,先生振之。"刘果工诗,归里后,与王钺、丁耀亢等诸城文人日相唱和,著有《芜园诗存》《十柳堂诗集》。此处选其二首,可窥其底蕴。其《书怀》诗曰:

我自田间长,宁贪富贵名。

读书诚剩事,作吏亦闲情。

白石何堪煮,黄茅尚可耕。

弹冠与负耒,所重在谋生。

其《园中偶成》曰:

向夕园林静,开襟纳晚凉。

拙难逢世好,贫不碍吾狂。

梅影重遮日,荷风细递香。

石田收获少,一任野云荒。

刘棨少即能文,十一岁补诸生,十五岁时,著名文士德州人田雯非常欣赏他的文章。康熙十四年(1675 年)中举人,康熙二十四年(1685 年)中进士,终官四川布政使。刘棨继承乃父家风,教子严谨。其子"六岁就外傅诵经书""既长,被服食饮,比于寒素"。刘棨有十子,其中八人中举,中举者中又有三人中进士,父子九登科,清代唯有刘棨父子一家而已。刘棨可称得上是古往今来育子成才的楷模。刘棨诗书文俱佳,著有《恩荣纪略》《金牛峡赋》,诗入《晚晴簃诗汇》。

真正让东武刘氏家族走向巅峰的则是刘统勋和刘墉父子。由于他们父子光彩夺目的政绩,反而把他们的文采淹没了。刘统勋,字延清,号尔钝,刘棨之子,雍正二年(1724 年)进士,官拜东阁大学士、首席军机大臣,卒谥"文正",被乾隆帝誉为"真宰相",为清代名臣。他出身翰林,诗书文冠绝一时,诗作清丽典雅、风致嫣然,文章大气磅礴,当时凡朝廷大典礼诸巨制多出其手,书法飘逸潇洒、圆润俊美。著有《刘文正集》,诗入《国朝山左诗续钞》《晚晴簃诗汇》。刘墉则是乾隆十六年(1751 年)进士,大诗人,大书法家。刘墉博通经史百家,然政治文章为其书名所掩。其擅长水墨芦花,工诗善对,精于书法,曾自评:"诗第一,题跋次之,书又次之。"王昶《蒲褐山房诗话》称其诗:"清新超悟,有香山、东坡风格。"刘墉著有《刘文清公遗集》。其书法貌丰骨劲,味厚神藏,超然独出,自成一家,名盛一时,有"浓墨宰相"之誉,与翁方纲、梁同书、王文治齐名,为清代四大书法家之一。

书法作品有《清爱堂石刻》《阴骘文太上感应篇》《楷书心经》《曙海楼心画初机》《刘文清公手迹》等帖行世。

刘墉的诗留世的主要收藏在《刘文清公遗集》和《刘文清公应制诗集》中,现摘其诗两首,供欣赏。

武昌怀古

大别山前江水横,烟波江上古今情。

王敦不忌温忠武,刘表翻嫌祢正平。

城郭人归云未散,汀洲春绿草还生。

秋风吹梦潇湘浦,回首南楼月正明。

论书绝句

苏黄佳气本天真,姑射风姿不染尘。

笔软墨丰皆入妙,无穷机轴出清新。

刘铉熙,字尔厚,号恬园,刘墉二伯父,康熙五十二年(1713年)举人,著有《南村集》。其《书怀》诗云:

无弦琴里有知音,方丈萧然百不侵。

明月伴人还闭户,清风惠我暂开襟。

时从远道怀良友,别向陈编寄赏心。

胸次何当一荡豁,振衣千仞发长吟。

刘纯炜,字仰仲,号霁庵,刘墉八叔,乾隆四年(1739年)进士,官历杭州知府、浙江布政使、顺天府尹、光禄寺卿等。著有《性理集说》《九经辨疑》《霁庵诗略》等。现摘其诗二首,以飨大家。

夜读苏集

披襟独坐户常扃,一盏孤灯吐焰青。

幸有子瞻相伴在,夜深无语劝惺惺。

留别长宜

检点三年事,归装一叶舟。

凄凉行色晚，惨淡暮云收。

结绶嗟何滞，悬车愿早休。

故园松菊在，念此倍难留。

刘壿，字淡明（澹明），号廉园、宗华，刘墉九叔，雍正十年（1735年）壬子科举人，著有《清欢堂诗集》。单烺《大昆崙山人稿别集·感旧三十八首》之《刘宗华》中记载："公讳壿，字澹明，号宗华，壬子举人，诸城相公犹子，高才绝学，凌厉一时，有《槎河山庄诗集》。"刘壿《入学》一诗，可以看作他叮咛晚辈诗书传家的谆谆之情：

手泽如新卷帙罗，昔贤心苦此经过。

家传弈叶金针诀，学积耄龄铁砚磨。

精业勿荒依雪月，怡情余暇任弦歌。

尔曹早厌乡人意，朱紫衣裳致敬多。

刘昫，字原隰，号樵岚，又字信南，刘墉堂兄弟，清四库全书馆议叙，历任广西凌云县县丞，奉议州州判，著有《防边草》《扶苏近草》等集。《东武刘氏诗萃》收录其诗八十首。他的《示鼎铭》一诗饱含了对晚辈继承家风的殷切期待：

暇时怜汝常萦念，昨日平安信一通。

万里寄书今长大，昔年离我尚孩童。

语言应惯随慈母，面目何曾识乃翁。

远路趋庭还有待，诗书莫忘旧家风。

其《岁暮》诗，叙述了虽处官署，却如客旅的清贫生活，反映了他的"清宦"仕途。诗曰：

衙鼓声中岁暮心，典衣未赎冷先侵。

渐衰筋骨贫兼病，无著情怀醉复吟。

官舍却疑成旅舍，乡音尽已变蛮音。

年来不作思归赋，莫道家书抵万金。

刘界，字子仁，号云岩，刘墉堂兄弟，直隶新城县（今河北省高碑店市）县丞，著有《云岩诗稿》《倚树吟》。其《秋日村居》惬意销魂：

> 山郭朝晖静，溪村霁色新。
>
> 门前黄叶树，窗里白须人。
>
> 诗酒情偏惬，田园乐最真。
>
> 那堪回首处，十载误风尘。

其《杂诗二首》之一云：

> 自叹谋生拙，终年守故居。
>
> 荒庭三径草，老屋一床书。
>
> 仆为贫常去，朋因病稍疏。
>
> 宇中名胜地，欲往出无车。

刘臻，字凝之，号筠谷，又号及菴，刘墉堂兄弟，乾隆九年（1744年）甲子科举人，历任砀山、嘉善、定海等县知县，所至有政声。当刘臻担任祖籍河南砀山县知县时，其父刘组焕作诗《寄示臻儿时令江南砀山县》勉励他，诗云：

> 别来已是再经春，闻尔仁声政克敦。
>
> 心警桁杨如保赤，情殷桑梓善推恩。
>
> 清勤永励媲三异，敬慎常怀对九阍。
>
> 我勉簿书儿抚字，循良家学共图存。

刘臻工诗，著有《筠谷诗略》《清泽草堂草》等，诗入《国朝山左诗续钞》。清代著名文士童钰为其诗集作序，在序中云："筠谷旷世轶才，幼癖吟咏，于世之所称大家名家者无一摭其华而寻其根，而且不摹拟以从同，不搜奇以立异，无一诗不类前人，无一诗不自成其为筠谷。不离古，复不泥古，所谓变而益上，卓然能自有其体者非欤？"其《自高淳东坝泛舟小溪趋溧阳》一诗可见其诗风：

> 不信前溪渡，渔舠可径通。

几湾瓜蔓水，一剪柳丝风。

海燕翻波惯，吴儿拍棹工。

客心孤绝处，天末有归鸿。

其有《清泽草堂》四首，可以看出其继承家风的拳拳之情：

廿载堂皇辟，三春葺缀停。

晶哉延世业，怆尔抚先型。

丹臒无多饰，榱题几度经。

高颜清泽字，永念守门庭。

阶除沿剩迹，十笏可行吟。

霜雪松筠古，风尘岁月深。

尊彝重拂拭，卷帙足披寻。

燕子仍巢旧，双双语翠荫。

虚白生窗户，空冥任草莱。

底须规广厦，聊用避喧埃。

屏迹无悬榻，忘机剩覆杯。

浪浪终夕雨，着意护莓苔。

敢诩怀清志，期将世泽绵。

薄开三径晓，不梦五湖烟。

题识推前辈，恢宏付后贤。

崎岖重回溯，稳卧一枝便。

刘诗，字孟雅，号学三，刘墉堂弟，乾隆四十三年（1778年）进士，历任邵武、晋江、彰化等县知县。著有《洗心亭未定草》《园林百吟》等集。欣赏一下他的《江村晚望》，俨然一幅晚秋江岸诗画图：

秋晚江亭上，山光静远天。

凉风来古渡，宿鸟带寒烟。

老树翻黄叶，寒流咽碧泉。

渐看新月上,流影入渔船。

刘书,字仲雅,号云樵,刘墉堂兄弟,监生,四库全书馆议叙,历任江州州同、大同府通判、饶州府通判,升四川石砫直隶厅同知。著有《仲雅诗草》。其《归来》一诗却从离别写起,别有一番滋味在心头:

握手无多日,分离又在兹。

望君频极目,惠我早题诗。

此别真难别,相期定有期。

故园松菊茂,且去莫羁迟。

刘锋,字子性,号箅溪,又号诚斋,刘墉堂兄弟,官正定府经历,著有《箅溪集》。欣赏他的两首诗,体味其家风悠远:

不寐

不寐乱愁集,半窗斜月明。

病能消妄念,贫可助诗情。

书剑空回首,纷繁误此生。

夜寒村漏歇,欹枕待鸡鸣。

秋夜吟

竹窗笼月雨初晴,凉入帘帏布被轻。

自过重阳减酒兴,不堪长夜听秋声。

眼中见惯升沈态,老去偏多故旧情。

几度推敲一字稳,无人知我苦吟成。

刘墧,字峻若,号澹园,刘墉堂兄弟,增监生,著有《挹秀山房》《西江一櫂》等集。其诗数量巨大,体裁多样,内容丰富,成就较高。内容不仅涉及自然、历史、民俗、旅游、交游、收藏、书画鉴定,还涉及大量日常生活及其用品,琳琅满目,美不胜收,堪称一部博物志、民俗志,对于研究清代刘墉家族文化和高密、诸城地方历史文化具有极高的史料价值。其《赠惺斋弟》可以一窥刘氏家风传承的脉络:

南风五雨帆来远,泥汉河中水流浅。

入君官舍风景清,榷务从容瓜代缓。

馆中下榻话离情,别后几何霜鬓生。

见说上官皆器重,知曾署内看题名。

题名初刻知何日,姓字百年传此邑。

当时家计尚萧条,独使清风继前哲。

吾侪食德凛诒谋,出处不齐情志侔。

嗟余才薄甘林壑,惭愧声名似少游。

喜君少小承清训,到手一官逾自慎。

知将清白绍家传,更向诗书期后进。

大儿文章肆已成,北觐慈闱衣彩明。

文章获隽非难事,早晚乡园报捷声。

我来朝夕忝欢宴,乡国风光眼中见。

酒量缘兹十倍宽,一把芳樽至宵半。

刘棨的后裔中,有诗稿的人还大有人在。刘塒,字敬庵,号西岩,刘墉堂兄弟,清雍正十三年(1735年)乙卯科举人,成县知县;工诗,著有《海上吟》《丙戌诗草》,诗入《国朝山左诗续钞》;又工书法,福建泉州清源山有刘塒题刻,署名"东武敬庵刘塒"。今甘肃省成县的杜甫草堂,留有刘塒所作的诗、其堂兄刘墫书丹的石刻,镶嵌在草堂后院北侧墙壁上,碑文为一首五言诗及长达百余字的识跋,其书法清新劲健,潇洒自如,在杜甫草堂所存诗碑中别具风格。刘墫,字象山,号松庵(又号松坪),出身翰林,累升江宁布政使,内迁鸿胪寺卿,工诗善书,诗入《晚晴簃诗汇》,与刘墉唱和甚多,二人私交甚笃,常有赠答,著有《同善堂见闻录》。刘之铉,字心远,号约亭,又号允淑,廪贡生,著有《四友斋诗稿》。刘鼎铭,字禹功,号澄园,监生,著有《仙莲山房集》。刘镮之,字佩循,号信芳,乾隆五十四年(1789年)进士,历任乾隆、嘉庆、道光三朝,官至太子太保、吏部尚书,卒谥"文恭",著有《嘉荫簃诗稿》。刘铨玮,字子韦,号顾溪,嘉庆三年(1798年)戊午科举人,著有《顾溪诗集》。刘铨珹,字子默,号琪园,官至都司,著有《琪园诗稿》。刘喜海,字吉甫,号燕庭、荫生,室名嘉荫簃、味经书屋、十七树梅花山馆、来凤堂等。为清朝道、咸间著名金石学家、古泉学家和藏书家,官至浙江布政使,署理浙江巡抚。他精心博古,好搜奇书,有宋刻唐人集数十家,皆精本,家藏金石器物甚丰。著有《长安获古编》《昭陵复古录》《苍玉洞宋人题名》《海东金石存考》《金石苑古印偶存》《海东石墨古泉随笔》《泉苑精华》《嘉荫簃论泉绝句》《古泉苑》《清爱堂家藏钟鼎彝器款识法帖》等集。其所补编《古泉汇考》为当时古泉学集大成之巨著,《三巴金石苑》(别名:三巴香古志、三巴汉石纪存)为巴蜀地区历代金石图文并蓄之第一部著录。刘喜海亦是四川宋代铁钱研究的拓荒人。《海东金石苑》是刘喜海在朝鲜友人协作下而成,是我国古代搜集、研究朝鲜石刻成绩卓著的一部典籍。在这本书的序中,刘喜海道出了与朝鲜友人赵寅永(赵云石,名寅永)、金正喜、金命喜等的交往以及该书的资料来源。刘喜海工诗善书,著有《嘉荫簃诗集》。刘雨亭,号普甘,监生,官至安徽建平县知县,著有《鸿雪轩诗稿》。刘津,字清溪,号晴川,著有《晴川集》。刘仲爵,子寄耷,庠生,著有《淡虑轩诗草》。刘渼,字文川,号怡园,著有《怡园诗稿》。刘春元,字子元,号橘亭,庠生,著有《凌寒斋诗文存》《寇警记略》《披衲余编》《桑梓图考》等集。刘怀朴,字念初,号德常,庠生,著有《半园吟诗稿》。刘云栋,字清臣,号纪卿,又号琴山,监生,候选知县,著有《清臣吟草》。刘隆业,字遇初,著有《爱鹤轩诗草》。刘凤鸣,字声山,庠生,著有《与石居诗稿》,等等,可谓一门鼎盛亲风雅。由于刘墉一族的良好学风,清代潍水西岸,巴山脚下,凸显一块文化高地,一骑绝尘,声动天下。

遁良自古尚和平
独使清风继前哲

刘墉的家风之二·宦风

东武刘氏一族,自刘必显踏上仕途起,就留下了为官清廉、作风果敢、勤政爱民的良好宦风,久负盛名,几世不衰。刘必显在督理中南仓时,种菜以自给,数月不知肉味。其同乡好友、清代著名文学家丁耀亢赠诗云:"到门偏厌客求鱼,下榻先言未扫除""官府计斗难分俸,隙地成园自剪蔬"。其子刘果康熙三年(1664 年)出任山西太原府推官,"时存矜慎,谳牍山积,皆目阅手批,未尝轻假他人,狱无淹滞"。刘果又捐修文庙,兴办义学,平息太原、榆次两县百姓引汾水溉田争讼。当时有一个富人为了打赢官司,用 500 两黄金做成黄鼠贿赂刘果,被他严词拒绝了,当时百姓谣曰:"死黄鼠瞒不了活青天。"他在担任直隶河间县(今河北省河间市)知县期间,"才识赡颖,案牍罔滞,招集流亡,家立尸祝。"所谓"尸祝",就是人还健在,为之立牌位,向他祷告、祈祷、感恩。康熙九年(1670 年),康熙皇帝微服私访至河间。问一老人河间知县贤否?老人回答说:"我活了七十年了,从未见到刘令这样的贤令。"康熙起初不信,每到一处"辄集父老问之",都说"无如河间刘令"。康熙即日驻跸吕公堡召见刘果,见其须眉不凡,康熙暗自惊奇,命骑马随从,询问河间徭役税粮条目等事项,刘果所奏对答如流,从行十余里,命回县办事。康熙回京后,谕吏部云:"朕田猎畿南,访知河间知县清廉爱民,才具优长,着从优议叙。""一时声望传闻中外。"遂擢刑部江南司主事,参修《大清律》,甚受刑部尚书艾元徵倚重。康熙十二年(1673 年)出任九江关监督,次年升刑部四川司员外郎,康熙十五年(1676 年)升刑部浙江司郎中,康熙十七年(1678年)擢升江南按察司金事、提督学政。刘果卒后,崇祀高密乡贤祠,入《山东通志》。

　　能够继承父兄为宦之道,将清廉爱民之风注入家族基因的,莫过刘棨。刘棨是康熙年间著名廉吏。他中进士后,于康熙三十四年(1695年)出任湖南长沙县知县。其兄刘果赠诗《寄长沙家弟》云:"三千路隔水盈盈,岳麓山头雁字横。爱尔风流新令尹,赠君清白旧家声。慈能利物方成惠,廉足招尤为好名。使气恃才皆俗吏,循良自古尚和平。"刘棨果然不负众望,其任长沙时,"以廉明称""居官廉惠,见义奋发,尤善应变"。《长沙县志•名宦传》(清同治版)载:"年少高才,听断如流,各上宪有繁剧重任必委棨,合省守令有疑狱重案皆咨访之。公暇即至义学,与诸生论文,寒暑不倦,严厉课程,亲定甲乙。"湖广总督吴琠以循良举荐,授陕西宁羌州知州。时值关中发生灾荒,汉南地区尤为严重,宁羌州无储粮,需要救济,但宁羌地处深山,运粮困难。刘棨请上司准将邻县仓储粮借给百姓,并动员百姓自运,规定自运一斗粮者付给三升作报酬。不到十天,运回粮食三千石。上司亦仿效此法救济其他县,及时解救了灾民。上司又派刘棨赈济洋县(今陕西省洋县),他先亲自沿江踏勘路线,再按人定量发粮,不几日全部运完。他对洋县县令说,此粮是借贷的官粮,倘若百姓不能偿还,咱们两人当替百姓偿还。到了秋后,洋县百姓自动如数还清粮食。宁羌地区十分贫穷落后,百姓苦不堪言。刘棨"为均田赋,完逋赋,补栈道,修旅舍,安辑招徕,期年而庐舍萃集"。百姓感念刘棨,"呼为刘父,每饭祀之"。宁羌多槲树,宜养山蚕,刘棨便派人回家乡,购蚕种,请人传授养蚕织绸技艺。宁羌百姓皆受其利,将织成的丝绸称为"刘公绸"。康熙四十年(1701年)擢甘肃宁夏西路同知,未及赴任,丁母忧,服阙后,补长沙府同知。康熙四十三年(1704年)奉旨入京引见,试文艺于乾清门,即日授山西平阳府知府。时值地震之后,平阳疮痍未起,刘棨用心周济抚恤,岁歉煮粥赈饥,修葺文庙,整理乐器,重建鼓楼,开拓试院,延请孔尚任主修《平阳府志》。《平阳府志》(清康熙版)记载:"在任吏惕民怀,善政不可胜举。"康熙四十八年(1709年),皇帝下诏从全国各地选拔操守清廉、才学优长之员,以知府被举荐者唯平阳刘棨与湘潭陈鹏年二人。康熙四十九年(1710年),擢直隶天津道副使,"迎驾淀津,诏许从官恭瞻亲洒宸翰",刘棨趁机奏其兄刘果任河间知县时曾受到"清廉爱民"的褒奖,乞赐"清爱堂"额,康熙皇帝遂书"清爱堂"相赐,"清爱堂"从此成为刘家的堂号,声名远播。康熙五十一年(1712年)升江西按察使,次年升四川布政使。其任四川时,时任四川巡抚为年羹尧,正值川陕用兵,刘棨"外足兵饷,内抒民困"。康熙五十五年(1716年),康熙询问九卿,"本朝清介大臣数人,求可与伦比者",九卿举荐四人,刘棨为其一。康熙驾幸汤泉,又以刘棨事迹告谕从臣,恰逢湖南巡抚缺,廷臣举荐刘棨,康熙皇帝以为"四川用兵,未轻调"。康熙五十七年(1718年)因筹划兵备积劳成疾而卒。卒后,崇祀高密乡贤祠,入《清史稿•循良传》。

刘棨的后人克绍清白家声,砥砺前行。刘墉三伯父刘绶烺,康熙五十二年(1713年)举人,曾任唐县(今河北省唐县)知县。他为官不假威刑,人称"刘一板"。

刘墉四伯父刘绖煜,字尔振,号岫洲,康熙五十六年(1717年)举人,历任山西兴县、凤台、曲沃等县知县,操守端洁,办事老成,清廉有声。清修《凤台县志•宦绩》载:"刚介无阿曲,常赋以外一尘不染,民间诸徭役概予豁免。"当时议修天井关道,日用民夫数以千计,刘绖煜到现场观察地势,认为山水涨冲无常,徒劳人力,力请于当事者,工程遂被中止。后因病归里,凤台百姓为立生祠。乾隆十八年(1753年)署猗氏知县,后署曲沃、平陆等县。《山西通志》(清光绪版)载,其署理曲沃时,值西陲用兵,"车马旁午,为核减得实,均其供应,民不知扰"。后因病卒于平陆,曲沃百姓感其恩惠争往祭拜吊唁。

刘墉七叔刘维焯,字尔痴,号见三,雍正八年(1730年)进士,官工部营缮司主事,稽查上谕处行走,有清名。一次奉命送安南使臣回国。他回来时,同僚见其行囊鼓鼓的,猜测必是黄金无疑。刘维焯不露声色,解开行囊示众,仅一斤肉桂而已。刘墉曾作一诗记述此事,其中有"但使远人酬白雪,不闻客橐有黄金"之句。刘维焯后来因海舶潮湿得足疾,年仅二十八岁即告病归里,再未出仕。

刘墉八叔刘纯炜,乾隆四年(1739年)进士,担任江西分宜知县期间,多惠政,当时县衙所需按旧例减市价三分之一付款,刘纯炜到任即废除此陋规。县常平仓滑吏为奸，量有大小，出少入多，刘纯炜更定统一度量标准，使百姓不受其害。时邻县匪贼多入境为害，刘纯炜编排甲里，令村落相互守望，"奸人莫敢入界"。他在任三年，因会审命案革职，贫不能归，江西布政使王兴吾邀请主讲饶州书院。后署海宁知县。《海宁州志稿·名宦》载"持躬清介，治理肃然"。时值修筑海塘工程，刘纯炜"率先趋事，雨淋日晒，与民夫共之""勤俭率属之风，至今人推重"。他担任平湖知县时，"听讼勤敏，凡前任累年未结案牍谳断一空，民无羁讼苦"。升任杭州知府，妥善处置裁汰军民，军民为其立生祠。乾隆三十年（1765年），乾隆皇帝南巡，招见他并赐宴，还赐貂皮等物，授杭嘉湖海防道，不久又擢浙江布政使，仍监管海塘事务。乾隆四十二年（1777年）十月授光禄寺卿，次年卒。刘纯炜有诗《书怀》，其中"官事频仍难了却，清心期不负前贤"，即是为政心声。

刘墉家族为政成就最大的莫过于刘统勋和刘墉父子。他们牢记"清爱堂"家训，为官清廉，为民请命，刚正不阿，精明能干，勇于担当，惩贪肃奸，进贤黜佞，心底无私，成为康乾盛世中的中流砥柱，被乾隆等皇帝依为干城。刘统勋精敏有胆识，富有远见，终生不失其正。担任左都御史时，上疏裁抑大臣诇亲之权、抑制安徽桐城张姚二姓缙绅，一时直声名闻朝野。担任钦差大臣、刑部侍郎、尚书期间，查办大案要案，纵是广东粮驿道明福、云南总督恒文、陕西西安将军都赍、归化将军保德、苏州布政使苏崇阿、江西巡抚阿思哈等当朝权贵犯罪，"皆论如律"。刘统勋还是水利名臣，曾多次勘察和督修江南河工、浙江海塘、黄河溃堤和疏浚运河，其微服查勘黄河河务惩处受贿河吏的故事当时在民间广为传颂。他署理过漕运总督、河道总督，担任过工部尚书、刑部尚书等职。乾隆二十三年（1758年）迁吏部尚书，赐紫禁城骑马，次年授协办大学士，再授东阁大学士，兼管礼、兵部事务。乾隆二十八年（1763年）充上书房总师傅。乾隆三十年（1765年）兼管刑部，教习庶吉士。七十岁时，乾隆御书"赞元介景"匾额赐之。乾隆三十六年（1771年）任首席军机大臣，是清朝汉人出任首席军机大臣第一人。乾隆三十八年（1773年）任四库全书正总裁，为《四库全书》的编撰做出了重大贡献。是年十一月，卒。《清史稿·列传》卷八十九载："上临其丧，见其俭素，为之恸。回跸至乾清门，流涕谓诸臣曰：'朕失一股肱！'既而曰:'如统勋乃不愧真宰相.'"诏赠太傅,入祀贤良祠,赏内库银两千两治丧,赐谥"文正"。刘统勋成为清朝大臣中初殁即得谥号"文正"的第一人。清朝礼亲王昭梿称赞他说:"公性简傲,不蹈科名积习,立朝侃然,有古大臣风。"清代翰林李调元为其作祭文云:"论遭逢之盛,盖汉唐名相之所绝无;溯功业之隆,实姚宋诸臣之所未有。"六年后,乾隆四十四年(1779 年),乾隆皇帝御制《行书怀旧诗》册,为张廷玉、鄂尔泰、富察•傅恒、喜塔腊•来保和刘统勋等五位堪称"扛鼎重臣"的朝廷宰辅,各题诗一首,并称为"五阁臣"。在为刘统勋题诗里,称赞他:"遇事既神敏,秉性原刚劲。进者无私感,退者安其命。得古大臣风,终身不失正。"

刘墉不忘初心,自觉克绍家风。曾有诗写给堂兄、翰林刘壿,以言其志:"饮水思源吾自恧,相规期不愧前人。"刘墉于乾隆十六年(1751 年)中二甲第二名进士,选翰林院庶吉士,散馆授编修,累迁翰林侍讲。乾隆二十一年(1756 年)提督安徽学政,临行时乾隆帝赠诗,其中有句"海岱高门第,瀛洲新翰林""家声勉永继,莫负奖期深",其对刘墉的期望之情溢于言表。乾隆二十四年(1759 年)调任江苏学政,不负众望,清代文学家诸联在其《明斋小识》中记载:"昔日刘石庵相国视学江苏,严肃峻厉,人多畏惮。"乾隆三十四年(1769 年)充任江宁知府,"颇以清介持躬,名播海内,妇人女子无不服其品谊,至以包孝肃(包拯)比之",乾隆称其"颇觉黾勉"。乾隆四十五年(1780 年)授湖南巡抚。史料记载,刘墉任湖南,"政简刑清,吏民畏服",他常至长沙岳麓书院论文讲道,"士子环集听讲"。次年迁左都御史,值南书房,赐紫禁城骑马。刘墉正直敢谏,在朝野享有盛誉。朝鲜《李朝实录》云:"刘墉之劾奏,王杰之却衣,人称朝阳之凤。"乾隆四十七年(1782 年)奉命与尚书和珅、御史钱沣前往山东查办巡抚国泰贪纵营私案,终使国泰伏法。回京后命署吏部尚书,兼管国子监事务,寻授工部尚书,充上书房总师傅。乾隆四十八年(1783 年),署理直隶总督,调吏部尚书。次年兼署兵部尚书,授协办大学士。乾隆五十四年(1789 年),因诸皇子师傅久不入书房降为侍郎衔,仍在总师傅上行走。不久,补内阁学士,提督顺天学政,迁礼部左侍郎。乾隆五十六年(1791 年),擢左都御史,升礼部尚书,署吏部尚书,复赐紫禁城骑马。嘉庆二年(1797 年),授体仁阁大学士。嘉庆四年(1799年),加太子少保,奉旨办理文华殿大学士和珅植党营私、擅权纳贿一案。嘉庆九年(1804年)十二月病逝,享年八十五岁。赠太子太保,入祀贤良祠,谥号"文清"。

刘墉侄子刘镮之,字佩循,号信芳,乾隆五十四年(1789年)进士,历任乾隆、嘉庆、道光三朝,累迁吏部尚书,加太子太保,道光元年(1821年)卒,谥"文恭"。道光皇帝称赞他:"人颇明白,遇事亦尚敢言。"《山东通志》(清光绪版)赞誉他:"廉静自饬,门可罗雀,无赫赫之名""盖古之所谓良显者矣!"刘统勋、刘墉、刘镮之三世为相,一门三公,清代于斯为盛。

刘镮之的儿子刘喜海,字吉甫,号燕庭,荫生,官至浙江布政使,署理浙江巡抚,为官有清名,其服官二十余载,所至不名一钱。清修《长汀县志》记载,在任汀州府知府时,"清廉谦谨,政不烦扰。尤爱士好文,多置书籍于书院,以资博览。岁甲午大饥,便宜发仓粟四万,设厂分粜,亲为巡视,以杜侵渔,三阅月事竣,存活甚众,升任去,各坊士民皆立主祀之。"刘墉一脉世守家法,名垂青史。

刘墉的堂兄弟二十多人为官,都有清廉政声。刘臻,字凝之,号筠谷,历任砀山、嘉善、定海等县知县。《定海厅志·名宦传》记载:"性慈和,爱民如子,讼者至庭,谕以情理,不专事刑扑,尤加意育士于义学。"刘臻行走乡间,目睹定海烧盐灶户生活艰苦,"为之恻然"。当时大吏商议收灶户余盐,刘臻立陈不可,争执以去。恰江南移送咨文说有非法盐贩是定海县人,巡抚密派镇海知县缉获,刘臻不能申辩,遂被闽浙总督陈辉祖弹劾罢职,"民泣者如失父母"。

刘墉的其他堂兄弟,例如,刘昀,字信南,官奉议州州判,为官清正温和,人呼为"老佛",其为官广西时,竟至典衣度日。刘垌,松滋知县,"所至有贤声"。刘界,字子仁,议叙府经历,补祁州吏目,待狱因有恩,后以病告归,狱囚号泣。刘錡,字进之,历任涞水巡检、正定府经历,请求上官出仓粟奖励百姓捕蝗,百姓捕蝗子一斗换粟米一斗,百姓远近奔赴,蝗虫遂被捕灭,百姓感其恩德,凑钱为其母祝寿,刘錡谢绝不受。刘墭,字亦仲,号松鉴,居心质实,办事明慎,正己率属,持重安详,考核卓异,乾隆年间官至湖南粮储道。刘墫在担任江宁布政使期间,乾隆四十六年(1781年)黄河发生水患,灾民露宿河堤,江苏巡抚闵鹗元无意赈灾,刘墫力争于总督,才同意赈济。次年,黄河又决口,刘墫亲自巡查抚恤,避免百姓流离失所。乾隆五十年(1785年)大旱,江苏巡抚闵鹗元不上报灾情,刘墫闻两江总督萨载在河堤上,于是亲往拜见总督,陈述灾情,联名上奏,朝廷准以赈济,由此与巡抚闵鹗元不睦,被其弹劾离任,晋京赋闲。刘埴,字工陶,号梧川,乾隆年间举人,官通政司经历,为官有清名。《弋阳县志》(清同治版)载:"重士爱民,安静不扰,地方享无事之福。"乾隆二十七年(1762年)调任上饶县知县,在任听断详审,平反冤狱,人比之明代能吏况钟。清修《江西通志》载:"性刚正,遇大利病、大冤狱往往与上官争之,必得当而后已。"在上饶任职八年,乾隆三十六年(1771年),因堂弟刘墉任江西盐道回避,改任安徽定远县知县。离任时,有人送以财物,刘埴坚辞不受。他说:"吾自服官以来,岁频稔。邑无大狱,大府皆清廉,吾廉俸所入,款然有余,诸君无以赆为也。"后由定远知县升通政司经历,以病归里而卒。刘墹,字敬庵,号西岩,雍正十三年(1732年)举人,官甘肃成县知县,卒于任,有清名。任职成县时值荒年,上司命将县衙官仓储存的粮食借给百姓,很多百姓家贫不能到期偿还,刘墹毅然替百姓偿还。后因劳致疾,卒于馆舍,囊无余钱,家人贫困不能归葬,布政使资助得以归葬故里。刘诗,字孟雅,号学三,乾隆四十三年(1778年)进士,历任福建邵武、晋江、彰化等县知县。清修《邵武府志·名宦传》记载,刘诗在邵武政绩斐然,"为政明敏,历年所积案牍不数月而清,舞法蠹胥革除净尽"。当时官府奉命采买民间稻谷补充仓储,刘诗核对册内谷数与实存银谷不符,穷究不放,追回冒领谷价银五千两。为消除弊端,刘诗不假手胥吏经办采买事宜,选出有德望的士绅经办此事。考虑到每逢采买之年会重蹈覆辙,改用县中入官寺租每年盈余以备采买,从此永不摊派百姓,民亦不累,官亦免亏,邵武百姓勒碑颂德。

刘镮之的清廉也是青史留名的。清嘉庆年间,福建同安县有詹、叶两大家族发生了地方纠纷,致使两姓人家发生了械斗,互有伤亡,由此对簿公堂。这两个家族不仅财大气粗,而且朝廷里都有人为官,官司从县里打到州府,十九年没有结果,最后闹到刑部。嘉庆二十三年(1818年),这个案子交给刘镮之审理。刘镮之仔细查看卷宗之后,便决定先微服私访。经过多方打探,深入民间了解详情,终于弄明白了事情的来龙去脉。在掌握了大量的证据之后,刘镮之将詹、叶两家的当事人及族中长老乡绅等一干人叫来问话。开始詹、叶两家各执一词,互不让步,继而又胡搅蛮缠,咆哮公堂。这时,詹、叶两家在外地的官员,也通过关系递话要多加关照,上司也放出话来要慎重处理。一时间,刘镮之面临着巨大的压力。詹、叶两家为了赢得官司,都不惜用重金贿赂。面对金钱的诱惑,刘镮之不为所动,义正词严地说:"吾家累世以'清爱'名闻天下,岂敢收贿受贿、贪赃枉法,污了清白!"他依照国家法律,秉公而断,公平公正处理矛盾,詹、叶两家都口服心服,众百姓交口称赞,嘉庆皇帝也非常满意,擢升刘镮之为都察院左都御史,仍兼顺天府尹,后来官至吏部尚书。

孝友父兄家法在
想能清白遗儿曹

刘墉的家风之三·孝友

古代家风的核心内容之一是孝友。只有事父母孝顺、对兄弟友爱，家族才能和睦久远。宋代名相、大文学家王安石《送郊社朱兄除郎东归》有句："孝友父兄家法在，想能清白遗儿曹"，即是吟诵孝友家风的名句。东武刘氏世代孝友传家，堪称楷模。康熙十八年（1679年）刘墉伯祖父刘果丁母忧回籍，服除后，应补监司，刘墉祖父刘棨应授知县，兄弟二人以父年事已高，皆不出仕，朝夕侍奉老父，"于是两孝子之名闻天下"。刘墉四伯父刘绖煜于康熙五十六年（1717年）中丁酉科山东乡试举人，其父卒后，庐墓三年，人称其孝。

刘果之子刘纶炳，字德音，廪生，兄弟三人，分居自择薄田。康熙四十三年（1704年）大灾，出粟周济族人乡亲五个多月。

刘墉非常孝顺继母颜氏，在他担任江苏学政期间，颜氏两次就养于江苏学政衙署。嘉庆九年（1804年）正月，刘镮之提督江苏学政，也迎养祖母颜氏于江苏学政衙署颐养天年。这年颜氏九十大寿，刘墉启奏皇帝恩赐匾额，嘉庆御赐"萱辉颐祉"，刘墉持之到江苏祝寿。著名文人赵翼有诗赞曰："绛骖不远三千里，皓首亲捧九十觞。"

刘墉堂兄弟刘增，字益其，监生，父卒时，弟弟刘埴、刘垲、刘墫、刘壥皆幼小。堂兄弟刘墭字亦仲，号松崟，监生，当时也很小，父亲去世后依附刘增。刘增抚养教导他们，恩义甚笃，兄弟感奋，相互砥砺，好学不辍，后来多成名士。其中刘埴，乾隆年间举人，官弋阳县知县、通政司经历；刘垲，岁贡，官赣县知县;刘墫,乾隆二十五年(1760年)进士,官江宁布政使、鸿胪寺卿;刘壧,官石棣县知县、署理寿州知州;刘塀,乾隆年间官至湖南粮储道。其中刘增还有一个叫刘壤的弟弟,兄刘壧为县令时坐法被劾,刘壤卖了自己的三百亩良田为其兄赎罪,他们的事迹载于《诸城县续志·孝义》(清道光版)。

刘墉的侄子刘镮之,事母至孝。还在他小的时候,一日,伯父刘墉回家省亲,从京里带回一些点心,拿给刘镮之一盒,刘镮之使劲地嗅了一下那诱人的香味,急忙抱回家,先让母亲品尝。他小小的年纪就帮着母亲洒扫庭院,端菜洗碗,样样活儿都会干。等到出仕,更是念念不忘母亲,为了不让母亲寂寞,他把母亲接到任上,空暇之余,总是陪着母亲说话。有一年,为治疗母亲的哮喘病,刘镮之亲自寻医问药,给母亲看病。在母亲生病期间,他衣不解带,日夜侍奉在侧,亲自给母亲取药、煎药。嘉庆皇帝为表彰他的孝道,在刘母七十七岁大寿之日,特赐"贞寿延祺"四个大字的匾额,以示恩宠。后来,母亲因病去世,刘镮之号啕大哭,为母亲披麻戴孝,日夜守灵,茶饭不思,以致大病一场。从此身体虚弱,留下病根。

刘墉族孙刘溥,字天如。《诸城县续志》(清道光版)记载:"训宗族以孝弟,有不率者,纠族众共惩治之。终其身族中人无投讼牒于县庭者。甥进士臧梦元尝语人曰:'余持身廪廪不敢忘舅氏也',卒年八十九。"

惜财即惜福
求己莫求人

刘墉的家风之四·简风

清代赵慎畛在其《榆巢杂识》中记载，刘统勋有句墨刻对联云："惜食惜衣，非为惜财缘惜福；求名求利，但需求己莫求人。"

史料记载：刘墉之父刘统勋"家故有田数十亩，敝庐一处，服官五十余年，未增尺寸"，乾隆三十八年（1773年）十一月卒，乾隆皇帝亲临其丧，见室无长物，寒气袭人，大恸，流涕谓诸臣曰："朕失一股肱矣！"。王培荀《乡园忆旧录》卷二专列一条：刘文正公节俭寒素，其中文曰："着朝珠无十两以上者，线断珠落不复拾。出差从二仆，所至闭后院，不使见一人，传呼即用州县供应。家人用马，不过六七匹。无过站礼，食物不索珍错，尝因事籍没，无家资，耕田四驴入官后，命赏还家产，四驴在县已饿毙，县令买四健驴以偿。"清朝礼亲王昭梿《啸亭杂录》记载："刘文正公当乾隆中久居高位，颇为上所倚任。公性简傲，不蹈科名积习，立朝侃然，有古大臣之风。尝有世家子任楚抚者，岁暮馈以千金，公呼其仆入，正色告曰：'汝主以世谊通问候，其名甚正。然余承乏政府，尚不需此，汝可归告汝主，赠诸故旧之贫窭者可也'。有赀郎昏夜叩门，公拒而不见。次早至政事堂，呼其人至，责曰：'昏夜叩门，贤者不为。汝有何禀告，可众前言之，虽老夫过失，亦可箴规也。'其人嗫嚅而退。"单可基《在庵笔闻》之《奇文荣归》中记叙了刘统勋续弦颜氏的故事，从这个故事中可看出刘统勋的简朴作风。大兴县秀才颜乐天，好行善，工吟咏，有女儿气度端凝，自命不偶凡品。年近二十，求亲的踏破门槛，都没答应。刘统勋原配王夫人去世，听说颜氏贤惠，定下婚事。

当时刘统勋已经担任总督一级的地方大员,娶亲时,唯有一顶小轿子(肩舆)、一对灯而已,非常简单,没有铺张浪费。颜氏后来被封为一品夫人,过九十大寿时,时年八十五岁的宰相刘墉奉旨前去为庶母祝寿,嘉庆皇帝御书"萱辉颐祉"赐之,被江南文士称之为"称觞盛事,从古未有"。刘统勋的得意门生赵翼赠诗云:"接武两朝贤宰相,疏封一品太夫人。"据梁章钜《楹联丛话》卷九中记载,阮元作了一幅寿联:"帝祝期颐,卿士祝期颐,合三朝之门下,亦共祝期颐,海内九旬真寿母;夫为宰相,哲嗣为宰相,总百官之文孙,又将为宰相,江南八座太夫人。"徐锡龄、钱泳《熙朝新语》卷十六记载:公卿大夫各有椵辞联句赠行,记其一联云:"帝祝期颐,举朝祝期颐,合三代之门生,亦共祝期颐,八座恩荣昭海内;夫为宰相,哲嗣为宰相,备六官之文孙,又将为宰相,九旬福曜荫江南。"一时传诵,洵古今所罕有也。高密进士单可基有诗《刘母颜太夫人九十寿》褒扬之:

> 星辉宝婺耀坤舆,北海闱型表世模。
>
> 内助元臣扶日月,亲教哲嗣佐唐虞。
>
> 三朝翟蕭天恩渥,四代簪缨家庆娱。
>
> 岭上梅开逢大耋,人间福寿一身俱。

刘墉七叔刘维焯屏居乡里数十年,茅屋数椽,仅蔽风雨。然为人"崇节俭,修敦睦"。每遇荒年,省用捐食以周济他人,出田种穄子,存于社仓,救济灾民,其仁义之举被乡里称颂。

刘墉为官清正廉洁,礼亲王昭梿称赞他"颇以清介持躬",著名的公案小说《刘公案》即以刘墉为原型。刘墉虽为显宦,但生活以简朴著闻。嘉庆皇帝曾向刘墉之侄刘镮之谕云:"汝伯简朴,文正公当日如此。朕随皇考(乾隆)到汝家时,见马厩在宅旁,何其逼仄。"又说:"汝伯父之轿子,我在藩邸即见,破极矣。"刘墉面见嘉庆时,叩恩感谢,嘉庆当面嘱咐刘墉:"老年人不可受风寒,轿子无帷万不可者。"这些话见于刘墉写给老家兄弟手札,时间约在嘉庆七年(1802年)深秋或者冬季。刘墉不仅自己崇尚简朴,对自己身边的人要求也非常严格。《乡园忆旧录》卷三记载,嘉庆九年(1804年)为继母颜太夫人祝寿离京时,家仆李廷新制喀拉马褂,刘墉看见,生气地说:"咄!汝牧牛儿,随吾在任,冬裘夏葛,已逾分矣,尚服此耶?"

立马让李廷脱下来。有时他的衣服沾上墨汁、靴子开了绽了,刘墉都让仆人洗洗缝缝,不另外置换新的。他饮食极简,还爱吃家乡豆腐乳、豆腐干、豆豉之类的食物,让晋京的家乡人捎去或者寄去。他的诗中、书信中多有提及。堂兄弟刘堮在《挹清兄以法豉见惠作此为谢》中有句"千里闻香频见索",即是说刘墉爱好家乡小吃,不忘蔬食家风。

还有一个细节,可以佐证刘氏一门崇尚节俭。刘必显及其后人,先后考中进士十一人,举人三十六人。尤其是刘统勋、刘墉和刘镮之,官至宰相,权高位重,然而在诸城九十九座牌坊中,刘氏一族一座也没有,在老家逢戈庄一根旗杆也没树立。刘必显去世后,连皇上御赐的盘龙碑都没有矗立。这个实例,不仅说明刘氏一族做人做事低调,而且极其崇尚简约。因为一座石牌坊、一根旗杆,花费的银子不是小数目,为了立牌坊、竖旗杆,图谋所谓光宗耀祖的虚名,有的人家甚至不惜变卖家产和田地。这在"光宗耀祖"观念根深蒂固的封建社会,不立牌坊、不立旗杆、不立神道碑、不写墓志铭,刘氏一族实在是绝无仅有、难能可贵的。

读圣贤书
做仁义事

刘墉的家风之五·仁风

刘必显生有四个儿子，长子刘桢，字世卿，号石斋，贡生，考授六品；次子刘果，字毅卿，一字木斋，顺治十一年（1654 年）举人，顺治十五年（1658年）进士，官至江南提学道，诰授通奉大夫；三子刘棨，字弢，号青岑，康熙十四年（1675 年）中举人，康熙二十四年（1685 年）中进士，官至四川布政使，诰授通奉大夫，康熙朝有名的清官；四子刘棐，附贡生。

刘必显重视家庭教育，告诫子孙读书做官，必须先做好人。邵纪棠《活世生机》中有《刘公绸》一文，记录了他和三儿子刘棨的一段对话：刘棨，山东诸邑人，年十岁入泮，常诵"益者三友"一章以自警。座右铭书"居处恭"三字，朝夕观之。一日封翁（刘必显）问曰："读书为何？"对曰："做官。"封翁曰："作何等官？"曰："做好官。"封翁曰："要做好官，先得做好人，做秀才不好，做官时断难好矣。欲做好人，尤须先做好子，不可以为子，将何以为人？"公叩首曰："谨受教。"从父子这番对话中可以看出，刘必显对后人的教育是非常严格的。刘棨后人秉承家教，做人以仁义为本，以慈善为怀，留下了许多美谈。

史料记载，刘果"长于言语""尤重友朋，交游几遍海内"。年少时以意气自豪，急人之急，有人以险难相告，一次脱手数百金毫不吝惜，而"居官刚劲不可挠折"，因此他虽非显宦，却颇有声望。

刘棨和刘棐都是仁义厚道之人。《诸城县志》（清乾隆版）记载，刘棨"性和厚，为治无所矫饰"。康熙四十年（1701 年）刘棨需要丁忧回籍，却因代民完赋，负债不能归里，嘱托其弟刘棐代卖自家的田地用以偿债，就这样所需费用还是凑不够，刘棐不得不变卖自己家产才得以凑足。期间，在变卖家产时，苦于没有买主，刘棐跑到浙江服官的至亲处告急方才售出。宁羌百姓听说后，争先赠金相助，刘棨皆谢绝不受。归里后，值家乡发生饥荒，刘棨兄弟俩人分为单、双日，轮流日出十余里，见饥民即给粮三升，一直坚持了十个月，救活了很多人性命。

刘墉留下了一副竹刻对联："读圣贤书，做仁义事。"他在《用韵奉柬松庵五兄》中，有诗提及他与堂兄刘墫（松庵）以慈善相互勉励的诗句，可以看出他们的仁义思想是一脉相承的。诗句如下：

> 天涯萍泛难谋面，书信希传梦未真。
> 文字江山供领略，簿书期会役心神。
> 官忙只觉清无累，齿长何妨健绝伦。
> 自写蝇头频劝我，迩言同勖善中人。
> 帝城景物重欣遇，九陌尘香记尚真。
> 子复有孙诚可乐，慈能益寿不无神。
> 恩深雨露偏优渥，志切捐糜迈等伦。
> 饮水思源吾自忝，相规期不愧前人。

刘墉堂弟刘奎，字文甫，号松峰，是其三伯父刘绶烺之子，迁居槎河山庄（今属山东省五莲县），监生，清代名医，《清史稿》有传。刘奎少习儒书，从父兄宦游，曾随堂兄刘墉督学安徽、江苏等地。由于自幼多病，患有类似现在常见的骨质疏松症，胳膊经常骨折。他跟随父亲、刘墉等人走南闯北，不避寒暑，驽马扁舟，动辄万里，身体自然吃不消。于是中年以后，致力于医学，自《素问》《难经》《灵枢》以下诸书，无不研究精深，曾在北京学医，后悬壶京师，晚年隐居松朵山下，自号松峰老人。刘奎治医严谨，博采历代名家之说，又善于向当时医学名家问学，剖析北方诸瘟疫症状，加之平素注意搜集民间疗法，"疫疠怪疾，各有简便良方，针灸奇术，皆能回春于瞬息，奏效于目前"。刘奎崇尚明末清初名医吴有性的《温疫论》，认为吴有性对瘟疫的见识高于诸家，但《温疫论》次序杂乱，遂让其子刘秉锦重编《温疫论》，取名《瘟疫论类编》，并对吴有性的学术思想加以发挥补充，独抒心得，在治疗瘟疫病方面独树一帜。他还著有《松峰说疫》。《松峰说疫》继承吴有性的《温疫论》思想，明确了瘟疫的分类，开阔了瘟疫学派的视野。这部著作不仅阐发了《温疫论》的下法，也遵循张仲景《伤寒论》六经辨治，突出辨证论治精神，且对其他治法的临床应用均阐明颇详，是一部实践经验丰富、理法方药完备的治疗瘟疫症及杂症的著名医学论著。二书影响较大，远传日本。可以说，刘奎治疫学术思想对完善和发展瘟疫学说贡献卓越，对当今疫病防治亦有参考价值。刘奎极为重视医学的传承，倡导医德，提高技能，济世救人，他告诫医生说："吾愿世之业医者不可拘于一定之方，亦不可执其一偏之见，变动不拘，权衡有准，则于岐黄一道思过半矣！"临诊时应知常而应变，灵活而不偏，方能无误。在他的教育下，他的儿子刘秉淦、刘秉镰亦工医术，精研医学，悬壶济世，参与《松峰说疫》《瘟疫论类编》的撰写，乾隆五十二年（1787 年）著成《疫痧二症合编》一书。更难得可贵的是，刘奎淡于名利，志在救人，不重财物，对贫困者尤为关心，其处方用药，往往用随地可得草药，不尚珍奇，贫寒之家，僻壤之地，亦无无钱买药之苦。

刘墉堂弟刘埙的侧室孙氏在儿子七岁时丈夫就去世了，她辛辛苦苦独自把儿子抚养长大。乾隆五十一年（1786 年）岁饥，她拿出做女红积攒的私房钱赈济贫乏，收养幼女数十人。及长，为她们择配好人家嫁出去。年七十二而卒。

刘墉族侄女刘氏，举人刘墭之女，嫁于诸城人王元鹿为妻，十九岁时，丈夫去世，一子三岁。刘氏忍泪侍奉公婆。月余，婆婆去世，三年后公公又去世。刘氏封存地契债券，家事委托旧仆人经纪，日率使女仆妇纺织，督子读书。乾隆五十一年（1786 年）歉收，闹饥荒，亲人邻居借钱借粮的每天都踏破了门槛，她都尽自己所能救助他们。她还收养贫家女三十余人，等到年景好了，再让这些女孩回到她们父母身边。无家可归的，到了出嫁年龄，她就找合适人家嫁出去。由于劳累过度，年五十三就去世了。

刘墉族孙刘渼，字文园，岁饥，收留抚养流亡儿童。等他们长大，听其自去。

治经有根底
作诗绍家声

王中孚的家风

潍水东岸的水西村，是地杰人灵的好地方。清代王劝家族出过七位进士，王度昭官秩最高，王中孚最为悲催。王中孚以"会元"之才，本该有大好前程，但是天不假年，英年早逝，潍水曾为之流泪，巴山为之鸣咽。可是，王中孚家族的良好家风如潍水之未央，如巴山之挺劲，至今广为传颂。

王中孚（1727—1763年），字木舟，亦作沐舟，号济川，别号蓼溪，清代诸城水西社（今山东省高密市前水西村）人，乾隆二十五年（1760年）会试第一，选翰林院庶吉士，授翰林院编修。

王中孚高祖王励，字无逸，号翼庵，亦号季子，由邑庠生成顺治十七年（1660年）岁贡生，曾出任教谕，他是进士王劝的四弟。中孚祖父王辰极，字连亭；父王焘，字明远，号洋浦，雍正二年（1724年）举于乡，拣选知县，以治经有名，与清代桐城派代表人物方苞友好。王中孚的叔父王烈，字仲光，号潍右，乾隆九年（1744年）举人。受到父祖影响和家风熏陶，王中孚自小就立下了经学济世的理想和抱负。他在《壬午生日》中曾有句"男当雄飞，伏非其名"。

王中孚四岁学《切韵》，能辨五声，被人们称为神童。乾隆三年（1738年），中孚十一岁，随父游京师，方苞去寓所与王焘会面，问中孚《九经》，皆能背诵。其时方苞正在著《三礼义疏》一书，中孚列举《礼经》疑义十余条相问，方苞甚为惊讶，为之延誉。乾隆五年（1740年），十三岁的中孚应童子试，山东学政徐铎以诗相试，王中孚立即赋诗三首，徐铎深为叹服，即补其为诸生第一名。之后,王中孚每试辄冠。乾隆九年(1744年),十七岁的王中孚中山东乡试第四名举人。次年会试不第,中选明通榜。所谓"明通榜",系雍正、乾隆年间,在会试落卷内,选文理明通的举人,补授出缺的学官。王中孚以年少不就而归,继续刻苦攻读,不舍昼夜。王中孚中举后不久,不知何故,厄运接连降临王家。回家不久,父母相继去世,中孚因哀毁劳勤过度,体力不支,染病不起,卧床年余病始愈。随后夫人马氏与弟中夏又殁。中孚屡遭艰困,哀痛不已,但仍读书不辍。乾隆二十五年(1760年)会试,王中孚中式第一名,高中会元。殿试后,王中孚中第二甲第四十八名进士,改庶吉士,散馆后授翰林院编修。乾隆二十七年(1762年),出任河南乡试副考官,试后发榜,当时的"梁园四才子"皆在前列。乾隆闻知,予以召见,并查问在河南沿途赈饥情况,王中孚回答令乾隆十分满意,给以褒奖。不久继妻、妹病故,祖父又亡故,急归故里奔丧。葬祖父后,王中孚已枯瘦如柴,不久即卒,年仅三十六岁。卒前,遗命身穿丧服用柳棺安葬,天下学者皆痛惜不已。王中孚家境并不富裕,然乐于助人,曾赠给好友辛江峰田庐,还帮助他出诗集。王中孚殁后,辛江峰返赠,得以办理丧事。

王中孚少负不羁之才。早年即与昌乐(今山东省昌乐市)阎循观、掖县(今山东省莱州市)毛其人、潍县(今山东省潍坊市)韩梦周号称"东国四妙",声震齐鲁。嘉庆十九年(1814年)进士、诸城人王玮庆在《藕舲诗话》中记载,王中孚尝曰:"为诗如作史,须兼才、学、史三者,日取风花雪月数十字颠倒之,虽工,不足传也。"他有一首《夜读史记》,较好地表达了他的人生抱负和气概。诗曰:

> 丈夫生不能伏阙请长缨,十万铁衣西海行。
>
> 安能埋头文字里,却与蠹鱼结生死。
>
> 十岁耽书若求宝,夜光胎满珊瑚老。
>
> 只今抛却不欲观,鸡催星斗春阑干。
>
> 南中山水天下无,青天芙蓉削匡庐。
>
> 天台四万八千丈,杯水欲干愁太湖。
>
> 君不见,
>
> 龙门太史奇更奇,足迹几遍天南陲;

行路不难君莫笑,男儿何处无同调!

当时有"王(中孚)诗刘(墉)书窦(光鼐)文章"之誉。胡思敬《九朝新语》记载,王中孚为人孤傲,当时名公巨卿争求识面,但他"未曾轻一投刺"。有高位而大名者求观诗文,他也是轻易不示人,有好诗作,辄千里寄给故乡好友阎循观。阎循观有诗云:"诗人王翰林,曲高弥自惜。公侯索不献,独寄山中客。"潍县名士韩梦周为其撰行状称:"天资聪颖,意度深沉,早期为文洒脱,后期归于醇洁,好为歌,行大篇。"王中孚著有《念西斋文集》,辛江峰刻其《蓼溪诗略》。

王中孚兄弟二人,弟王中夏,字汪清,举人,承家学,早岁即能诗,与兄俱负文名,可惜早殁。从弟王中谷,即其二叔王烈次子,字既方,以邑廪生于乾隆三十六年(1771年)辛卯科中第十五名举人,工诗,与王中孚齐名。

王中孚有三子:长子王绅旦,字莪原,府廪生,以教书为业。曾经担任嘉庆年间礼部侍郎王玮庆的启蒙老师。王玮庆在《藕舫诗话》中记载:"吾师莪原先生(绅旦),木舟长子,自幼苦学,为文幽微深邃,故终身不遇,诗亦有根底,《落叶》云:'霜雪不归华表鹤,风波独上洞庭船。曲径踏将新月碎,荒郊堆与暮云平。彩笔罢题秋水渺,木鱼才动晚山空。晓行云海立霞标,支日脚霜镂石骨。'《露山稜旅次》云:'薄寒对酒人难醉,片月投林影不圆。'《送弟赴陕》云:'三晋云山悬马首,一天风雪絮征袍。'皆宏深排奡,上能继其家学。"王中孚的次子王绍昆,邑庠生。幼子王绖缙,嘉庆九年(1804年)中甲子科山东乡试第六十一名举人,授山东登州府蓬莱县(今山东省烟台市蓬莱区)教谕。

英英竞爽兄弟情
文章蜚声艺苑中

王绍绪的家风

清代康乾年间,高密县城西南崖有一户来自城律(今山东省高密市胶河生态发展区)的王氏人家,明末以来即为书香门第,家世孝友,人才辈出。单烺曾在《大昆嵛山人稿别集·感旧三十八首》之《哭两同年·王公垂》中记载:"公垂家世孝友,邑人称家法者,首推西南崖王家。兄弟五人,英英竞爽,工文章,蜚声艺苑中。"这户人家就是王绍绪、王绍统弟兄和他的后人们。

王绍绪,字缵庭,也作缵亭,又字执夫,号西浦,清代高密城律人,居县城西南崖。生卒年不详,进士,终官教授。他在弟兄们中排行老四。

王绍绪和清初进士王文煌一族,是他的族孙。该族祠堂有一副楹联:"传祖宗二字真言曰忠曰孝;教子孙两条正路曰耕曰读",深深地影响了王氏一代又一代读书人。王绍绪的祖父王嵩年,字中柱,贡生,考授县丞。父亲王存敬,字熙仲,号一如,庠生。王绍绪出生在书香门第。乾隆四十五年(1780年)庚子科乡试中举,次年辛丑科会试,王绍绪一举中式,取第三甲第六十四名进士,后授官山东兖州府(今山东省济宁市兖州区)教授。自宋代于各王府与各路、府、州诸学置教授,居提督学政司下督理学政。以教授名官,自此始。明清两代,唯于府学置教授。王绍绪自教授任以母年高,告归乡里。从此,在小康河岸边筑室居住,与生徒研究养生之学,不为名利羁縻,不为红尘淄染。王绍绪有子三人:长子王曜,字星华,从九品。次子王晌,字鲜文,又字晓山,郡庠生。幼子王晅,字靓光,号觉岸,又号愚古,榜名王晅，于乾隆五十九年（1794 年）甲寅恩科乡试中举人。次年，王晅中进士，被授官新乡县知县。在新乡任时，出充嘉庆九年（1804 年）甲子科与十二年（1807 年）丁卯科两科河南乡试同考官。由此补五河县知县。道光元年（1821 年）辛巳恩科江南乡试，他又出典同考官。王晅两任县令，为一邑行政长官。史载，他"所至以文学导后进，屡充同考官，榜首皆出其房"。王晅有二子：长子王秉忱，字棐甫，廪生；次子王次辰，字会甫，增生。

王绍绪兄弟五人，各有非凡成就。老大王绍统，字公垂，号临川，举人。王绍统"少时为文，骋其才力纵横不可羁勒，后一敛于法，有先正风"。书法学"官奴帖"，至老仍每日临摹不辍。雍正七年（1729 年）考选拔贡，雍正十年（1732 年）壬子科顺天乡试中第五十六名举人。后以知县分发浙江，乾隆二十五年（1760 年）题署西堰场盐大使，在任年余而卒，殁时囊无一钱，其三子王暟随侍，日夜哭号，数日而卒，两柩不能归里，三弟王绍衣破家卖产遣五弟王绍典迎柩还乡，《旧志·孝友》有传。他的同年好友、进士单烺《大昆嵛山人稿别集·感旧三十八首》之《哭两同年·王公垂》诗云：

> 无端霡臆哭同年，厚德传家尔更贤。
> 官牒改参盐铁府，铭旌空挂孝廉船。
> 九原亲拭娇儿泪，双柩能归令弟钱。
> 回首西陵松柏路，幽溪尚自咽寒泉。

老二王绍厚，字公载，监生，出绍给大伯王居敬。他过继一子，考取庠生；自己又有两个儿子，长子王暻，字际升，监生；次子王暎，字玉千，号秋皋，嘉庆年间岁贡生，有文名。王暎晚年在小康河边筑院讲学，诗词唱酬，进士单可基甚是赞赏，有诗《题玉千康溪精舍》：

> 悬崖曲磴带康滨，别院清幽绝点尘。
> 绕屋溪光三面绿，当窗花影四时新。
> 客投佳句随黏壁，邻饷春醅自漉巾。
> 醉卧槐根迟月上，知君原是葛天民。

老三王绍衣，字公闻，号柳溪，性友爱，少时随兄苦读，寒暑不辍，乾隆元年（1736 年）丙辰恩科中举人，拣选知县，入《旧志·孝友》。

老五王绍典，字慎夫，童年即有文名，《旧志》记载"童时构文，有名宿所不及者"。他是乾隆三十五年（1770 年）庚寅经魁、举人，官利津训导，著有《四书讲义》。

王绍绪、王绍统兄弟间相互师友，治经讲学，各有心得。王绍绪著有《四书破疑录》，王绍统著有《四书一贯录》。王绍绪、王绍典皆入《旧志·儒林》。

杜若芳兰并秀
棣花珠树联辉

任氏七子的家风

　　清乾隆年间,高密南乡的梁尹社(今山东省高密市柴沟镇)梁尹村一户任姓人家生有七个儿子,自幼刻苦学习。长大后,在学问上个个出类拔萃,有所建树,被时人称为"任氏七子"。按年龄顺序,"七子"为任大文、任大鹍、任鹏举、任大鹤、任大鹄、任鸿举、任大鹗。他们的事迹载于《旧志·儒林》。

　　"七子"生长于书香世家。其曾祖父任珂,字幼玉,康熙年间恩贡生,考授咸安宫教习,即选知县。他是清初进士任琪、任玥兄弟的幼弟。祖父任壔,字西山,康熙年间岁贡生,禹城县(今山东省禹城市)训导。任壔有八子,长子任士钦,字敬思,郡庠生;次子任士铮,字声远,他的儿子任永继,字希逸,号燕山,监生,载《旧志·孝友》;四子任士鍮,字公怀,监生;六子任士铉,字实公,监生;八子任士銃,字介臣,监生。"七子"之父任士锋,字砺轩,号晦三,监生。母亲为本县尧头(今山东省高密市醴泉街道)举人单整之女。"七子"的舅舅(单整之子)单思迈于雍正十年(1732年)中解元,是一位名扬四海的才子。这样的文化氛围,是造就"七子"不可或缺的条件之一。

　　老大任大文,字星子,号东亭,增生。其读书能精思,著述颇丰。计有《周易元解》《书经汇解》《四书汇解》《毛诗汇解》,另有《万树堂诗钞》。任大文早年遭遇坎坷,乾隆三十六年(1771年)参加山东乡试,掖县(今山东省莱州市)生员翟明与任家有亲谊,当时生病未痊愈,恐入场作文不工,欲与任大文联号,托其改削文字,翟明托人办理联号事宜,不料事发,任大文由此涉入科场舞弊案,被流放浙江温州多年。在温州时,与当地文人名士以诗文相唱和,诗人翁稚川从学于其门下,任大文称其为"世外才子"。高密著名诗人李怀民有诗《寄任大文温州》:

> 欲寄新诗句,怜君在永嘉。
>
> 暮山蛮雨暗,春树越江斜。
>
> 异国初谙俗,前书已到家。
>
> 相思谢楼上,空复海云遮。

李怀民还有一篇与任大文唱酬之作,可见二人惺惺相惜,互为诗坛知音。《任二十六鹍其兄大文,以事遣温州,近以〈秋日感怀〉诗见寄,酬此篇》:

> 闲贫阅时物,偏易感离愁。
>
> 日苦雨连夕,朝来天已秋。
>
> 荒鸡鸣屋后,野水涨原头。
>
> 况复故人远,短吟谁与酬?

老二任大鸥,字北海,号桐庐,庠生。其妻王清兰,字若蕙,高密柏城(今山东省高密市柏城镇)人,是高密历史上屈指可数的女诗人之一,著有诗集《陋室吟草》。夫妻二人俱为文人,共同切磋学业,琴瑟和谐,为封建社会婚姻中不可多见的佳偶。高密著名诗人李宪乔在《哭任北海》中说:

> 故里此人在,还应深念予。
>
> 旧欢殊未毕,远丧只凭书。
>
> 云灭独吟径,风吹曾宿庐。
>
> 遗文虽不广,有妇似相如。

李宪乔诗后注曰:"北海妇王(清兰)知书能诗"。诗中的相如是指西汉辞赋家司马相如,其妻子卓文君多才艺,夫妻伉俪甚笃。李宪乔把任北海夫妇与司马相如夫妇相比,可见评价之高。《国朝闺秀诗柳絮集》收录王清兰的《晓行》一首,或许可窥其一斑才情。诗曰:

太白升东月堕西，车中残梦尚离迷。

灯光穿树忽惊雀，轮响沉沙知近溪。

孤犬寥寥何处吠，远鸡隐隐几回啼。

楼头姊妹方凝望，骞缓能无恨马蹄？

老三任鹏举，字子升，号茶山，乾隆四十二年（1777年）拔贡，候选直隶州州判。他是一介寒士，高密"三李先生"的学生，为人处世，甚有品行，深为师门所重。任鹏举工诗善书。李怀民曾在《复理东亭，改"归云"为"感旧"示子乔（并序）》中说："任生称善书，挥驰满东壁。"可惜英年早逝，终年四十三岁。李宪乔有《与任子升同宿》诗：

苦吟唯僻涩，自看亦须疑。

却怪能探处，翻如乍得时。

共眠灯烬落，一夜雪风吹。

门外即山岳，茫茫安可追。

李怀民有《春郊燕集示子升》：

忻念春候早，二月花尽开。

熙熙晴昼煖，好风自东来。

野客偶然聚，壶榼游林隈。

芳树暖交阴，鸣鸟时相偕。

下瞰绿畴尽，一水凌空回。

世乐安可极？心赏幸无乖。

适赖数斗酒，歌咏得吾怀。

老四任大鹤，字青田，号海明，乾隆五十四年（1789年）恩科举人，拣选知县。著有《海明经解》《弟子职选注》《燕誉堂诗稿》。《旧志·儒林》记载，任大鹤"学极博，尤精许氏说文辩证六书"。

老五任大鹄，字子千，号书城，庠生。其书法有着非常之功力，将赵孟頫与董其昌书法的神韵融为一体，且用笔娴熟，端庄秀劲，流畅舒适，神完气足，如美女簪花，致当时士子所倾倒。相传他有一个笑话：六月一个炎热天,他光着膀子躺在场院间直晒。有人问:"你在那里干什么?"他说:"晒肚子里的书!"虽为一笑话,由此可见他为人洒脱,有魏晋遗风。工诗,有诗集《六吉堂诗稿》行世。著名诗人李宪乔与之交往颇深,有诗相赠。《任二十六寄赠所藏米帖及其先寒香老人自制笔》:

> 刻划几朝残,一枝霜竹翰。
>
> 脱鳞龙可识,不刃剑能寒。
>
> 定出高僧榻,曾参敢谏冠。
>
> 并非时世用,此后得应难。

还有两位:任鸿举,字梁甫,号逸民,庠生;任大鹗,字子荐,未取学衔。两位俱为饱学之士,著名文人。

以上所提到的庠生、增生、拔贡,均俗称秀才。别看秀才为清代学衔中最低的一级,中秀才可不容易,要经过县里考、府里考、学院考,优秀者方可得中。当时学子们总结为"县考难,府考难,院考尤难;乡试易,会试易,殿试尤易",并非虚言。即使被取为生员,即庠生,入学之后,那烦琐的考试、分等、处分,使得生员们不得须臾放弃学业。何时才能出学?乡试不中式、不能出为贡生者,终身不得出学。即使在学宫经过十几年的不懈努力,得以出为贡生,几经折腾,多是人到中年了。所以说,秀才的学识并不低于举人、进士。因此,当时人们说的"功夫秀才命举人"就是这个实情。

"任氏七子"的子侄中,任天琛,字世珍,号栗斋,乾隆四十五年(1780年)庚子举人,嘉庆六年(1801年)辛酉年大挑一等,先后任安徽泗州府天长县(今安徽省天长市)、徽州府绩溪县(今安徽省绩溪县)、滁州府全椒县(今安徽省全椒县)等知县,为政廉平。卸任回家时,除了简单的行李,箱子里唯有数十卷书籍而已。任天琛工诗,著有《皖江吟草》。他的次子任星炜,字曜青,号乐趣子,出嗣给伯父任天相,白衣诗人,著有《蹙颠吟》,父子事迹俱载《旧志·文苑》。任天申,字岳生,号崧甫,候选典史,也是一位诗人,和任星炜私交好,经常唱酬。我们可从任星炜的《同崧甫叔及诸兄弟村南园林宴集,以"瑶琴一曲来薰风"为韵分得曲字》中一见其诗功、情怀和交游:

言入村南林,迤逦石径曲。

树深生夏凉,差可涤烦溽。

六七素心人,共坐消晴旭。

松际袅茶烟,飞觞酌醽醁。

何处境非佳,唯人之所触。

好风自南来,摇荡满园绿。

藉草畅幽襟,不为礼节束。

吟哦苦未能,底事相迫促。

伊余昆季俦,有吐多珠玉。

勉强赋短篇,任人嗤貂续。

好丑世俗争,吾意澹荣辱。

酒醉兴方酣,呼僮更秉烛。

任天琛的孙子任兆坚(1823—1874年),字希庭,号文台,又号蕡台,咸丰元年(1851年)辛亥恩科举人,咸丰二年(1852年)进士,入选翰林,同治年间官至鸿胪寺卿。著名文人,著有《龙溪诗集》《树德堂奏议》。任兆坚的女儿任丽金,字璇池,工诗善画,著有《得月楼诗》,颇有闺阁流韵。任兆坚的孙子任祖澜,则是清末高密最后一位进士,官至知县,著名书法家,诗人,著有《古本大学说略》《梦觉庐诗草》等。

富贵亦淡泊
贫贱不憔悴

单可惠的家风

古人耕且读,经术每深至。

富贵亦淡泊,贫贱不憔悴。

男儿生两间,何必功名遂。

一觞一咏吟,俛仰庶无愧。

——清·单可惠《诫子诗》(节选)

  古代封建社会,人们似乎唯有读书科举一途,才能改变命运。所谓"万般皆下品,唯有读书高",所谓"书中自有颜如玉,书中自有黄金屋",就是这种观念。可是清代中叶,高密有一对父子,却有与众不同的见解。父亲说:"男儿生两间(天地之间),何必功名遂。"儿子也痛陈科举之害,针对纯粹为功名而读书之人说:"一概弗道,但求成科名耳。即使有成,终非令器,一经蹉跎,便为废物。将见读书数十年不识道理二字为何物,唯在八比排律中了却此生,不大可痛哉?!"真是振聋发聩之言,是那个时代极为罕见的声音。这对父子就是大诗人单可惠和大书法家、词人单为濂。

  单可惠,字嗣侨,号芥舟,别号白羊山人,诸生,清代诗人,工古乐府,著有《白羊山房诗钞》。史载,单可惠"少为名诸生","负不羁之才,发卓荦之观,学既淹博,品复清淳"。一生屡试不第,"穷巷萧然,环堵不避风雨",肆力于诗、古文词。诗以盛唐为宗,尤长于古乐府。李兆元《客窗剩语》称:"诗专古乐府,借古乐府题以寓意。"林昌彝《射鹰楼诗话》称:"近代山左

诗家，以高密单明经可惠为最。"朱庭珍《筱园诗话》卷二记载，闽中诗人
张际亮，一代奇才，久负盛名，目空四海，对黄景仁、翁方纲、蒋士铨、邓湘皋
诸名士亦多不满，"独极口佩服山左高密单明经诗，深恨见其集晚，不及一
晤其人，推为我朝诗第一。因手抄其集，分类评选，到处示人，欲为刊行，并
欲重刻其集，以传后人。称其七古七律为二绝，堪奉为己师法。而叹世人
无能知之者，其倾倒不啻五体投地。夫以亨甫才力，横绝当时，而推服单君
如此，想单君之诗必工，其才力必有大过人者。然竟未得显于词坛，重于后
世，是可惜也。"单可惠论诗，与高密诗派迥然不同，其诗宗盛唐，偶然出入
中唐，古体风骨峻深，蹊径独辟，七言长古，取法白居易，兼采杜甫。单可惠
强调作诗应以"真雅"为根本，即"立意真实，择言雅训"。《赠野甫兄》一
诗表明了这一主张，"读书四载，略识诗本根。立意贵真实，择言尤雅训。"
单可惠还教育其子单为濂为诗"要以真雅作根本"。诸城邱锡珑认为"读
其诗如遇其人于空山落寞风雪中"，他在《白羊山房诗钞》序云："吾山左地
接兴京，首被声教。新城王司寇以诗冠海内，执骚坛牛耳者数十年。嗣则
德州卢运使官维扬，踵其故事开社赋诗，名声几与之埒。而高密二李所谓
石桐、少鹤者继起，或谓其各有所持，于二公亦无多让，由是桐鹤诗派日益
盛矣。白羊山人单芥舟先生稍晚出，乃独辟蹊径，别树一帜，论者有后劲之
叹焉。"桐、鹤两先生就是李怀民、李宪乔，是乾隆年间国内知名的"高密诗
派"创始人。开篇那首单可惠写给儿子单为濂的《诫子诗》就是关于家训
的诗。全篇为：

依古叹才难，生成盖有自。

酝酿者其情，陶冶者其气。

情气所感发，忠孝与节义。

穷而历士操，达而为经济。

流露于文章，磊落轩天地。

根本苟不存，劳心日作伪。

古人耕且读，经术每深至。

富贵亦淡泊，贫贱不憔悴。

男儿生两间，何必功名遂。

一觞一咏吟,俛仰庶无愧。

他在《二十九初度》中也有耕读传家的家训告诉单为濂,其中有诗句:"为余小子言,勉之无愧负。五世富文章,命不缩印绶。迟速固有时,诗书报非偶。盈缩不在天,尝闻古三叟。书为座右铭,三复重稽首。"单为濂曾经把父亲的《诫子诗》镌刻在一块汉白玉石头上,作为传家宝典。这块石碑由收藏家孙涛收藏,现保存于高密凤凰公园夷安文化博物馆内。

单可惠有两个儿子,都能传承家风。长子单为澜,字子安,号柏庵。年少时读过书,明古今大义,孤介任气,有高世之志气。家道中落后,他的再从兄弟八人都通过教授私塾或者做买卖养家,单为澜却不以为意,教导其弟单为濂说:"人有子,欲其朝夕可以博欢也,不则安用子为?吾不能以怀中膝下之身寄人篱下。"为了孝敬双亲,他没有出远门谋生,而是选择了务农,春耕秋收,打水劈柴,烧火做饭,养猪喂牛,四季不闲。对于出身于世代书香的名士子弟,别人是磨不开这个面子的,单为澜却"处之宴如也"。父母虽老病,却能含饴弄孙,过上温饱生活,都是单为澜的功劳。单为澜好图章,精篆刻,收藏不少名家拓本,辑录数卷,朝夕临摹,终有大成。他善饮酒,耕耘之余,自携带一壶浊酒,在林荫树下或者田间地头畅饮,醉后起舞狂歌,使群儿相和,怀中拿出所篆印章,"右执刀,左握石,片刻立就,规矩不失毫发,识者叹绝"。他平常不轻易出手,拿篆刻来获利。求他印章的,只有通过请他那些扛工夫或者放牧的穷朋友的酒,然后通过他们才能得到。否则即使名公巨卿,千百里外托人捎来巨金,他也不屑一顾。四十五岁时病故,穷得几乎不能入殓,仅以生平所爱书画图章殉葬。"穷而历士操""贫贱不憔悴",正是单为澜的精神写照。

单为濂是单可惠的次子,字廉泉,号半翁,以字行,高密单氏老长支十五世,主要生活在清朝嘉庆道光年间,终年六十四岁。他出生于一个家道中落的士大夫家族。单为濂少失学,瘦小多病,年未壮即绝意功名,好涉猎图书,不求甚解。性偶俔,有辩才,好与人当面辩论,一言不合即掉头离去。跟父亲学过诗法。稍长,与族兄单为鏓为师友,学问日增。与单为鏓相互标榜为诗人,目中无人,互称狂生。后来离家闯荡,橐笔走四方,足迹几遍天下,前后近四十年,卒无所遇。道光三十年(1850年)回家定居,于城南开辟"若园",方圆十亩,有书斋号"四不出斋",藏拙养高,过起了隐居生活。

单为濂工诗词,著有《四不出斋诗草》《怀香草堂词》。其诗,没有汪洋恣肆的长篇,以五七绝句见长。他的诗有"四不作",即奉人不作、和韵不作、不可示子孙不作、游兴阑珊也不作,所以留存不多。诗风也几经变换。开始时抱负奇气,工于言情;既而游历吴、楚、燕、秦之地,皆怀才不遇,诗中多牢骚不平之语;后来归于平淡朴实,说理有北宋著名哲学家、理学家、易学家邵雍之风。晚年诗境更上,只可意会不可言传。例如,他在《新秋》中说:

> 小斋几日又惊秋,暑退凉生事事幽。
> 清梦乍回门静掩,疏帘才下雨新收。
> 但除隙地栽花竹,不起闲思赋女牛。
> 饮罢呼儿移榻去,绛河影里看云流。

他在《闲居偶兴》中说:

> 老来何计是生涯,除却看书即种花。
> 早起开门望春雨,呼童剪竹结篱笆。

他在《梦醒》中吟道:

> 一掩柴关万累轻,拼将诗酒送余生。
> 如何到老名心在,梦里犹为出塞行。

晚年归隐田园,享受静谧谐和的闲暇时光,自然也是人生一大乐事。但是想起壮志未酬,心又有不甘。这就是晚年单为濂的心境。诗风朴实无华,越品越有滋味。

单为濂的词非常有成就。其词悲歌慷慨,多燕赵之音。时人评论他的《庆春泽·登北固山甘露寺》有金戈铁马之音,不亚苏东坡大江东去之势。词云:

> 万顷波涛,一帆风雨,振衣直上危峰。把酒临江,一樽还醉西风。山河

百战分南北，问从来几个英雄，独铮铮铁马金戈，步虎行龙。

兴亡一梦朝云散，只佛狸祠下，社鼓连空。碧瓦苍苔，人传避暑离宫。锦帷步障今何在，剩三山铁瓮，重重不堪听。一缕哀筝吹起芦中。

他在《点绛唇·迟人不至》云：

书断天涯，闷来强把征鸿数。画帘卷去，隐隐斜阳暮。怕惹悲来，不敢歌金缕。甚情绪，问花不语，秋在无人处。

宋代王嵎有吟春名句"春在卖花声里"，时人评论单为濂的词句"秋在无人处"后来居上，更胜一筹。单为鏓评论说，单为濂"能写人不能写之景，能传人不能传之情"。单为濂《临江仙·感遇》道出奔波之苦、思亲之痛：

禄养既无毛义橄，年年乞米营炊。朝来南北暮东西。征衫多少泪，一半是伤离。

一自雁行中断后，可怜出处皆非。昨宵有梦到庭帏。白头双老病，倚仗盼儿归。

时人评论说，该词真是至情真挚，可泣鬼神。单为濂是高密少有的诗词大家，《怀香草堂词》一卷仅录存三十首，可窥其一斑。

单为濂还是一位古文辞家，著有《有怀堂文稿》，有游记、传记、序跋、书信等体裁三十八篇。游记文笔优美，传记人物形象生动，序跋言之有物，书信说理透彻，感情丰沛，篇篇都是上乘之作。例如他在《四不出斋跋》中曰："邵子养性，有大风不出、大雨不出、大寒不出、大暑不出之戒。余自束发以来，即抱此志，顾以饥躯。冒风雨寒暑，奔走四方者，几四十年。乃买山无期，而车中人老矣！道光庚戌，游岳归来，始辟先人敝庐三楹，作蜗牛之寄，遂以此铭斋。不敢云藏拙养高，或可勉强暂时不出云。"言简意赅，读之兴犹未尽。他的人物传记里，多是小人物，不写大人物。例如，《丐者瞽孝子传》《瘄孝子传略》《记李友和温衾事》等篇是记叙底层人士孝友的，《记柳八事》《记谭玉事》是记叙义仆的，《丁二传》《记张将军轶事》是记叙浪子回头的，《伯兄柏庵先生传略》《王道南先生传》是记叙读书人贫贱不移其志的，《女伶传》是记叙女流不改志节的，等等。这些人物形象鲜明,可以当作小说故事来读,非常受益。

单为濂最大的成就,当在书法,尤以篆刻为世所重。楷书宗柳,行书法颜,隶书远宗汉人,参以唐人法,气度恢宏,笔力稳健,风骨遒劲,作书喜用浓墨,如同刘墉,传世作品主要有《留侯传》等,时人获其幅者惜珍如宝。道光年间高丽国王见其字十分欢喜,命使臣金命喜(字山泉)乞书十六幅,以皮裘、珍珠相酬,单为濂坚辞不受,后高丽国王以诗谢之,传为一时佳话。金命喜赠送他《普贤寺碑帖》及诗篇若干,结异国友缘。单为鏓《哭族兄廉泉先生》组诗中有句:

> 楷法能寻魏晋前,书名万里达朝鲜。
>
> 茫茫坠绪今谁继,闲煞人间十样笺。

此诗后有注曰:"楷字名满天下,至于高丽。"蓬莱阁有单为濂的大字刻石,与清朝著名大书法家之一的铁保所书"蓬莱阁"三字相映生辉。高密重修城隍庙碑记即其书丹,一时习书者,传拓而习之。单为濂精于篆刻,初习浙派,后入齐鲁印派,尤以刻多字大印为能事,有《四不出斋印存》传世。他不仅书法了得,还有书法心得"妙诀",著有《字学一得》,可作为临字学书之人所必须遵守的妙诀。其内容包括"立品、尚志、养气、主敬、执笔、用意、运笔、逐画写、布白、审俯仰向背之势、学字从真字入手、字要生、选笔、多墨、辨纸"等十五条。他特别强调"立品",把"立品"放在首位,认为"心正则笔正也,故谓之心画";其次"尚志",即"以唐碑为法,先究其笔法,再摹其节度,宋以下可勿学";第三"养气","气盛则机来,机来则大小长短肥瘦无往不宜,此事非胸罗万卷,身经万里不可";第四"主敬","从小画始,小画不苟,则大画必不敢苟矣"。单为濂在《与佛骥论书法》中说:"信笔如何可作书,要从庄敬得舒徐。待如绕指柔成后,已是千锤百炼余。"他认为这四点是学书法的前提和基础,光学技巧不行,还要提升人生境界,方有大成就。这些观点,至今仍是书家圭臬,难能可贵。

单为濂既然强调学书法贵在"立品",那么,其品性如何?

一是其性谨厚,事亲以孝闻。他的诗词中多次提到对双亲的牵挂和失去亲人的痛楚。母亲病了四年,不能走路,他常常背负老娘外出观花看戏。老娘发脾气时,常用拐杖打他,他也想方设法博老娘一笑,还有诗句云:"慈

母朝朝开口笑,人生至乐有谁知。"单为鏓有诗赞曰:

> 负母看花绕菊篱,如斯至性使人悲。
>
> 白头孺慕今何在,亲见韩俞受杖时。

二是其性豁达,急人之危。单为濂曾经游历至某海边,碰见一个妇女头上插草准备卖身。他升起恻隐之心,就将女人买下。女人把钱交给男人手里,抱头痛哭,泣不成声。他急忙把卖身契烧了,让女人回到她男人身边,钱也不要了,成全了他们一家人。单为鏓有诗赞道:

> 贫贱分张太可怜,百千买得小婵娟。
>
> 无端焚券驱之去,要使人间破镜圆。

单为濂的豁达还在于看得开,儿孙自有儿孙福,并不一定非走科举之路不可。他在《言志诗答向斋兄录二首》中自侃说:

> 儿孙自可为童仆,花竹何妨当友朋。
>
> 我已有斋将不出,哪能更作叩门僧。

三是其性孤傲,不事权贵。当时山东巡抚铁保以孝廉征召,单为濂坚辞不就。他奔波在外三十多年,没有谋得一官半职,不是没有机会,而是不肯催眉弯腰事权贵。在他的诗文里,人们几乎看不到颂扬达官显贵的篇章。他在《怀香草堂词》自序里作了自我介绍:"好作各体书,大小篆刻,颇自矜重,不为人用,甚至家四壁立,瓦釜无烟,而廉泉方拥一几,左图右史,评今吊古,歌呼呜呜,未曾有一事干谒乞怜于人。"单为鏓有诗赞道:

> 何处诗人种字林,不将尺幅易兼金。
>
> 若园虽小堪容傲,始识当年负米心。

四是晚境心态平和,积极反省自问。早年狂妄无知,也只是单为濂怀才不遇的宣泄或者自我标榜。晚年他研习程朱理学、王阳明"心学",从"为人"上下功夫,从"诚正"上下功夫,了有心得。他在《与伯平论读小学书》中深自忏悔青少年时"工夫不知向上,徒以放诞为风流,轻狂为名士,稍知把笔即雌黄前辈凌轹同侪"的行为;也提到自己三十多岁了仍为父母刷尿罐,无知少年嘲笑他,他自己也渐渐觉得耻辱,后来读书读到西汉内史石庆亲为父母刷尿罐的章节,心里才爽然,继续刷了下去;也提到儿子娶了媳妇自己快抱孙子了,还因为小事被父母打骂,他心里老大不痛快,但当他读到汉代孝子韩伯俞(亦作韩伯愈)每被老母杖责还感念母亲力衰而哭泣的故事,跃然而起,欣然接受父母的打骂。单为濂晚年经常反问自己,克己复礼,实乃真君子、真名士、真达人。从他的心路历程,人们看到了一个封建社会知识分子人格嬗变的脉络,即从盲目追求风流(放逸洒脱),既而追求风骨(孤傲耿介),再到晚年复归风雅的过程,他的艺格与人格,确有许多值得当下的人们学习借鉴的地方。

为了传承家风,单为濂别出心裁,将家风家训刻在砚台上,作为座右铭,作为传家法宝。单为濂的直系二十一世孙单既然家里收藏保留着一款端砚,砚石三面有字,砚盖阳面为篆刻,铭文为"洗砚鱼吞墨";砚盖阴面为草书,铭文为"尽心力而为之,此教读之研(古通'砚'),故镌之以作家训。甲辰(1844年)巧月(阴历七月)";砚底部铭文为"口要勤,心要纯,如此为师生徒,学业乃精。次日又题"。

单为濂秉承家训,虽以布衣之身,诗词、古文学问名重齐鲁,书法造诣得天独厚,尤以不求名闻利养的人品广为传颂。他把"尽心力而为之""口要勤,心要纯"作为家训镌刻于砚台作为座右铭,时时告诫自己和门人弟子,光大了门风。

见急不能救
枉作在世人

王氏(郭外楼)的家风

东家无粟粒,西家乏柴薪。

旬日苦难过,安问明年春。

乡邻有赒恤,况多骨肉亲。

肺腑非铁铸,如何不怆神。

我虽无饥寒,何缘得不闻。

竭力助升斗,沧海渺微尘。

仰首呼穹苍,尽使贫富均。

予年将六十,支离带病身。

见急不能救,枉作在世人。

——王氏(郭外楼)《岁暮书怀》

清代中叶,高密城北柳塘,也即今天的高密市醴泉街道小王庄居委会,生活着一位女诗人。她心地善良,乐善好施,常常帮助贫穷的亲戚和过路人,也乐意和落魄的秀才诗人谈诗论文,时常周济他们,人们也把美丽的柳塘比作高人隐居的辋川、栗里,高密当时一批名流,例如著名诗人李诒经、王宁烺、王功后、张志锷、邓廷法、单可基、单为鏓等都和她有诗词酬答,与柳塘结下了不解之缘。这位女诗人,就是王氏(郭外楼)。

身　世

王氏，没有留下名字，《旧志》里只记载为"王氏，立鸥女。"她的曾祖是王俞昌，康熙三年（1664 年）进士，官四川垫江县知县。祖父是王童蔚，康熙四十八年（1709 年）进士，官至怀来知县。父亲王立欧，秀才。外祖父宫尔劝，字九叙，号怡云，康熙五十年（1711 年）辛卯科举人，由知县晋至云南布政使，亦工诗，著有《南溟集》。其舅父宫去矜、宫去奢官至知府，也有文名。特别是宫去矜，著有《守坡居士集》，诗文成就极大，清初著名文人领袖沈德潜为之作序，说他"瓣香东坡"而"兼采众家之长"。王氏性格慷爽高迈，无闺阁习气，自幼喜吟咏，家学渊源深厚，诗学成就极高。她少小时曾上家塾，和后来成为解元（举人第一名）的王宁闾、女诗人王清兰（字若惠）等人同学。针黹女工之余，就和同学们论诗习字，而且还好与人点评诗的优劣。和她一般大小的哥们笑话她说："此灌灌者，真老师矣！"

王氏成年后嫁于胶州王家庄高虞恂，高是个举人，候选州同，封奉直大夫，她也被封为"宜人"。高家一向生活富裕，酒食织纴之职各有人承担，她略一综核过问，就不再管了，晨昏伺候完公婆，就手持《随园女弟子诗刻》等书诵读，如饥似渴，一点也不比以功名为业的儒生下功夫少。诗思上来，门一关，丫鬟婆子都不许进，一天从早到晚也听不到动静。然而写出诗来后，秘不示人，外人很少知道她的诗文。晚年随夫居高密城北柳塘"居有楼"，自号"郭外楼"。后来她的孙子收集她的诗作，汇成《郭外楼诗草》，诗入《国朝山左诗续钞》。高密著名诗人李诒经为之作序，王宁烻为之作《王宜人传》。李诒经引用高密著名诗人张志锷的话评论其诗说："其思清，其气盛，其争锐，其言之有物，不苟为一切浮靡之音，其诣力虽不逮古人而犹舒性情，词不妄敷，其识解过人远矣。"现录其一首《庚戌秋至柳塘卜居感旧》：

> 翳翳门径幽，莽莽庭院广。
> 昔为侍郎宅，轮奂空想象。
> 堕檐蝙蝠翻，罥户蜘蛛网。
> 池涸荷芰枯，阶滑莓苔长。

唯余旧竹树,萧萧动秋响。

她还有两首诗提到柳塘,在《邀赵表嫂》中写道:

缓缓轻车春日长,无边风送野花香。

暮年须得闲消遣,一路寻芳到柳塘。

她在《西园》中写道:

性懒厌城市,迁居到柳塘。

野畦春雨霁,风暖菜花香。

吟柳塘,自然少不了吟柳。柳树,是她诗中重要意象。"村边秋色近如何,一带悲凉在柳坡。怅望西风憔悴影,疏疏偏得夕阳多"(《秋柳》);"阳和欲动雪初消,漠漠春光上柳条。不愿年庚添一岁,东风且喜遍溪桥"(《初春》)。在诗中,她多次提到小康河。例如,"雨雨风风柳带烟,离亭攀折自年年。康河水浅渔人少,不借柔条系钓船"(《康河柳》);"楼外清溪起绿波,韶光浓淡遍东坡。渡头牧子横牛背,转过春桥树影多"(《康河春望》);等等,这些诗句是研究高密地方文史的宝贵材料。高密著名文人单可基有诗赞曰:"竹楼横郭外,名士出闺中",一时传为名句。邓廷法在《读郭外楼诗书后》有句"骨清何必山中士,才大谁如郭外楼",在《赠郭外楼》中有句"新诗即当名山水,何必蓬瀛始尽欢",这些都是对郭外楼诗比较公允的品评。邓廷法还有一首《题郭外楼》,可以看作当时高密名人眼中的郭外楼诗歌生涯的代表之作。诗曰:

楼高壮丽近城边,中有诗人独洒然。

康水环流随乐意,凉风时至喜安眠。

闲敲诗句惊奇思,闷捡方书疗病瘁(郭外楼主工诗,多病)。

愧我步艰凭眺懒,题吟权作岳阳仙。

家　风

王氏的丈夫高家是胶州世家大姓。高家早在明代就以科举起家。明

末高宏图，明万历三十八年（1610年）进士。历任中书舍人、陕西监察御史、
兵部侍郎、户部尚书等职。后被南明政权任命为礼部尚书兼东阁大学士、
吏部尚书兼文渊阁大学士，并加封为太子太傅、太子太保。后来国破绝食
而死，不降清朝政权，大节著于天下。王氏的公公高元质，举人，候选州同，
赠中宪大夫。她的丈夫高虞恂，候选州同，赠奉直大夫。她也被封为"宜
人"。她因为儿子的缘故，晚年被赠封为"太宜人"。夫家和"扬州八怪"
之一的大画家高凤翰同族。据王宁炡《王宜人传》记载，高氏先世皆好行
德，宜人继之，所济尤博，积而能散，称其惠者，没世不衰。高密著名学者单
为鏓也说她工诗能文，尤好施与，族里姻亲揭不开锅的，她都给予帮助。每
到年除夕，在道路上施粥，救济饥饿的人群。碰到饥荒年，因她的救助全活
者甚众。"见急不能救，枉作在世人"这一诗句，就是她为人善良和高尚品
格的真实写照。高密著名诗人李诒经一生贫穷，授徒为生，但他的诗学成
就极大，被称为"高密诗派"的"后四灵"之首，主持高密文坛三十年。有
一年冬天，他因没有棉衣穿，冻得出不了门，朋友们赠送了他一件羊裘大
衣。王氏听说了，派人给他送去木炭，让他烤火。为此李诒经写了一首《酬
郭外楼赠乌薪》，诗曰：

> 经冬猬缩气难伸，枉把羊裘裹此身。
>
> 今日乌薪遥见赠，顿教天地一时春。

邓廷法也写有一诗《尝郭外楼赠茶》，赞誉王氏（郭外楼）。赠人玫瑰，
手有余香。诗曰：

> 曾读茶经知水味，今无佳水味难尝。
>
> 诗人知我心如水，赠得茶芽有异香。

传　承

王氏的儿子高锡珖，字玉圃，候选布政司经历，加二级。他生长在锦衣
玉食之家，性格豪爽，出手大方，食客常常数十人。但他极其孝顺，事事顺
着父母，没有丝毫怨言；教子严厉，聘请名师督导。长子高慧澄，端凝有识

量。其他儿子有过错,高锡珖就让大儿管教治罪,其他儿子面见长兄如同严师。他虽然去世较早,在兄长的教导下,高锡珖的其他孩子长大成人后,没有不良习性,因此,世人都叹服高锡珖的远见,加以效法。高锡珖的夫人单氏,也是高密名门之后,性和厚,识大义,持家严明有法度。高锡珖去世时,王氏郭外楼还健在,单氏控制自己的悲伤情绪,怕惹婆婆伤心,所以还像以前那样支持婆婆的慈善大业,没有耽误王氏的施舍。单氏秉持家政,门内百口严肃如官舍,并然有序。高锡珖去世时,大儿刚刚成人,其他儿子皆幼,单氏让大儿子率领诸弟读诵,择知名士与往还,对待庶出的两个儿子一视同仁,养如亲生,有过错仍让老大管教。老大慧澄,贡生;老四慧清,监生,孝友之风"为邑法式"。

《旧志》记载,王氏重孙辈中,高业伟,字小堂,同治年间拔贡,能诗、善书,宗法高凤翰(字西园,号南村,又号南阜山人),有《小堂吟草》藏于家。他为人急公好义,尤风雅,尝与诸文士作诗酒会,曾补刻《南阜山人诗集类稿》,后援例捐赠耀州知州。当时岁饥,赈济有法,终因积劳成疾,高业伟病于官署,当地民众立牌位祭祠他。高业伟是一个富有家国情怀、仗义疏财的绅士。据清末高密诗人孙凤云《辛丁纪乱册》载,咸丰十一年(1861年)二月,捻军窜入山东,十八日破潍县(今山东省潍坊市),二十一日破安丘,二十三日破景芝镇,民众伤亡甚多,高密民众闻听捻军至必攻城,十分恐慌,居城里的人夺门而出,居乡下的人又想进城里避难,一时人心惶惶,满城骚动。二十四日,绅士单为钰"首破群疑,定坚守之约。高业伟、单礼经、蔡延湘等共赞襄之,请县令文熙倡议,捐赀募勇,戒严登城,又谕四隅士民,按户出丁,以守关厢,人心乃靖"。八月初八黎明,捻军大队人马攻打高密县城,旌旗遍野,戈矛如林,竹号齐鸣,喊声震天,闻者丧胆。高业伟、张桥张翎兄弟等乡绅支持县令文熙率众保卫家园,多次击退捻军攻城行动,保护城池不破。"尔时,督理守御者,则高业伟当居第一功矣。"而四关、周围村庄百姓遭受抢掠、屠戮,死伤无算。时序到了同治六年(1867年)五月,捻军赖文光、任柱、牛宏升由河南突破清军防线,杀入山东,县令林溥召集绅士高业伟、蔡延湘、单礼经商议布防事宜,总共在城上设七局,其中高业伟管三星阁局,又设立总局于关帝庙,高业伟等人总理其事,"战守之具,于是大备，而任怨任劳，则高业伟实克济艰难焉"。为感谢高业伟全城之功，当时高密诗人傅培源有诗《高小堂竭资助饷，诗以美之》：

> 定策仗儒生，居然善用兵。
>
> 不辞身报国，能使众成城。
>
> 所在披肝胆，无私见性情。
>
> 他年寄百里，可许致贤声。

高业伟之弟高业传，字习庵，同治九年（1870 年）庚午科举人，有文誉。

与人无患世无争
家无豪产足闲情

单襄槃的家风

萧散本吾性,雨晴谐远心。

青山花外曙,春水柳边阴。

遇胜时留憩,探幽每忘深。

野人安淡泊,聊复得闲吟。

——清·单襄槃《萧散》

清代乾隆年间,高密城北城墙下边,有一处风雨飘摇的房屋,名曰"退斋",屋后有一小片花园,有竹有菊,也有菜蔬。一个孤独的老人,时常带领一个小童子朝夕侍弄花蔬。间或抬头望望城上的女儿墙,或者凝神聆听一下感化寺的钟声。忽然,他想到了一句诗句,捻须吟哦,写下来投入童子随身携带的诗囊。这个终日吟诗为乐的孤独老人,就是高密著名诗人单襄槃。他不慕浮名,甘于清贫,藏拙养愚,洁身自好,嗜好诗书,是一个名副其实的谦谦君子。

单襄槃,字子迋,或作紫迋,别号苦竹主人、三岳山人,监生,居高密城北隅。他的曾祖单务孜,康熙三年(1664年)进士,官至知府。祖父单僎,字子公,附监生。父亲单履咸,字九池,号渔村,拔贡生,官至知县,勤于政事,重视教育,关心民瘼,以致"士民怀德",为其立生祠。病归致仕后,日以读书、督课子侄为乐。单襄槃生于这样的官宦世家,书香门第,却不热衷仕途功名,反而与诗文有不解之缘,成为李怀民、李宪乔倡导的高密寒士诗派的重要护法弟子。他不事家产，萧闲散淡，与世无争，乐在诗中。他谦逊有礼，不耻下问，虽年长李怀民二十岁，虚心请教，有诗即请他品评，即使意见相左，改删过繁，有时连李怀民也觉着有些过头，他也不为意，怡然自得，无一点难色，一生追随石桐习诗，终有成就。《旧志·文苑》载：（单襄棻）"生平厚重善下，慕陶靖节之为人。日以诗为事，积二十年诗大进。李怀民取其晚年诸作刊行于世，诗入《国朝山左诗续钞》。"

单襄棻对高密诗派理论的创立与完善有一定的贡献。单襄棻与李石桐兄弟志趣性情十分投合，一起研究《主客图》诗律，为诗亦秉其法则，身体力行从之二十年不倦。李宪乔云："子迟古体从汉魏，入律法，后乃一归于陶（渊明）、谢（灵运）、王（维）、孟（浩然）、韦（应物）、柳（宗元），最后与石桐先生研究主客图诗律益细。"单韶亦云："子迟年长于怀民，学诗十数年，尽舍其旧，以一言之合而从之二十年不倦。""三李"与单襄棻互为知己、诗友，相交二十年来留下了诸多诗歌唱和。如，李怀民《雪后晚望寄子迟》之"仍怀北城下，灯火独萧然"；《酬子迟长至日雪见寄》之"遥想卷帘处，共谁凭几时"；单襄棻《酬石桐闻钟见寄次韵》之"此际能相念，应知独有君"；《冬夜与石桐宿》之"故人吾所思，共宿夜方永。聊与话夙心，烦忧坐来整"。这些诗作的唱和中看得出，萧然独居的单襄棻与李怀民兄弟互为知交，亦曾同宿而彻夜畅谈。

单襄棻于乾隆四十年（1775 年）去世，年五十四岁，"三李"甚是悲痛，认为世上再无知己相与论诗文，李怀民《哭子迟》"忆从相识时，五字共牵思。有景皆同赏，无愁不并知。教看未成句，使定欲删诗。细数城中伴，此情还向谁？"李怀民诗句回首了和子迟相识之后便共同赏景、学诗、酬唱的生活。李宪乔《哭子迟》"所得非天惜，暂留胡不宜。世缘犹有子，死日始无诗。净石常凭处，空斋共宿时。箧中秋卷重，装出更投谁。"李宪乔的诗句表现出旧时共同经历随着单襄棻的离世都成为幻影，满腹的悲痛只能寄情诗歌以表达对他的怀恋。单襄棻遗诗四百六十四首，皆与李怀民商较删订，他去世后，李怀民与李宪乔共同商校删订其存诗，刊刻《梦筑堂诗初集》，并为之作序。序曰：

子迟居城之北偏，舍后辟小斋，近城垣。性好菊，与童子朝夕灌培。时复登城眺瞩，或游城外冈阜。家有薄田，听儿子经理，不亲事。又善病，不与城中人酬酢。凡城中宴会，皆不与。独好与其友李怀民及怀民之弟嵩、乔为诗。怀民居县南村，入城辄以诗相见，作竟夜谈。自怀民与之交，凡二十年如是。是其德性涵养，学问优游，不为时风流俗所侵。故诗体高妙，超然绝群，动与古会。且子迈善下，其所为诗，每岁终，辄汇订一本，寄怀民之别择。稍不合者，破口摘其疵，不遗余力。子迈不为怪，而益改删。且怀民少子迈二十年，不以为难。故谓子迈之性情，亦非人所能及。惜子迈病，不能游四方，多识当世贤达。居一乡，独与怀民交，设怀民之自为诗不见弃于后世人，吾知子迈之必传矣，而其信然耶。甲午(1774年)腊后十日(十二月初十日)，李怀民笔。

单襄棨的诗"诗无异题，题无异格，不谈理，不涉事，唯即目前景物舒其恬淡性情而已。初阅若浅弱，熟复乃觉深厚，其境不易也"。我们可以从《夕登北城》窥其一斑：

> 守拙绝尘侣，任天得怡情。
> 北城自闲旷，日夕春景清。
> 连村麦畦绿，远树瞑烟生。
> 目送山云还，时闻归鸟鸣。
> 赏心复何极，伫看林花明。

再如《冬夕登城楼寄北寺闲上人》：

> 老去犹耽句，忘情知未能。
> 身还同病鹤，命合作诗僧。
> 野静风飘磬，林寒夜露灯。
> 因高成久立，心地暂为澄。

他的诗里，处处体现了淡泊萧散、清白自守的品行和不屈流俗、遗世独立的品格，在那个黑暗的封建社会，洁身自好、远离仕途经济，是难能可贵的。

单襄棨有两个儿子，均克绍家学，有君子之风。长子单华炬，字西仲，诸生,工诗,有《清厚堂诗钞》行世,清代嘉庆道光年间著名诗人李诒经为之作序。单华炬少即笃学,手不释卷。成年后,曾经南浮江淮,抵两浙,纵观山水之佳丽,当地的文人学士都愿和他游处,他的境界格局也得到提升。他秉性高亢激昂慷慨,平日与人语道理,辨古今是非当否,纵横驰骋,往复数百言,一座人没有能辩论过他的,他眼里也没有别人,只对李诒经等少数几人刮目相看。单华炬与李诒经深相契合,独宗诒经诗法,每有所作必交与诒经评点,诒经皆为之剖析离合,单华炬的诗集《清厚堂诗钞》就是李诒经为其选评。单华炬深感诒经对他的提携与指点,《叙吟寄五星》云:“垂老方为诗,艰涩似学步。赖有素心人,与我有同趣。”李诒经序中说:“单君西仲,好学力行,君子也。虽老且贫,不以俗务婴其心,居恒意兴勃勃,若有不可壅遏之势。”他独处一室,彝鼎图籍环列左右,平常很少有人看见他低徊讽咏、反复推敲的样子。然而一旦意有所会,就勃然而起,即使半夜,也要秉烛据几,搦管濡墨,不言不语,唯听见籁籁落纸之声,数十篇立就,然后闭户朗吟,彻夜才罢。偶尔拿出以示人,意正词纯,虽是诗家,也都惊顾怪愕,自叹不如。他和他父亲一样,是真能体会到作诗三昧、自得其乐的。正如他在《答刘媪》中所云:“家人笑我吟,无补衣与食。衣食非所营,所营汝不识。”李诒经说:“然则西仲之于诗,固非仅循行守墨以为工者也。意者其操之有本源,而以其情兴酝酿以出之者耶。其足传于世而无愧乎！”单华炬在《题斋壁》中说:

> 与人无患世无争,一榻萧然万虑清。
> 性不妄交稀到客,家无豪产足闲情。
> 松花落后香犹在,竹叶凋残笋又生。
> 二十年来勤苦惯,肯将先业易时荣。

他在《书斋即事》中说:

> 十日奔忙一日余,还将一日补闲居。
> 文章自古归闻道,将相无人不读书。
> 雾破沧溟经曙后,日沈旸谷继灯初。
> 晴窗检点平生业,衰朽空惭富五车。

单华炬的诗,绍家学,有根源,而又慷慨高迈,自成一家。正如李诒经序言开篇所说:"诗之为道虽曰小技,然非本乎义理以为之质,会乎情兴以运其极,则其人之精神不著,而语莫能工,何则?遗乎其源而逐乎其流。故往往情兴不属,举笔辄多牵绊,绝无游行自如之乐。其如是,虽口吟手摹,穷日夜之力,以规模前人之皮貌,犹恐其难也,又安能卓然成家,与之共垂天壤而并寿千古哉?"单可基有《赠西仲侄》,对其情有独钟:

> 风雅吾宗秀,兼之德性淳。
>
> 修祠继先志,刊稿忘家贫。
>
> 座有求书客,门无猎酒人。
>
> 予怀独深契,不厌往来频。

单华炬还是一位著名书法家。他的堂祖父单履豫是大书法家,高密单氏"三右军"之一。单华炬受其影响,酷爱书法。其书法宗二王,兼入赵孟頫、董其昌诸家,有《兰亭序》临本刻石,镶嵌在旧高密文庙东廊,人争相传拓,以为模范。

单华炬十分重视家风的传承。他三个儿子都没有功名。孙子单仝裕,字耕余,号心湖,咸丰年间恩贡,官平原县教谕,是一个著名诗人,著有《心湖随意草》。单仝裕之子单恭寿,字伯敬,号滋园,光绪五年(1879年)己卯科经魁,甘肃候补知县。单恭寿之子单鸿业,字润生,附贡生,委用训导,中书科中书。单华炬次子单祜墫,字莱山,配李氏,守节,奉旨旌表祀节孝祠。单祜墫之子仝文,其妻张氏也守节,奉旨旌表,可谓节孝满门。这与单襄荣、单华炬的家风分不开的。单华炬曾有《示儿》一诗,教育子女志存高远,努力成才,不辱门楣。诗云:

> 大树扬远天,浓荫盖邻宇。
>
> 野葵无敷阴,不庇根下土。

他的《买书有感示孙》脍炙人口,李诒经评论说"识超笔妙,发千古所未发"。诗曰:

> 白首尚买书,非望子孙守。

已乐今人居，更爱古人友。

当其咀英华，香过发醇醴。

子孙贤不贤，于我果何有。

尚念生平心，勿落俗人手。

单襄榮次子单岂焹，字季长，监生。《高密单氏实绩》记载：单岂焹"孝事父母，友事兄长，嗣孙仝祺、胞侄、侄孙均分以田产，有古之遗风"。《旧志》也有记载："事兄华炬曲尽弟道，服侄孙辈各分以腴产，乡里称之。"他也是一位诗人，曾与单去非、李德恒、王宁艇、单励、薛㬰、张志炅、王炅后、单九皋结"夷安九老社"，有文望。单岂焹之孙单仝祺，字逢年，监生；单仝祺之子单桂芬，字馥亭，例贡，任安徽怀远县龙亢厅主簿，军功加五品衔；单桂芬之子鸿书、鸿图和鸿章也都是秀才，诗书之风源远流长。

疏入长关天下计
诗成时见古人心

王宁焯的家风

清乾隆五十四年(1789年)的一个春天,高密城里一位王姓进士就要晋京赴任了。七十五岁的老母亲拉着手对他说:"质行文章,在己也,可以力致也。爵位荣显,在人者也,此不可以力致。汝自成童后,解读先人遗书,吾二十年来,布衣蔬食,未尝一日而不乐。今幸食禄于朝,慎无为力之所不及,使我老而不乐也。"这位伟大的母亲就是法氏,曾是出自胶州名门的大家闺秀。她要叮嘱的儿子就是进士王宁焯。王宁焯和他的弟兄们延续了王飏昌家族的良好家风,更把文风一脉发扬光大。

王宁焯(1756—1803年),字熙甫,号直庵,清代高密东隅人,进士,官至御史,有直声,工诗,为"高密诗派"代表诗人之一。

王宁焯高祖王俞昌,康熙三年(1664年)进士;祖父王立丰,字燕岂,一字延祺,号南崖,乾隆十六年(1751年)贡生,诗人,曾参与创建高密"通德诗社"(又称"南园诗社")。王立丰是一位教书先生,学义精明,从游者众多,常有数十人跟随读书,许多弟子都成了名士。进士单烺也曾执弟子礼,跟他学习。单烺《大昆嵛山人稿别集》之《王南崖先生》诗中有句"先生实盛德,高蹈小康滨。朴学传和伯,乡人祝少宾"。该诗序言曰:"冲淡和易,举动必以礼,横逆来,逊谢之。学义精明,从游甚众,负儋(古同"担")至者,岁常数十人。仲弟立表寝疾,先生昼夜以肱承其首,遍为抚摩,如是者四十余日,两肱后遂病痿痹。弟殇,遗孤清昕,先生教诲勤劬,后与令嗣清旭先后举于乡,人以为孝友之征云。"他的大儿子王清旭、侄子王清昕,先后中举。二儿子王清晬,王宁焯之父,字少荀,号任斋,岁贡生,明经能诗,诗入《国朝山左诗续钞》。单烺在《奉寄延祺夫子》中有句"同社论诗仍请业,濒行赠序更牵衣",即是赞美老师王立丰之句。

王宁焯成童时期王家家道已经中落。王宁焯在兄弟三人中居次,其禀赋"镇静安和,有谦退节",始就学于文士李文龄,去文章浮靡。乾隆四十年(1775年)以后,王宁焯受教于高密诗派"三李"门下,学习诗法。乾隆五十三年(1788年)中戊申恩科举人,次年联捷中进士,分发吏部学习。乾隆五十五年(1790年)授吏部考功司主事,后升吏部员外郎。嘉庆五年(1800年)考选浙江道监察御史,十月充任顺天武乡试监试。嘉庆七年(1802年)升任掌陕西道监察御史,稽查禄米仓务,不久卒于任上。

王宁焯为官吏部时,"明习律例,吏无敢谒以私"。当时和珅当权,贪污成风。王宁焯"独贫甚,所与交不二三人,皆以文章古义相敦勉"。其好友刘大观《春日饮吏部王熙甫家》一诗描写了王宁焯身为吏部官员但是访客稀少的景况。这从一个侧面反映了他洁身自好的品行。诗云:

> 性冷致家贫,清曹称此身。
>
> 满庭都是雪,终日不逢人。
>
> 得句始沽酒,质衣因赏春。
>
> 久无张水部,谁与作高邻?

当时吏部有疑难烦琐之事,同僚不屑去做,王宁焯自愿承担。他任御史时,清直有声,遇事敢言,章奏得大体,多被采行。每逢各省士人来京师,他常常悉心咨访民间利弊,创为奏稿。曾上疏论督抚壅蔽之习、州县折收之患。嘉庆七年(1802年)二月奏《请重军机大臣责成疏》尤为著名,嘉庆帝以为谬妄,命原折掷还,清代梁章钜、朱智所撰《枢垣记略》记叙了这个事件。

清代常州名士王芑孙为王宁焯撰墓表,云:"君为人色夷气直,自少以疾穹其背,蹒跚圈豚行,见者辄笑,然广颡丰额,音吐洪亮,恢然雄骏君子也。"王宁焯工诗文,为高密诗派"后四灵"之一,著有《直庵诗稿》《中晚唐诗主客图七律》《奏议》《仿日记》《柏台新集》《吏部则例》等。当时李怀民兄弟创立高密诗派,一时数百里内英杰之士多从授律法,王宁焯为之冠。清代名士秦瀛称赞他说:"为人淳重亮直,而又工于诗。五言超迥,直窥唐贤阃奥,京师言诗者虽多,而诗格之高无如熙甫。"法式善《梧门诗话》记载,乾隆五十四年(1789年),法式善任会试磨勘官,见王宁焯试卷,"爱其文清矫",后阅其诗集,称赞其诗"真能窥唐贤阃奥"。其诗清淡幽远,极富书卷之气。王宁焯作诗《题李比部松圃秉礼桂林三诗卷》云:

> 诗人心易足,三十已休官。
>
> 偶爱粤山好,几篇秋水寒。
>
> 知谙岭外俗,合是雪中看。
>
> 亦有酸吟句,还怜驿使难。

王宁焯卒后,高密诗派诗人多作诗怀念。刘大绅《哭王熙甫侍御》云:"疏入长关天下计,诗成时见古人心。"鹿林松《高密道中感王熙甫侍御》云:

> 忆在京华日,直声天下闻。
>
> 谓余独殊众,此士可论文。
>
> 身后声名出,生前谏草焚。
>
> 拟寻旧遗迹,隔岭断归云。

王宁焯有弟兄三人。长兄王宁炟,又名王炟,字蕴光,号质庵,嘉庆九年(1804年)贡生,工诗,精古文,师从高密"三李先生"李怀民等,著有《蛹房吟》。著名诗人、画家李怀民曾以其"水际三间屋,霜中一夜灯"句之意境,为题作画,可见其欣赏之深。事载《旧志·文苑》。

王宁焯的三弟王𤏳(1763—1848年),原名王宁𤏳,字丹柱,一字大柱,号确庐,工诗与书法,精古文,十三岁书县东岳庙匾额,观者无不赞叹,为"高密诗派"代表诗人之一。史载王𤏳"性洒落,不屑计生产",青年时与兄王宁焯从学于同邑李怀民兄弟,为"三李"门下高足。虽然家贫,有时没有隔夜粮,却能始终安于清贫,吟咏之余,抚琴著棋,自得其乐。乾隆六十年(1795年),王𤏳中式山东乡试举人,累赴会试不第,主讲济南、胶州、禹城等地书院。在济南,山东学政张鹏展选辑《国朝山左诗续钞》,他受聘负责选辑事宜。其"屏绝请托,杜门守寂""士有可采者无不悉录",故诗钞收录诗人诗作甚为公允,一时名士多从受诗法。嘉庆十六年(1811 年)任泗水训导,后以丁忧归里。服阕后设帐费城、蒙阴间。道光二年(1822 年)补聊城教谕,又以丁忧离职。《东昌府志》记载,王娫任职聊城,"品端学粹,识不识皆称大柱先生,诗宗《主客图》,书法亦擅重名,桃李盈门,一时称盛。"道光十五年(1835 年)署福山教谕,道光十七年(1837 年)任莒州学正。道光二十二年(1842 年)以年已八旬告归。

王娫工诗,诗宗"高密诗派",与兄王熙甫、单子固、李五星号称"后四灵",清代名士方亨衢云:"王铁夫论诗,盛称高密诗学,倡于三李,世称石桐、叔白、少鹤三先生也。而及门之最著者,无逾王熙甫、大柱昆季。"李宪乔《凝寒阁诗话》云:"丹柱英妙,江夏无双。桂舟风流,灵和第一。然光景近易,未得独当一面者,正坐少读书耳。"王娫与当时诗人曾奥、王岂孙、刘大观、刘大绅等人均有酬唱,著有《确庐诗钞》。《晚晴簃诗汇》称赞其诗:"才力豪迈,而敛之以寒瘦,出之以清迥,雅有别趣。"

王宁煐只有一个儿子,名埙后,字上农,号玉生,工诗,著有《珠玉小草》《石湖词》。嘉庆年间李诒经等人编著的《亡友遗诗》记载:王埙后"性恬淡,善丹青,卒年二十五"。我们可从《和三叔夜登岱顶》一诗可以见其家学,其三叔就是王娫。诗曰:"下方渐昏黑,危磴转嶙峋。四十里乘顶,万千星绕身。世无更寥廓,到此即仙真。终拟相随去,超然离俗尘。"

王娫有三个儿子。长子王埕,嘉庆癸酉乡魁,官滨州训导。三子王城,字廉陋,道光壬午乡魁,举人,"尤精古学",官临淄教谕。道光年间父子三人同任学官,史称:"一门鼎峙,人竞羡之。"仲子王圭,字锡之,岁贡,与兄弟"并有文名",与高密人李芝庭(号兰友)、王庆霖(字渔村)、傅董帷(字文蓁)有"文中四灵"之目,他们父子兄弟的事迹载于《旧志·文苑》。

不忧贫饥死
恐学古人难

李诒经的家风

清代嘉庆道光年间，高密城西门外李家有一位布衣诗人，领袖高密诗坛三十余年。他清寒自守，品高望重，有一代"高士"之称，留下了良好的家风，他就是寒士诗人李诒经。

李诒经，字五星，号卓庵，一号卓然。《旧志•儒林》记载："少孤贫，与弟纶贾以养母。其父门人王宁焯劝之学，忍饥苦读六经，外旁及二氏，尤好邵子学，治《皇极经世》。工诗，喜孟郊、贾岛之为人，而诗肖之。李怀民评其诗，谓当世诗人无能及五星者，以'后四灵'拟之。经身羸弱，端坐竟日无惰容。接物和易，人皆爱敬之。缙绅至密者，咸以式其庐为幸。滇南刘寄庵、岭表袁子实诸人，万里寄诗稿，乞为点定。殁后，白衣送葬者数百人，哀声振林木。门人表其墓云：大清处士李卓然先生之墓。"

诗界领袖

李诒经一族有良好的学风。其父李文龄，字梦锡，号西塘，参加举人考试仅得乾隆十五年（1750年）庚午科副榜，毕生以教书授徒为业。《李氏家谱•事行小传》记载："少失学，弱冠始从胶西宋莲友先生游，数月即轶其群。后教授生徒登甲科成名士者甚众，然屡试不遇，仅以副车终。享年六十八。有《西塘书屋制艺》行世。"李文龄的一生，和其他知识分子一样，是热衷功名的一生，追梦的一生，也是命运多舛的一生。李怀民说他"气高言语新,白首亦精神""论交群从晚,为学一生贫"(李怀民《济南闻族兄梦锡没》)。高密著名诗人邓廷法《读西塘师制艺感赋》中说:"每首沉吟静细思,如听讲贯学文时。可怜博浪锥偏误,师弟同悲数最奇。"

李诒经不这样看。虽然他苦读四书五经,但是不像其父那样至老不渝地追求科举功名,他是相信命运的。他于儒家之外,旁及二氏(道家、佛家),学习研究道家、释家无为、出世思想,并且钻研北宋邵雍相数算命之学,似乎对于命运结局早有预料,所以,他一开始就绝意仕途,一生致力于诗和学问,教书为业。《李氏家谱•事行小传》有其"志高尚,违流俗不顾,学行立追古人,期于不朽。王公熙甫、单公子庸,契友也,劝之试,不应"的记载。他拜"三李先生"尤其是李怀民为师,学习《诗人主客图》及《国朝六家诗钞》,苦吟数岁,诗艺大进,成为诸学人弟子中的佼佼者。李怀民不仅教他寒士诗派理论,而且亲评亲改其诗,经常在待鸿村的东亭组织笔会,评出甲乙等级,或者写诗鼓励,李诒经感恩莫名。晚年李怀民为其《卓庵吟草》作序,说:"不务矫饰,少言论,唯寄兴于诗,故诗益富,余尝拟从游数子为'后四灵',今'宋四灵'不足拟。经以所蓄者厚也。""喜孟郊、贾岛为人,而诗肖之。"李怀民在《书五星诗卷后》一诗中赞扬李诒经嗜诗如命深夜问诗的苦学精神:

> 不忧贫饥死,恐学古人难。
>
> 但使得诗好,即来寻我看。
>
> 座中灯地尽,窗外雨声残。
>
> 名姓莫愁隐,千秋著简端。

李怀民很欣赏李诒经的诗品和人品,认为他就是古代的高士、隐士、仁者,曾为他饱含深情地撰写了《高士裘并序》这首千古名篇。他还写了许多,例如《雪中望溪,寄族侄五星》《东亭览旧,寄李五星、王熙甫》《喜五星、步武、丹柱过访,置酒,因忆子乔南中》等等。李诒经也对怀民这位老师感恩怀念不已,写有几十首关于李怀民的诗歌。他在《书怀,呈族叔石桐先生》中表达了毕生师从老师的感情。诗曰:"在昔童稚年,娇痴恃鞠育……菲才幸不弃,提携见心腹。如行缘崎岖,一旦得平陆。誓当捐众好,毕生此追逐。"李怀民去世后,他悲痛欲绝,连续写了四首《哭李石桐先

生》,之二写道:

> 诗中张水部,端合是前身。
>
> 百世下同调,千年内一人。
>
> 逸情追古淡,高格共清真。
>
> 万古遗编在,流传应并珍。

"三李先生"相继辞世后,高密诗派没有因此沉寂。相反,在李诒经等人的努力下,得到了很好的传承和发扬,李诒经成为新一代诗坛盟主。《旧志·志余补》中有如下记载:"三李先生殁,而诗学属西园矣。西园主人为布衣李诒经,承三先生之后,主骚坛三十年,远近诗人无不宗五星先生者。诗社之兴,兹为后劲计。"

李诒经成为诗坛领袖,是与他的心地境界分不开的。李怀民南游广西归来后,曾经评论说:"每观五星诗,辄为神惺。即其不得意者,皆有可玩味""目中所接当世诗人,无能及五星者。即国初名家,学问富赡者不少,若论撰力,岭南三家皆不能过。余与叔白、子乔诗,同人共推之,亦时自负,独不可当五星。"李宪暠(字叔白,号莲塘)评论说:"五星诗清冷到骨,哪得半点尘滓""满面秋霜,人品自责""打破窠臼,又不跳出法门。"李宪乔(字子乔,号少鹤)评论其诗说:"或赞五星诗云:清峭高寒。子乔云:未尽也,当曰孤明历历""诸同学读五星诗者,当看其个个字是现成的,却个个字是他自己铸出来的。其中逼古处,无一字不是寻常,正无一字不是惊心动魄""每见五星诗,喜其有书。试看五星作,句句是白话,而所读史汉,暗地里为他用力,即本人亦不觉也。"广西著名诗人李秉礼有《题李五星〈卓庵集〉后》二首:

其一

> 初读五字句,遽深驰仰情。
>
> 素襟秋月皎,仙籁古泉清。
>
> 伪体憎时派,名师拜老成。
>
> 于今授全集,始得慰生平。

其二

待鸿庄上客，硕果但君留。

人数一时最，诗含千古愁。

惜阴天畏短，汲古缘娱修。

冰雪战吟骨，幸存高士裘。

这两首诗对于"三李"去世后李诒经的诗坛地位给予恳切评价。李诒经的诗作主要有《卓庵吟草》，嘉庆二十五年（1820 年）格庐藏版刻本，单立懀、李诒玚校刻。

李诒经不仅是个著名诗人，而且是个著名学者，著作等身。著作有《诗经蠡简》。该书主要研究《诗经》心得。清人《＜诗经·氓＞赏析》中有引李诒经评语："亦已焉哉，虽已结住，尚有无限未了之语在也。"另有《蠡言》《迩言》《四书蠡简》等。他还是古文学家，为高密内外名人撰写了大量序言、墓志铭、人物传志，这些文章已成为研究高密历史文化的宝贵财富。

李诒经之弟李西纶，字约言。"三李"常赞其爱读书，作诗有灵性，曾经随侍诗人李宪乔再官广西。李宪乔有《分香赠约言》《送族侄约言北还》《与族侄纶别后却寄》等诗相赠。他在《与族侄纶别后却寄》中说：

片石与孤琴，何劳事远寻。

入时各殊味，及子共初心。

万里寒梦破，一灯宵话深。

此中犹苦别，独感意沉沉。

李宪乔《凝寒阁诗话》云："约言诗，所以胜于诸人处，约好吟讽，潜玩其意味。不似他人，逐日不用功，临时却要强捉来。然用功，须知亦不专在诗也。其余古书，也该读得些子，识见方有定准，吐属方有根柢，方可以参诸古人，方可以示天下后世之人，无疑无惭。不然，所事不过在山水月露，几个清字上翻弄，才一沾着议论情事，便陋矣鄙矣！孱弱而支离矣！此终是不成之器也。但读书，乱来也不中用。不如从我来，我指与你读书法，其是非得失离合，全要翻尽，一向眼孔心孔，乃觉别有天地也。而诗亦自益矣！"

耳中无世事,身为少名心

李诒经"耳中无世事,身为少名心",注重名节,不随流俗,古人古貌,寒士清流,因而品高望重,名动天下。由于家贫,他几乎没有离开过高密,但是这丝毫没有影响他的知名度。正如《旧志》所言"缙绅至密者,咸以式其庐为幸",是说外地官绅人士来高密,以到他家受到接见为荣幸。他与当时的著名诗人多有交往。他给李秉礼写有《酬李郎中敬之》:

> 清苦南州客,高名万里闻。
>
> 耽吟还似我,见许莫如君。
>
> 怀洁湘头月,身闲海上云。
>
> 相望隔山岳,延伫意空勤。

李秉礼也为他酬作《题李五星〈卓庵集〉后》二首。刘大观,字正孚,号松岚,山东邱县(今属河北省)人,官至陕西河东道,署山西布政使。他为李诒经作《题处士李五星诗卷》:

> 性与时人异,平生唯苦吟。
>
> 耳中无世事,身为少名心。
>
> 夜雪空斋寂,寒烟古巷深。
>
> 谁当惜袁子?强起共登临。

广西归顺诗人童毓灵有诗《寄呈李五星》赞曰:

> 住处四时冰,前身何洞僧?
>
> 经年长不出,五字有谁能?
>
> 看积众峰雪,坐残古壁灯。
>
> 宁知万里外,梦见骨峻嶒。

清末史学家张昭潜评其"品高望重",足以"领袖清流"。由于羡慕他的人品,高密及周边地区追随他的诗人、弟子、朋友、名家众多。单可惠有诗《访李五星》:

客行深巷曲,犬吠竹篱根。

住近城西郭,幽于岭北村。

秋声来远树,草色闭闲门。

余亦谢时事,言寻静者论。

鹿林松,字鹿木,一字木公,号雪樵,福山人,有《雪樵诗集》。他在《过高密访五星、丹柱》,表达了与同派诗人的共同向往:

并世有郊岛,云山独去寻。

寒冬春夜回,静语草堂深。

酒罢唯枯坐,钟余更苦吟。

千秋容与共,不负此生心。

孝悌相传

李诒经一家有良好的孝友之风。他的父亲李文龄是一位谦谦君子,以孝悌闻名乡里。《李氏家谱·事行小传》载:"二十一世梦锡府君,事继母曲意体慰,纤微周至。与弟析产三分取一,曰:'弟年少,吾舌耕自足糊口也。'为人敏辨刚果,就质疑难,片言立决。与朋友交,倾吐肝胆,遇有过直言不讳,以故人乐其坦易而惮其严厉。"李诒经自幼受父亲影响,加上一心追求古道,品质高尚,更加孝亲友弟。他的父亲去世较早,他和弟弟西纶(字约言)一开始做点小买卖供养母亲,直到母亲去世。他和弟弟感情很好,常有诗词唱和,诗中体现了哥哥对弟弟的深度关切。他在《忆童年嬉游情事示弟约言》中说:

春晓与秋晴,弄花骑竹行。

回思如昨日,再得是他生。

景物宁当改,年华已几更。

旁人自不识,旧侣若为情。

他在《闻约言随少鹤先生移任宁明州》中说:

迢迢别钧州,三载住炎州。

正伫北归信，又登南去舟。

瘴江月明夜，蛮署雨来秋。

风物虽堪赏，怀乡应泪流。

　　他还有《寄约言宁明州》《雪晓示约言》《示舍弟》等诗，情真意切，兄弟情深。李诒经知行合一，留下了孝友的美名。他在五言长篇大论《仙鬼》中，反对敬信鬼神，主张做人要有诚心，问心无愧。其中有诗句讲了一番孝友的道理：

彼有至诚心，百事行无难。

以奉养父母，必得庭帏欢。

以友于兄弟，必无乾糇愆。

以仕臣节尽，以交友道全。

自然致福履，岂惧逢祸患。

循吏有后继先声
龙溪书香留英名

任兆坚的家风

　　五龙河的上游流经美丽的高密南乡梁尹村，风雅的人们昵称五龙河为"龙溪"或者"梁溪"。清康熙年间诸城文人范德寿在其撰写的《梁尹里记》里，把五龙河称为"龙溪"，"梁尹一村，实北踞龙埠之麓，而下扼龙溪之喉"。张枫山在《南园记》里说："梁溪风景之美甲于吾密。"梁尹任氏在五龙河畔建有斯干亭、漾月亭、夕若轩、书源等景观，文人诗酒唱酬其中，私塾子弟诵读其间，加上两岸松柳凌空参差，朝则烟云霏霏，夕则日气薄林，化琉璃光，倒影如在镜中，确是人间乐园。清初，这片水土走出了任琪、任玥、任坪等进士和书画大家；到了清朝中后期，又走出了任兆坚、任祖澜等进士和著名文人，不堕先声，续写了龙溪传奇。

　　任兆坚（1823—1874 年），字希庭，号文台，又号蕡台，堂号"树德堂"，清代高密梁尹村人，进士，入选翰林，官至鸿胪寺卿。

为官有循声

　　任兆坚是清初梁尹进士任琪、任玥的胞弟任珂的后人。他的曾祖任永龄，字嵩年，监生。任兆坚的祖父任天桂，字丹林，号崑圃，乾隆年间副贡生，终官三原县（今陕西省三原县）知县，廉敏宽厚，民爱之如父母。任天桂转调醴泉县（今陕西省礼泉县），三原县的民众请留不获，于是就跟着到了醴泉县署，看望他的起居情况。任天桂后又代理西安府提调，敕授文林郎，死后因孙子任兆坚,赠通奉大夫,翰林院庶吉士。任天桂的弟弟任天桐,也即任兆坚的叔祖父,字受滈,号秋圃,乾隆年间拔贡生,分发广东直隶州州判,借补廉州府经历,署按察司经历,和他的哥哥任天桂一样均能诗,一时唱和者甚众。任天桐有诗集《棣萼集》,有诗被采入《国朝山左诗续钞》。

任兆坚于道光二十九年(1849年)成拔贡,咸丰元年(1851年)辛亥恩科乡试中举人,次年,任兆坚中第三甲第十六名进士。任兆坚初授翰林院检讨,敕授文林郎。咸丰九年(1859年)大考,成绩优异,定为翰詹记名,遇缺题奏;是年,己未科会试,充磨勘官,即对取为贡士的试卷进行磨勘的官员,所取锦县(今辽宁省凌海市)举人李赓云、郑士铎皆成名士,"咸称为知人"。不久,掌江西道监察御史,覃恩加四级,诰授通议大夫,充巡视中城事。咸丰十年(1860年)受命帮办五城团防,上疏弹劾山东巡抚防"寇"不力,奏请起用前任云南提督傅振邦督办民团,引导百姓筑堡防备捻军,所奏得到朝廷恩准。咸丰十一年(1861年)正月,征收钱粮折银按照高密等县随银价增减之法办理,奉旨准予施行。咸丰十一年(1861年)十月,上疏请旨为因"戊午科场案"被错杀的大学士柏葰平反昭雪,一时直声名于都下,后迁吏科掌印给事中。同治六年(1867年)六月授太常寺少卿,八月出为奉天府府丞兼提督学政。《奉天通志》记载,其任奉天学政,"门墙高峻,绝苞苴,杜请托,所取士皆餍人心"。同治九年(1870年)八月,任兆坚被授予鸿胪寺卿,加四级,诰授资政大夫,钦派国史馆协修,曾任籍田恭代大臣。同治十年(1871年)以病奏请开缺回籍,卒于家,年五十一岁,崇祀高密乡贤祠。

任兆坚的孙子任祖澜,字紫溟,号蒉孙,生于同治九年(1870年)农历十一月,约卒于一九二九年,进士,官至主事。任祖澜于光绪二十八年(1902年)壬寅补行庚子、辛丑恩正并科乡试中第十五名举人。次年与癸卯补行辛丑、壬寅恩正并科会试,联捷中式贡士,殿试中第二甲第五十一名,成为封建社会科举制度下高密最后一位进士。据传新进士引见时,慈禧太后曾问其祖母事。任祖澜以进士授吏部文选司兼验封司主事,后出任山西垣曲县知县。任祖澜在垣曲组织民团剿匪,卓有建树,垣曲人为其立生祠,其政绩载入《垣曲县志·名宦传》。辛亥革命后,任祖澜曾一度回乡闲居。

一九一九年，出任山东泗水县知事。由泗水解绶后，定居济南，教学为生，卒年六十岁左右。

急公好义

任兆坚的先世祖任珂，字幼玉，曾在康熙十七年（1678年）高密大灾时期，与其哥哥任琪、任玥等人一起捐献衣粮，救活无数乡亲，事载《旧志·善行》。他的后人继承了这一良好家风，并发扬光大。光绪二年（1876年）灾荒，任兆坚的二儿子任学金（字习卿），出粟赈灾，全活无算。他的一个朋友单绍勋任赣县长兴司巡检，卒于任上，遗留一个四岁儿子。任学金听说后，急忙赶过去，帮助安排丧事，又多方筹集资金，打算把单绍勋送回老家安葬。单绍勋的侧室先他而亡，草草埋葬了。任学金听说后，感慨地说："二千里外，孤魂何依？这次不一起把棺材起出来运回家，哪里还有归期呢？"于是就向朋友借贷，把二人的尸骨一起运回高密安葬，事载《旧志·善行》。

诗书继世

任兆坚的祖父任天桂，字丹林，副贡生。父亲任燠，字哲园，号春舫，庠生。任兆坚弟兄二人，其弟任兆均，字仲平，号韵斋，监生。任兆坚"立朝侃侃，有古大臣风。经济文章，士林奉为楷式"。他的部分章奏曾辑成《树德堂奏议》刻印。任兆坚是当时著名文士，工诗，曾与洪洞董文焕切磋高密诗派诗论，著有《龙溪诗集》。回乡后，曾经与李茂实（字汉臣）、李堉（字石农）、王之桢（字克生）等结"西园诗社"，以资唱酬，经常数日一会于秋水居单氏之小园，作长夜吟。致仕名流、贵介子弟常出入其中，风雅之名重于当时。任兆坚有二子，长子任寿金，字眉卿，监生，考授国史馆誊录。幼子任学金，字习卿，监生。任兆坚的女儿任丽金，字璇池，工诗善画，著有《得月楼诗》，颇有闺阁风流。选其四首，以窥风骚：

夏夜露坐

偶傍疏篱坐，罗襟怯露滋。

时将团扇隔，不许明月知。

月夜闻雁

独坐南窗下，初晴月倍明。

云中新雁唳，却作故乡声。

题家书后

一别双亲半载余，平安只接数行书。

离怀欲向花笺写，写到相思字却无。

记　梦

梦绕双亲膝，牵衣话正长。

鸡声惊觉后，依旧在他乡。

任祖澜工书善诗，著有《古本大学说略》《梦觉庐诗草》等。书法瘦劲，有董其昌风骨，婉约散淡，结体趋赵孟頫，温雅秀丽，更有颜真卿的大气磅礴之气象。任祖澜在兄弟三人中居幼。长兄任祖濂，字襄溪，庠生，鸿胪寺序班。二哥任祖源，字芗泉，监生。

门来问字三千客
案累传家万卷书

单紫诰的家风

栽培桃李户难扃,老向残编眼独青。

密水笔谈成莫逆,归山常望子云亭。

——清·陈来忠《留别单芥庵》

开篇这首诗,是清代同治年间高密县令陈来忠写给高密著名学者单紫诰的留别诗。单紫诰,名洪绶,字芥庵,号薇轩,以字行。学问高,人品好,威望大,因为这些缘故,他被地方推举为"孝廉方正",步入仕途。去世后,他的门人私下为他拟了个谥号,叫作"文惠先生"。他和他的父亲单九皋成为那个时代的家风坐标和一代楷模。

孝友之声闻乡里

单紫诰的高祖单健,字实光,岁贡生,举贤良方正。《旧志·孝友》记载:"性端悫,寡言笑,事后母极色养,事同生兄如严君,约己周贫,与人接,唯恐忤其意。虽童稚未尝有失礼。雍正二年举贤良方正。"进士单烺谈到单健举"贤良方正"不就的原因,是因为上有老下有小,孝心使然。单烺有《实光伯》诗为证:

寸心何以报春晖,孝子声称达帝畿。

不是辞荣征不起,茕孤不忍去慈帏。

如公公望如公才，为政闺门德行推。

数百人家能举火，悉从子敬困分来。

单紫诰的父亲单九皋，字梅岩，监生，是个远近闻名的大孝子。父亲单襄渠去世时，单九皋才十五岁，哀痛欲绝。他对母亲承颜顺志，备极色养，风雨不离寝室门口；一旦母亲身体不舒服，他就慌慌不迭，赶紧请医抓药，吃饭喂药精心伺候，母亲病好了他的脸上才有笑模样。母亲去世后，他形容憔悴，啜泣三年，没有言笑。特别是一到母亲的忌辰，他竟日泪沾襟袖，左右奴仆也都感动得跟着流泪，感叹连连。他的堂姐嫁给高密王氏，没有子女，晚景凄凉，他迎接来家养着。堂嫂于氏年老孀居，缺衣少食，也迎养于家，爱敬臻至。他的亲姐姐嫁给张敬亭，敕封宜人，家资巨万，然而没有姐姐邀请，他轻易不去上门走动，不去吃拿别人家的东西。单九皋爱好读书，工诗，曾与单去非等人结成"夷安九老社"，诗酬唱和，享年八十岁，乡谥"懿孝先生"。临终时，他曾对单紫诰弟兄们说："我一生碌碌无为，唯生平没有亏心事，几乎可以说没有辱没祖先，你们要努力践行啊！"说完含笑而逝。这段记叙，来自单紫诰所著《高密单氏实绩》之《单九皋》。单紫诰说："以诰之陋劣不文，何足述先君盛德，而耳目所及，谨录之，以为子孙之家法。"

单紫诰的侄孙单步鸿，字卓堂，光绪年间副贡。《旧志》记载："性醇厚，事亲尽子职，以孝友闻于乡。处世与物无忤，而操守耿介，确不可移。"侄孙单步青，字辉廷，号静斋，光绪十七年（1891年）举人，河南候补知县，同知衔。创立高密同善保安会，维持地方安定。亲族有急难，他都出面安抚帮助。侄女、侄子年幼，长兄去世，他扶助成人。族侄单继述病逝，他为之出资安葬。父母去世，哀毁异于常人。一年清明节，在携带儿子放风筝时，单步青触景生情，写了一首小诗《思亲》，表达思念之情，不仅让人一掬同情之泪：

春风纸鸢地，秋雨蟋蟀天。

先亲常携我，郊野乐流连。

今我携子来，风景亦如前。

先亲渺何处，眼泪涌如泉。

单步青工诗,其诗皆和平敦厚之音,或笃怀孝悌,或感念友朋,尤令人读之心折。

富贵功名别当真

单紫诰谨记家法,以孝立身,以文传家。他年少时跟随高密著名教书先生李希周、单融等学习制举业,道光十二年(1832年)壬辰科中举人,拣选知县;咸丰二年(1852年)举孝廉方正,加五品衔,诰授奉政大夫。《旧志·文苑》记载:芥庵"有古介性"。他狷介自持,没有公事,从不到县衙门走动,当时的高密县令陈来忠上任有些时日了,单紫诰也没有去拜访他。倒是陈县令按捺不住,主动前去访问。后来两人定为文字交(文友之交)。在陈来忠眼里,单紫诰从来不把"孝廉方正"这个称号太当回事,"视富贵功名泊如也"。他的《自足》一诗可见其情怀:

> 穷达知前定,园林静养闲。
> 常扶筇杖出,偶共野云还。
> 无位脱名网,有钱买好山。
> 人生能自足,拼醉破愁颜。

他在《喜闻》中说:

> 诸事都无累,闲心得自安。
> 吟成诗一首,睡足日三竿。
> 寻胜时邀友,经年不见官。
> 篱花开数朵,扶杖几回看。

他的侄孙单步青,为人伉爽,尚气节,中年中举,候选知县,与世俗不合拍,被上官嫉恨,始终不得提拔重用,因而对于功名利禄看得也很淡。他在《自述八首》之四中说:

> 无端失足赴中州,宦海浮沉十一秋。
> 直到去官留傲骨,萧萧白发已盈头。

他在《自省》中也有经典名句：

> 不堪回首迹陈陈，转瞬残年届七旬。
> 欲养心时先省事，得松手处且饶人。
> 清涌八月金精影，和酿三田玉壶春。
> 一枕黄粱何日熟，漆园蕉鹿梦中论。

单步青于辛亥革命后归里，著书立说。"生憎屈志随时俗，晚信齐家属圣贤""欲养心时先省事，得松手处且饶人"，这些经典名句都是他的人生经验所得。

门来问字三千客

单紫诰的曾祖单扬谟和祖父单襄榘，分别是监生和郡庠生，父亲单九皋，也是监生。单紫诰，举人，教授生徒五十年，谆谆教诲，不知疲倦，门下学生数百人，多知名人士。他还是一位著名诗人，著有《薇轩吟草》。他在《己巳新正入学》中云：

> 斗柄回寅鼓箧初，迟迟化日照蓬庐。
> 门来问字三千客，案累传家万卷书。
> 春色多情怜皓发，老人无梦到华胥。
> 此生但得舒怀抱，何必高乘驷马车。

陈来忠评价他的诗："写景抒情，触处有清峭闲逸之致，每读一过，令人涤荡尘襟，翛然意远。"他还是一位书法家，年八十余还能作蝇头小楷，声音洪亮，郎朗若洪钟。死后门人私谥"文惠先生"，为之立石表墓。

单紫诰有子三人，皆承家学。长子全良，字汉卿，监生，候选直隶州州判，议叙五品衔。次子全毅，字燕卿，监生，议叙六品衔。三子全婴，字齐卿，监生。

他的侄孙单步鸿，字卓堂，光绪年间副贡。少从随其叔祖单紫诰学习，克绍家学。长大以后，教授生徒，远近从游者数以百计，桃李盈门。后来接受县里聘请，主讲通德书院，教授诸生（秀才）。中年任咸安宫教习，期满由保选授巨野县教谕。当地民风强悍，在任时，他以和易驯其猛挚，学风民风为之一变，他离任后当地人还津津乐道，感激不已。

单步青，字辉廷，号静斋，光绪年间举人，河南候补知县，同知衔。他是清末民初高密一代大儒，著有《阴符经考异》《道德经考异》《参同契考异》《古玉考》《秋菊园诗钞》《续秋菊园诗钞》等。他辑成的《高密单氏诗文汇存》共收录作品五十七种，合计八十四卷。这些作品已成为今天我们研究高密文史的重要文献。

忠厚培心和平养性
诗书启后勤俭传家

刘景文的家风

　　高密市注沟社区逢戈庄刘氏是清代名门望族，一门三公，贵宠无比，举人进士，人才辈出。但清朝中晚期随着科举制度逐渐走向僵化腐朽，各种弊端日益突出，一些有识之士认识到，世上并非只有科举取士这一条路可走。刘氏家族九世刘奎放弃科举仕途之路，转而从医，终成一代大家，著《松峰说疫》传于世，名载《清史稿》。受刘奎影响，岐黄之术成为家传之技，刘氏家族涌现出了很多的名医，成为名医世家的同时，又不坠书香家声，刘景文一族就是其中的杰出代表。

　　刘景文，名燕昌，原名炎昌，号师农，景文其字也，以字行，生于同治九年（1870 年），卒于一九三三年，享年六十四岁，葬于原籍（今山东省高密市注沟社区逢戈庄）。

　　刘景文系逢戈庄刘氏十三世。他的祖父刘大河（1793—1859 年），字星原，一字龙门，号仲九，监生，工医，著有《急救新编》。他的父亲刘象枢，字式堂，监生，中书科中书加四级，工医，著有《疡医宝鉴》，生有四子，刘景文是刘象枢的三子。

　　刘景文生于清朝末期社会动荡不安的年代，鉴于国事日非，厌于仕途，壮年弃举子业，致力岐黄，悬壶济世，惠泽乡里，求医者络绎不绝。对于求医问药者，无论富贵贫贱，他都笑容相迎，对于那些赤贫无力支付医药费者，他都出资相助。刘景文倡导"大医精诚"，医德济世，敬业一生，行医于诸城、胶州、高密一带，活人无算。医课之余，他教育子女，从事吟咏，以诗书为伴，与亲友互有唱和，著有《伴松居诗草》传世，其中有多首诗谈及家风家训。现录其诗两首以飨读者。《戒孙》诗曰：

予老发成丝，嗟汝最后时。
况复予抱病，他事未可期。
望儿能自立，言动莫支离。
吾家素勤俭，日后汝当规。
小人切莫近，君子宜作师。
无辱先人德，黾勉好为之。

《爱孙二首》之二曰：

怜汝含饴戏幛帏，有孙膝下愿常依。
夏冬著意调寒暖，饮食留心问饱饥。
求学愿期能造就，倚门每望早来归。
诗书勉继先人业，昔日家规切莫违。

又有"从来唯有贫如旧，我本家传世世廉""昔有家规宜谨守，能遵礼仪即长城""耿耿持身承家训，循循课子振家声""每勉耕读劳，勤俭莫自惰"等名句，谆谆教导后人不忘家规，绍继家声。

刘景文有子五人，除二子及四子早殇外，其他三个儿子，均以诗词文章称于时，长子刘筠，字少文，躬身教育，醉心诗文，有《秋溪诗稿》传世；三子刘菱，字稚文，一生从事教育，著有《旅青吟草》《云溪诗词》；五子名篆，字季三，号松荫，著名医学家、诗人、书法家。晚年寓居青岛伏龙山下，因宅院有丹桂一株，爱其春敷夏绿秋华冬荣，又号老桂山房老人。

刘季三一九〇六年出生，自幼颖慧好学，年六岁，家贫无力延师，父亲刘景文亲授四书五经，皆朗读纯熟，为他以后学习医学打下了坚实的基础。一九一四年第一次世界大战爆发，其兄刘少文自青返里，居于商羊河畔，结洋浒学社，研究文学，复从兄学习。他颖慧好学，智力过人，从父兄肄业九载，熟读十三经，伤寒金匮论亦肄习纯熟。十七岁时，他侍父应诊，抄方按脉，勤苦实习三年，理论、实践与日俱增，二十岁的时候开始独立行医，当时正值流感蔓延，经他治愈的人数众多，籍有声名，于是行医于诸城、高密、胶县、青岛之间,悬壶济世,数克疑难大症。

晚清时期,西方医学大范围输入中国。以解剖学、生理学、病理学、细菌学、临床诊断学为特点的西医在中国大行其道。毕竟中西医学属于两种异质医学体系,并存局面必定致使二者间的对峙与冲突。在新旧思潮剧烈冲突中,知识界批评中医愚昧落后之声日渐高涨,西医界也公然与中医界破裂,医药界构成了泾渭分明的两大对峙阵营。一九二九年,当时的旧政府公布废除中医案,中医界掀起了全国性抗争活动,引发了全社会的关注。刘季三主张"医贵通中西""以彼之长,易此之短"。他坚信中医是科学的,而科学的东西不会消亡,必定要发展,提出"中医之科学,发扬势在必成"。他愤而埋头著述,讲学教徒,广植后进,著有《伤寒论约注》《伤寒论提要讲义》《伤寒论药品简介》《伤寒论教学参考资料》《医方歌诀》《本草一览》《外科提要》《疬症全书》《眼科秘要》等医学著作。他深谙古人"医需诗作助"之道,行医之余,著有《松荫庐医话》《松荫诗词稿》《唐诗绝句选》《清代名人七律选》《渔洋初白七律选》等作品传世。一九三八年秋,刘季三举家迁居青岛,二十世纪四十年代初,刘季三主持青岛中医研究会并主编《医药针规》医刊,交流经验,启迪后学,并在中医研究会中设诊疗门诊,为市民诊病概免诊费,同时规定了免费会诊的制度。新中国成立后,他以满腔热忱投身于新中国的中医药事业,出任青岛市中医院院长,青岛中医学校校长,兼任青岛市科协副主席、青岛市中医学会理事长、医学会副理事长、山东中医学会第一副理事长等,并被选为中华医学会第十届大会主席团成员,青岛市人民代表,山东政协常委。

刘季三在学术上,大力提倡辨证医学,一生精研《内经》《难经》《伤寒杂病论》《神农本草论》四部经典著作,对历代医著无不精读,对各家学说都有深入研究,广纳博采,由博返约,尤其专心致力于《伤寒论》的研究。他认为《伤寒论》奠定了辨证医学的基础,开创了中国辨证医学的先河,其理奥,其意深,言简意赅,立法严谨,组方灵活,用药精当,可为万世之宗,因此,对《伤寒论》的注解本百数十家,均有独到研究,分清瑕瑜,明断是非,提出自己的见解。他早年即对《伤寒论》的序文提出异议,认为并非出自张仲景手笔,系后人伪造,可谓独具慧眼,真知灼见,非一般医者可望其项背。刘季三临床专业专攻内科，对瘟热病、胃病、高血压病等病症的诊治有独到的经验。

刘季三还致力于中医教育事业，在教育学生时，他说："伪医不可为，良医尤难为也，风骨太峻，则近于傲，同流合污，则近于谄，见富贵而谄谀者，故为鄙夫，而视富贵若泯己者，尤属好名，疾病当前，无论贫富贵贱，要当详察病之轻重，而为治之。"他一生致学，主张"愈困愈愤愈进"，提出学习医学"必殚竭精神，漠无他累，不好名，不趋利，穷毕生岁月而习之"，直至晚年，身卧病榻，他仍把卷默读。在总结一生致学经验时，刘季三将其归纳为：初学贵择师，学成贵择友，学医贵有恒，学贵不废书，经典贵熟读，实践贵活法，涉猎贵甄别。一九七五年春刘季三病逝，安葬于青岛浮山之巅。

刘景文之孙、刘季三之子刘镜如，字子见，号雪松，当代著名医学家、诗人、词作家。一九三二年出生于原籍山东诸城县逄戈庄（今属山东省高密市注沟社区），一九三八年徙居青岛，一九五四年毕业于山东大学医学院，从事临床工作近七十年，长于中西医结合临床内科专业。曾历任青岛中医院院长、青岛市卫生局长兼中医局局长等职；当选为山东省政协委员、青岛市医学会理事长、青岛市中医学会理事长、山东中医学会常务理事；受聘担任《山东医药》杂志常务编委、《青岛医药卫生》主编、《中医医药荟萃》杂志副主编，山东省卫生技术职务资格高级评审委员会委员、副主任，山东省中医专业技术职务高级评审委员会委员、副主任，青岛医学专业高级评委会主任委员等职。刘镜如几十年来发表各种文章、医学专著、论文、科普文章百余部（篇），并多次获得医学科普及研究奖。他业余喜读文史，除专业论著外，编著有《刘镜如文集》《雪松山房诗集》《雪松山房诗集续集》《雪松山房诗选》《每日一句》《学海一蠡》《营养·养生·保健》《人生健康》《历代诗词选读》《东武刘氏家乘》《清爱学园简介》《刘少文青岛百吟》《东武刘氏松溪集》《纪念诞辰一百周年——刘季三诗词书法集》。他还参与编辑《王垿诗选》《王垿崂山诗选》《崂山餐霞诗选》《王垿翰墨》。他的事迹被收入《当代世界名人传（中国卷）》《中国当代高级医师大全》《中华当代中西名医大辞典》等六十余部辞书。

"忠厚培心和平养性，诗书启后勤俭传家"是刘镜如自著《雪松山房诗集》初版前言中之句,可谓治家格言。刘镜如退休后,继续从事医学活动,意在继承刘氏医学世家传统,弘扬医学道德,济民于病困,献身于人道主义事业,得到社会民众的广泛赞许,当代衍圣公奉祀官孔德成先生赠书"医德济世"。他有许多治家格言警句,他的《雪松诗词稿》之《人法自然》古风十一首,都是讲家风的。

其二云:

> 读书要读圣贤书,尽信书本不如无。
> 唯有先贤教化语,箴言可作指南车。

其三云:

> 衣食住行尚勤俭,继世家风读诗书。
> 尽力做些有益事,杏林春风暖医庐。

其六云:

> 友者三益乐无穷,经书熟读贵身躬。
> 人生道路求诸己,不失时机借东风。

对于和传统优良家教背道而驰的行为,他深恶痛绝。在他《空穴来风》古风三十首诗中,他严厉抨击了各种社会乱象。

其六云:

> 彩票满天飞,教人来投机。
> 赌博毁正气,呼唤勤劳归。

其二十八云:

> 宠物时萦怀,爹娘子居生。
> 老来子不孝,弃娘养畜生。

退休以后,他撰写了修身、齐家的格言警句,编成《每日一句》一书,其中不少格言入选权威杂志、书籍。例如,他的格言"高不危,满不溢,正风俗,尚德化,立诚信,要富民"入选《百年潮》杂志社所编的《新时期中国共产党人优秀格言选编》;"位高清廉,殷富勤俭,处世谦德,为人和善,时唯建事,国家为先""崇德化,正风俗,倡正学,尚诚信,纳贤能,通言路,戒奢侈,明法纪,知民心,要富民"入选《中国老年大智慧》;"心胸豁达,心情宽愉,饮食清淡,饥饱适度,勿劳勿逸,坚持走步,顺乎自然,自我保护"入选《中华名人格言》。他还著有《东武刘氏家训》四言一百四十句,收在《学海一蠡》一书中。

门风长肃穆
家国满情怀

单庭兰的家风

　　清末大儒孙葆田在《单子敬墓碑》开篇写道:"高密单氏为齐鲁文献望族,道德文章接武济美";又说单子敬"门庭雍肃,大和熙春"。孙葆田所歌颂的单子敬,就是高密清代最后一名解元单庭兰的祖父单祜梓,也是当今著名画家单应桂的高祖。从单祜梓到单庭兰,再到单应桂,这一家族治家严谨,门风肃穆,而一脉相承的家国情怀基因,一代又一代地往下传承,生生不息。

家风肃穆

　　单庭兰(1871—1944年),原名单叔昭,榜名庭兰,字少韩,号慕斋,山东高密尧头人,清末解元,山东大学教授。他的爷爷单祜梓(《旧志》所载孙葆田《单子敬墓碑》中记为单祜辑,《旧志·孝友》和《高密单氏家乘》均作祜梓),字子敬,生于嘉庆二十年(1815年),卒于光绪三十三年(1907年)。单祜梓是继子,生父单为簹,十五岁那年过继给从叔父单朴庵。单祜梓天性方严,备荷钟爱。过了十年,嗣父去世,单祜梓居丧尽礼,每次提到嗣父,往往泪流不止。他和嗣继母孟氏相处融洽,不失继母欢心,二十年如一日,门内肃然。单祜梓治家严谨,子孙有过,他就责令他们跪下,背诵、回答《礼记》篇《曲礼》中《内则》某章某句,责问他们为何明知故犯,有时整天板着面孔,吓得儿孙们大气不敢出;每看见儿孙们做了一件善事,必定奖励有加，使他们知道向善有好报，疾恶如恐不及。因为没有子嗣，他过继了二哥克明的二儿子单琦传为继子，这就是单庭兰的父亲。他去世后，晚清名儒孙葆田受单庭兰之托，为他撰写了《单子敬墓碑》，《旧志·孝友》有传。

单庭兰的伯父单瓒传，字玉堂，耆寿，恩赐八品顶戴。父亲单琦传，字希韩，邑廪贡生，慷慨疏爽，不恤利害。他的嗣父单祜梓"性方严，庭训有类束湿"（"束湿"也即严酷、急切之意），即使单琦传中了贡生以后，嗣父脾气上来了，他也难免被鞭打，有时被长时间罚跪，他也毫无怨言，没有忤逆之容。他的本生父亲家道中落，"索逋盈门，无可为计"，他毅然决然地担起养家责任，每到年关，背地里偷偷为亲生父亲一家还债付息，十年如一日，结果自己家里也破产了，只得租种别人田地。不管多累，他总是诚信当头，如数交租。即使自己家里快揭不开锅了，仍然想法去帮助更困难的人，为别人着想。他"遇事侃侃，无所屈挠"，大家都戏称他为"杠子"，他也不以为意，说："活着叫我这个名号，死了给我这个谥号也可以，无所谓！"单庭兰分发山西候补知县时，单琦传告诫儿子说："禄养不如孝养，毛义捧檄而色喜，非吾所望于汝也！"宣统三年（1911年），单琦传病危，临去世前，遍邀好友知己，在病榻前作永诀词，神色闲旷，神志不乱，几日后安详辞世。单庭兰弟兄四人，即孟昭、仲昭、叔昭和季昭，四人"皆有父风"。高密书法名家单既然说，听老一辈人讲，单庭兰兄弟四人中，论书法、文章，大哥单孟昭最好，但他无意仕途功名，常常替人科考，当"枪手"，逢考必中，以此获得丰厚报酬。一次替人考试中了举人，人家奖励他二百两银子，被父亲知道了，情急之下，不分轻重，一顿打骂，结果误伤了头部，导致他头脑受损，从此行为诡异，精神不正常，到处题诗、写字，而无人能够识别他到底写了什么。

单庭兰绍续父祖之风，为人仗义，疾恶如仇。中举后，他将所得银两捐献为本村建学堂。在太原时，曾任太原县知事的一位博山县友人亏空官银，为帮他赔偿欠账，单庭兰连个人衣物也典当一空。后来此人担任河北省财税官，大发横财，邀请他去共事，单庭兰无动于衷，并焚毁数封邀请信。后来此人去济南，酒宴上酒酣耳热之际，此人称愿赠以三百亩地之资，让其回家安度晚年，单庭兰竟将酒杯掷地，正色拒绝，致不欢而散。居家多年，亲友邻里,如有纠纷,单庭兰即挺身而出,秉公处置,使弱者有所依,恃强者有所收敛,众人诚服。

单庭兰家教极严,以《朱子治家格言》教训子孙,他的楷书《朱子治家格言》字帖至今被高密收藏家单既建收藏。他常常告诫晚辈须坐有坐相,站有站相,若见到晚辈衣冠不整,就不高兴,板着面孔训斥道:"不扣(衣服)扣子,要扣子干什么?"单庭兰的孙女单应桂依然记得,她幼时爷爷教她坐时两手扶膝,目光不能乱看,在长辈面前,眼睛只能看鼻尖。单家至今尚有"出必告,返必面"的规矩,就是说,家里有老人,出门需要打招呼告诉一声,回家后必须向老人销假,免得老人牵挂。单庭兰虽然严守孔孟之训,却又开明,反对女人裹脚,说最看不得将脚趾掰断,让女孩儿受罪,所以他家晚辈女人没有裹小脚的。

砥学励行

单庭兰的父亲单琦传,贡生,是仅次于举人的一种学衔。单琦传留下的诗文资料不多,曾为高密李菉(字又山)撰写《例授貤封登仕佐郎奉直大夫又山李公家传》,参与编写宣统二年(1910年)《高密单氏家乘》,可见他有一定品望文誉。

单庭兰,出身于科宦世家,光绪二十八年(1902年)壬寅补行庚子、辛丑恩正并科山东乡试,单庭兰高中解元。但不久科举考试即告停止,单庭兰遂与进士无缘。光绪三十三年(1907年),单庭兰曾参加全国会考,被取为一等,分发山西即用班补用知县。因此,后来他在为有关地方名士撰写墓志铭文时常署名"清赐同进士、山西即用知县单庭兰"。

单庭兰出发往山西后,未等补官,清朝就灭亡了。一度寓居山西,后回山东。一九一五年,在袁世凯的授意下,各省推举国民代表拥戴君主立宪制,单庭兰与高密人刘冠三、任祖澜都在山东请愿名单之中。一九二五年前后,单庭兰就职于省立六中(菏泽)。一九二九年与文登丛禾生等担任郓城重华学院讲师,后在山东大学任教。单庭兰在山东大学授课时,常合卷背诵讲解,连注释也无从遗漏,被师生们誉为"活字典"。又因为单庭兰讲授传统国学,提倡克己复礼,被学生戏称为"老顽固"。后来成为现当代一代国学大师的季羡林先生，就是他门下弟子。工书法，楷书得褚遂良笔意，行书学董其昌，至今民间遗留有不少墨宝，亦工诗文，著有《拨云见日录》。他当年参加科举考试的应制试卷五篇，被保留在《高密单氏诗文汇存》里。单庭兰晚年常与同邑好友、诗词书画名人傅丙鉴、王联璧、单昭郇、张岭、邹士麟等人吟对唱和，随吟随弃，不拘一格，有古隐者之风。

单应桂，一九三三年生于山东济南，斋号容园。她出生于教育世家，祖父单庭兰为山东大学教授，外祖父张步月为济南儒学名宿。民国初张步月曾任山东师范讲习所所长，一九一三年创办了济南竞进女子学校，并任该校校长，倡导女子教育，济南名泉步月泉（又名鉴泉）为其发现命名并著文题记。单应桂的母亲亦是自幼饱读诗书，一度桃李成蹊。在家庭熏陶下，单应桂自幼爱好绘画，就读于山东女子师范学校期间就已经崭露头角。民主而开明的家庭环境，培育着单应桂一颗善良而博爱的胸怀，奠定了她追求光明奋进的意志。一九四九年，年仅十六岁的她应聘来到了山东新华书店编辑部（今山东人民出版社），担任美术助理编辑。一九五六年，二十三岁的单应桂考入中央美术学院中国画系，受业于叶浅予、李可染、李苦禅、蒋兆和、刘凌沧诸先生。单应桂从事美术创作、编辑和美术教育工作至今已有六十多年，创作了大量民众喜爱的绘画作品，并培养了一大批优秀人才。在她呼吁下，二〇一九年，山东艺术学院成立山东年画艺术研究中心。身为山东艺术学院教授，她是"退而不休"，至今仍为研究生上课。

单应桂擅长人物画，兼及年画。北京大学教授王曙光对她的画作评价为：大巧若拙，大朴不雕，敦诚厚重，庄严沉穆，质实无华，大器豪放。"单应桂先生的画作，洋溢着一种朴拙守正的齐鲁气派，一种充实厚重的美学精神，一种大气磅礴的人格气象。先生从来不炫技，不浮躁，而是摒弃浮华，返璞归真，敦厚内敛，光而不耀。她笔下的人物，就像齐鲁大地一样庄严、质朴、厚重、敞亮。"她的代表作品有《湖上婚礼》《高原组画》《如果敌人从那边来》《湖上小学》《做军鞋》《沂水欢歌》《参军图》《山村妇女组画》《春风》《高原的诗》《八月的文都》《捻羊毛》《李清照》等，她的作品多次获国家级及省级奖励，多幅作品被中国美术馆等单位收藏。例如，《做军鞋》（年画）获第三届全国年画奖三等奖；《湖上婚礼》入选第六届全国美展优秀作品展,获第三届全国年画奖二等奖,被中国美术馆收藏;《参军图》被中国人民革命军事博物馆收藏;《铁索桥畔》等被天津艺术博物馆收藏。出版有《单应桂画集》《单应桂国画选》《砚边寄情》《容园绘事》《单应桂年画研究文集》等著作。从二十世纪五十年代起,单应桂的作品先后在瑞士、芬兰、德国、伊朗、泰国、美国、日本、意大利等二十余个国家展出。其作品《当代英雄》《春风》(中国画)《三口之家》(版画)《做军鞋》(年画)分别入编《中国现代美术全集》,《当代英雄》入选《中国百年画展》和《百年中国画集》。她的个人传记被编入英国剑桥传记中心《世界杰出人物》一书及《当代世界名人传》(中国卷)《中国妇女500杰》等书。为此,一九八八年和一九九五年两次被授予山东省专业技术拔尖人才,一九九四年被国务院批准享受政府特殊津贴。

单应桂历任山东艺术学院教授、中国美术家协会理事、中国美术家协会山东分会副主席、中国美术家协会年画艺术委员会委员、中国出版工作者协会年画研究会理事、中国当代工笔画学会理事、山东省女书画家协会主席、山东省美术家协会顾问、山东省文史研究馆馆员等职。二〇〇二年十二月,当选为中国美术网第一届艺术委员会副主席。二〇〇三年四月,有中国美术网投资建设的个人艺术馆"单应桂艺术馆"正式开通运行。

单应桂的丈夫秦胜洲是齐鲁画坛名家,擅长版画。他出生于安徽濉溪,毕业于中央美术学院华东分院(现中国美术学院),曾任中国美术家协会会员、中国版画家协会理事、山东省美术馆副馆长、山东版画家协会主席,为国家一级美术师。一九六四年,在新中国成立十五周年全国美展中,秦胜洲创作的版画《调度员》和《肩并肩》入选,单应桂则有三副作品同时入选。也正是这次美展,为他们喜结连理牵起了志趣契合的红线。此后,他们深入生活,艺术人生多彩多姿,创作并留下了大量传世之作。秦胜洲一生致力于木刻版画、铜版画、石版画创作,曾主编出版《山东版画作品选集》等,著有《木刻版画技法》,版画代表作品有《任弼时肖像》《调度员》《新四军生活纪实》《山村姑娘》(组画)等。他创作的《山村姑娘》《迎亲图》《鲁迅》《子弟兵的母亲》等作品入选了全国美术展览和全国版画展览,大型铜蚀壁画《孔子六艺图》获得了文化部科技进步二等奖和全国科普美展二等奖。他还荣获中国版画家协会颁发的"鲁迅版画奖"、山东省"德艺双馨奖"等。

单应桂的儿女们在事业上成绩颇丰。儿子秦镜谦和敦厚,系山东工艺美院副教授,工版画和油画,画作深得山东画界赞誉,编著有《容园绘事——谈单应桂的画》等;女儿任海宁端庄娴静,为山东女画家协会副主席,擅长工笔重彩,作品曾入选全国第二届青年美展,获山东省青年美展一等奖。

家国情怀

清咸丰十一年（1861年）二月,捻军由安徽攻入山东,给清统治阶级严重打击的同时,也对当地百姓生命财产造成严重损害。据清末高密著名诗人孙凤云《辛丁纪乱册》载,八月初八,捻军攻打官庄。"此庄,数村相连,居民万户,富庶之乡。筑堡未成,大队掩至,一鼓而登……是夜,贼盘踞于此,杀戮甚惨,至有全家无存者……梓潼庙后,集难民数百,被贼驱入姜家屋内,纵火焚之,碾头、东关人居多。"当时,单祐梓的母亲隋氏九十多岁,嗣继母孟氏年纪也大了,不便于逃难,于是单祐梓和哥哥单克明（字峻甫）商量,变卖良田,捐巨款,组织义勇抵抗,保卫家园,由此单祐梓家道中落。虽然自己也不富裕,但是每当遇到向他求助的人,他都尽可能地给予帮助。

单庭兰也有高度的爱国情怀。一九三七年抗日战争全面爆发后,他将仅有的几十块银圆捐助国家抗战,他对家人说:"现今国难当头,我已须白耳聋,不能为国家效命,捐几块钱是应该的。"单庭兰将良好的家风留给了下一代。他的儿子单同,也是一位饱学之士,具有强烈的家国情怀。抗日战争爆发后,弃笔从戎,参加了抗日游击队,尽了一份好儿郎保家卫国的责任担当。

童年经历了八年逃亡,单应桂对那些惨痛的经历仍记忆犹新。特殊的成长经历和特有的成长心路令她爱党就是爱家、爱祖国就是爱妈妈的信念异常坚定,以致渗透到了血液里,一生笃定。她说自己永远都不会改变,就像被岁月打磨成的泥巴雕像,即使打碎了,再重新捏一个,依然改变不了泥土的本质。她说:"我虽然受了难,但这不算什么。当亡国者的滋味,来自侵略者的残暴,我都感受到了,这更坚定了我热爱祖国母亲的信念。那时国家虽然穷,被人欺负,但她仍是可敬可爱的母亲,这从家风上给我打下了很好的基础。"

对于目前社会及画坛一些拜金主义、急功近利行为,单应桂痛心疾首又嗤之以鼻:"现代文明不是唯利是图更不是利益至上,文明社会必须坚决抵制这种一切向钱看的市侩哲学,这不仅仅是画坛应该秉承的东西,而是整个社会都要提防的原则问题。想想教授我的先生们,无一不有坚守的脊梁和做人的操守;严谨的学术风范,正直的人格风骨,像一盏指路明灯,不断调整着我的人生坐标,令我受益终生。"她斩钉截铁地阐述着自己的观点。二〇一三年金秋,单应桂把自己毕生创作的精品画作分别捐献给了山东艺术学院、山东美术馆、祖籍高密和沂蒙山区。山东美术馆为此义举嘉奖她二百万元,她和子女们商议后,将这笔巨额奖金捐献出来,成立单应桂艺术基金会,以奖掖齐鲁优秀学子和举办各种学术公益活动。

"邹体"传家久
得道自风流

邹龙友的家风

年逾八旬亦高寿,喜见海屋又添筹。

四代同受今宵福,齐家原应毕生修。

往昔功过付月旦,翰墨道德自风流。

身边更有萱堂伍,一笑人间万事休。

——邹长春《祝大人八十寿诞》

　　书法、绘画是一种高雅艺术,是中国"国粹"殿堂的重要家族成员,代有高手,层出不穷,历来受到人们推崇。明清以降,高密涌现出不少书法绘画大家,彪炳史册,辉耀邑乘。二十年前,《高密文史选粹》(高密政协文史委编纂)所载邹治方《我所知道的高密历史书画名人》一文中,介绍了七十八位名人,可见高密人文艺术之盛。近世以来以至于今,影响高密近百年的书法世家中,当推邹家,其书法人称"邹体","高密三邹"闻名遐迩。邹氏书法传家,家风也堪为邑表。"邹体"的创始人就是人称"老邹"的邹龙友。

翰墨道德自风流

　　邹龙友(1917—2000年),名官亮,以字行,后更字同云,高密南关人,著名书法家,其字人称"邹体",业内人士称其为"老邹",《高密南关村志》

《高密文史选粹》（二〇〇二年）有传。其父邹士麟（1869—1942年），字少泉，清末秀才，世居小康河边南河湾一带，因为门前有古称"墨泉"的八卦井，遂号墨泉老人。邹士麟家贫嗜学，中年以后以教授生徒为业。能诗、工曲、善书，尤以小楷见长，时与同邑文化达人傅丙鉴、单庭兰、张岭等友善，诗词唱酬，乐此不疲。诗长于五言，清丽可观，然而随吟随弃，散失殆尽，后来其孙邹长春捡得二首，附于所著《惜阴室随录》，并作《近理先祖士麟公遗帙》以示纪念，诗中有句："检点旧帙留岁月，装帧新册放春风。但教手泽传香久，云天雪泥看飞鸿。"邹士麟的两首小诗分别是：

张家埠教学

朝夕风尘走未休，自怜衰迈似萍浮。

劳鸿谁说留泥印，欲把衰怀诉自由。

春　雨

小楼一夜听春雨，昨日园中花正开。

田间润透均霈足，遥见农人播种来。

邹士麟书法唐人，宗欧、颜，晚年喜摹三代文字及两汉金文。清末高密县令、南皮人士葛之覃喜爱他的书法，重要文牍都假借其手，有《长笛一声人倚楼》曲谱册及《抚古册》传世。他有两个儿子，长子邹金坡（1898—1965年），名官宸，以字行，后更字龙初，书法名家，功力深厚。弱冠之年辞亲远游，曾拜海内名家、安丘人王墨仙为师，研习书画。书宗欧阳询、颜真卿，尤以榜书为人称赞，笔力雄浑，气宇厚重。画宗明人，得吴小仙笔法。邹金坡一生甘于淡泊，于艺颇为自许，然不轻易予人动笔，故作品流传稀少。邹金坡对于书法之道颇有见解。邹长春曾在《伯父论书》中回忆邹金坡的书法观，其一曰："书艺亦如食味，固不因人之好恶而关乎其存亡也。味多别异，各有所嗜，亦如书有多格，各供所取也。夫五色不乱人目，五音不烦人耳，五味不碍人口，五谷不厌人食，凡此皆随人意取舍而已。故赏宋人书意者未必喜爱唐法，犹尚唐法者未必喜爱宋意也。谚云：车多不碍路，艺多不压身。车不多则路不阔，学不广而艺难精，此理之常也。习书不可存门户之见，妄判古人优劣。取人之长可矣。若不恬恬于时俗，不汲汲于名利，静心苦研，乐此不疲，何虑其无进境哉！"其二曰："庸愚须以读书医之，习书应以学问济之。读书志在明理，习字望乎进道，此古人之书所以钟其翰墨性情也。习书不难，难在工夫见乎字外，所谓'书即人也'。若无此识，终难成器。如仅仅视书法为一技之长，谋生之计，则又何必耽耽于此道！故习书视为学则明，视为技则惑，其理足可深味。"

邹龙友是邹士麟次子，幼承庭训，随父兄习字。据其自传《我的书学之路》介绍，他的父亲和哥哥给他设计的书学路子是以帖字为主，碑学为辅，先正楷，次隶书，再行草，后篆魏，所选正楷范本是《九成宫》《多宝塔》，隶书范本是《张迁碑》《史晨碑》，行书范本是《大唐三藏圣教序》，草书范本是《十七帖》及邓石如小篆和圆笔魏碑。诸体的选本作为基本功练习，字由中到大再转小，即由悬腕到悬肘再转到枕腕。父兄要求的既严又紧，选本练习一定达到形神兼备，才可涉猎旁家，计划二十岁前完成这种基本功的训练。为了这个目标，从十岁开始，邹龙友每天用墨皮子泡一大碗墨水，早上用废报纸练习中字，中午在捶衣石上练大字，晚上用元书纸练习小字，早午各一小时，晚上时间不限，这是因为晚上父兄有空闲。每到晚上，他跪在炕前方凳上，趴在三抽桌前，父兄口叼着烟斗，一边一个监督，看他精力专不专，运笔对不对，间架好不好，稍一走神，轻则挨训斥，重则挨烟袋锅子敲，真是战战兢兢，如履薄冰。有一次，他在临《张迁碑》上长横时，竟把《汉部阳令曹全碑》的长横上凸的隶意掺了进去，父兄大怒，立逼纠正。他一连三次没有改好，气得哥哥把笔夺去折断，并罚他"学习不好，不准睡觉"。他边哭边练，直到深夜，气得他用裁纸刀将父母的柏木三抽桌沿削去一片，当然，又是招来一顿训斥，而且丝毫没有动摇父兄逼他成才的决心。从此以后，邹龙友更加小心努力，自励自惕，终于完成了由"逼迫"到"自愿"的书学过程，心无旁骛，书法艺术境界大进，原先所选范本临摹的有模有样，并且开始自选唐代钟绍京的《灵飞经》等名帖。该帖字体工秀而媚润，法度森严而灵活，对习小楷极为有用。人们说他的楷书工秀圆润，实得益于临摹此帖。到二十岁时，他的书法功底日渐厚实，常常为人撰写喜联、春联，并且随父亲到镇上干一些填写文书契约之类的活儿，终于过了家教这一关。

抗日战争全面爆发前夕，国民党山东政府在济南公开招聘一批"录事"，就是公函文件一类的缮写员。邹龙友到济南应考，试卷很简单，就是在直径约一寸的圆圈内抄写一段文字，看谁写的字多、字好，他以高粱米大小的百余字在百余名考生中名列前二十名录取，结果分配回高密，成为旧政府的一名专职写字员。

二十世纪六七十年代，是邹龙友书法事业最火红的时期。那时，他的字遍布了高密全县的每个角落，技巧日臻娴熟，渐渐形成了自己的独特风格，全县几乎出现了"无字不邹"的局面，字体被崇拜者称为"邹体"，时人也以得"邹体"一字为荣。"邹体"书法特点为：一是简约，无论运笔还是笔画，都力求行笔流畅，尽量发挥书法的实用功能；二是结构清疏简放，劲气内敛，工秀圆润，骨肉均匀，通俗而不媚俗；三是耐看，摒弃怪奇，雅俗共赏。二十世纪六十年代初，前来高密参加"四清"工作组的著名作家、《铁道游击队》作者刘知侠看了邹龙友的字，对邹龙友说："老邹，你的字能使人读出'乐'字来。"邹龙友问："此话怎讲？"刘知侠说："你的字不剑拔弩张，不让人愁眉苦脸，十分受看。"二十世纪八十年代，曾任高密市文化局正、副局长的刘福海、魏修良分别写过《高密三邹》《邹氏父子》，予以介绍宣传。邹长春提及父亲时，曾讲过他的一些故事：新中国成立十周年，昌潍地区举办农业展览，各县书画人士齐调潍坊，共襄此事。展厅门前搭一松棚，上悬一木匾，红漆底，十米长，距地面五米高，拟签题展览名称。每字径约八十厘米，一时无人敢登梯书写，他的父亲毛遂自荐，用目一量，步其长短，即登梯用楷体书之，一气呵成。大小距离，皆符合要求规格，领导满意，众皆叹服，一时传为美谈。二十世纪六十年代初，平度县（今山东省平度市）县委筹建烈士陵园，邀请他的父亲去书写纪念堂烈士谱。时值夏日，他的父亲头戴草帽，脚登芒鞋，身穿旧式短衣短裤，搭乘来迎接的红旗轿车前往，观者无不惊异。因为那时轿车极少，能坐这种车的，还不知是哪一级大人物呢。车抵平度县城，他的父亲下车在一小摊买了一盒"一毛找"烟（"勤俭"牌香烟，九分钱一包，故人称"一毛找"）。坐高级车，穿百姓服，吸"勤俭"烟，亦无怪乎人们惊骇了。他的父亲坦然处之，殊不觉其寒卑。在平度历时一月有余，圆满完成工作任务。临行时，他的父亲执意要算饭钱，对方说啥也不收，至今平度人仍传其事，称其人品。"文化大革命"期间，高密人陈维龙时任五莲县武装部部长，县"革委会"托其以乡谊之情，邀请他的父亲去写县牌及墙标。他的父亲乘客车前往。一下车，众人见其一村夫，多不信其能善书。当他挥毫落笔，满座皆惊，一时大名响遍五莲。三天后，事毕作别，五莲馈赠颇丰，他一概不受，仅要了两双五莲人用碎布条编织的登山芒鞋，欢然搭车而归。

邹长春，邹龙友之长子，号惜阴室主，"高密三邹"之一，人称"中邹"，曾任高密市文化馆副馆长、文联副主席，擅长文史研究，工诗词，著有《〈三李诗钞〉析注》《惜阴诗存》《惜阴室随录》。他幼随伯父邹金坡习书，楷书从唐入手，以欧、柳、颜为主，兼习魏碑，行草宗二王、孙过庭，兼涉明人法，隶书学汉碑，参以邓石如、赵之谦、伊秉绶等，能传家法，尤擅长榜书。

邹长忠（1945—2019年），邹龙友之次子，密水街道南关社区人，金亿公司退休职工。受家风影响，他自幼习练书法，博众家之长，形成自身风格。自1997年始，义务为四邻的孩子辅导书法，迄今为止已有百余名孩子在他的指导下学习书法艺术。其事迹被《今日高密》（2010年）报道。2021年10月被高密市委、市政府授予高密市十佳"五老"志愿者，2010年1月被潍坊市关心下一代工作委员会授予潍坊市关心下一代"三项活动"亲情教育十佳"五老"志愿者。

邹治方，邹龙友之孙，邹长春之子，字子正，别署静远轩，"高密三邹"之一，人称"小邹"，曾任高密市文化局副局长、文化馆馆长、艺术剧院院长、市非物质文化遗产保护中心主任，现任高密市社科联副主席。邹治方书法遒劲有力，波澜老成，气象正大。他家学渊源，五岁随父、祖习书，楷书学欧阳询、颜真卿，小楷习钟繇、唐人写经、赵孟頫，行草宗二王、赵、董，隶书学汉碑，得益于《张迁碑》，兼及何绍基，篆书主攻商周金文及汉金文。工篆刻，初学秦汉玺印，兼及吴昌硕、乔大壮、蒋维崧、黄士陵。曾随张册先生习画，随蔡厚庵先生学文史，曾亲聆过蒋维崧、魏启后、张朋、单应桂、蔡省庐、王梦凡等诸先生的教诲和指点，获益良多。邹治方曾经获得高密市凤城文化英才、优秀文化人才、专业技术拔尖人才、潍坊市优秀宣传干部、全省文化系统先进工作者、齐鲁书香之家、全国篆刻艺术展铜奖。曾任高密市书画协会副主席，高密市第十、十一、十二、十三届政协委员，中国共产党潍坊市第十一、十二届党代表。

邹磊,邹龙友之孙,邹长忠之子,高密市退役军人事务局党组成员,服务中心主任。幼承祖训,习临欧颜,尤喜汉隶。自署斋号抱冰堂,至今学书不辍,渐有自家风骨。

邹治国(1972—1995年),邹长春次子。自幼随父习书,自唐楷入手,行草宗二王,兼习魏碑,篆隶,自定日课,临习不懈,时蔡厚庵、张册二先生见其书,称赞有加,有胜其兄治方之誉,惜英年早逝。其兄治方得存其书迹多件,笔力和功力可见一斑。

齐家原应毕生修

人生天地间,如何齐家,如何修身,如何处世,每个家庭,每个人都有不同的选择。邹氏一家给出了自己的答案,就在邹长春所著《惜阴诗存》和《惜阴室随录》里。

积善行德。邹长春《处世》诗中有句"用善不求赏,争复愧前贤"。有下岗的青年工人想拜师学字,他义务授徒,不求报酬。有朋友知道这件事,赋诗赞美。他《答友人课徒不索酬》诗中有句:"老有奉养乐有闲,寻常百姓下岗难。儿时亦受众扶持,余生无颜要人钱。"邹氏祖孙三代坚持义务为群众撰写春联、喜联,从不索酬,常年参加"送文化下乡"活动,足迹遍及城乡,深受群众好评。

淡泊名利。邹长春说,他的伯父邹金坡,平生素赏清代高密布衣书法家单为濂"输君学富成名易,愧我家贫卖字难"操守,固其遗墨甚少见。新中国成立后邹金坡参加首届昌潍地区书展,其得奖作品为人截留,得以传世,此外,所传不多。他的父亲邹龙友虽然写得一手好字,但是从来不拿它谋取名和利,也不允许别人靠他的字牟利。老家东崖有一姓张的人家,据说与他家是远亲,家亦贫困,称他的父亲为表叔,每年他的父亲都为其写许多春联,有时且留吃饭。有一年底,张某来他家拿春联,复求其父亲为他的邻友再写副门对,其父亲欣然应允,立即挥笔。后闻张某向其邻人索酒两瓶,心里特别瞧不起他,发誓不再为其书写。张某知道错了,登门道歉,他的父亲虽然原谅了他,而私下终不能释然。他父亲八十一岁那年,中国老年书画家协会寄函约请其参加。当时他身患疾病,已不能作书,于是示意邹长春写信谢绝并退回原件。邹长春也秉承庭训,淡泊明志,不以字谋私利,其诗《自述二首》中有句"名利不与世间争,蔬藿甘淡四时同";《自嘲》中有句"唯有一点可自怜,名利不向身外收";《戏占》中有句"不爱浮财身自闲,两袖清风日安然"。邹长春善榜书,所写大字遍及城乡,但他落款不署名字,甘做无名英雄。有朋友写诗问所以,他赋诗《答问余榜书不署姓氏》,中有句"书罢从来不记名,才薄难增翰墨颜""辛苦涂鸦五十载,平生最忌门户猜"。他对"逐向丹墀论品味,不重才用只重人"的书坛怪象深恶痛绝。邹长春曾说过,人到无求品自高,山不争高自成峰。只有在工作生活中正确看待功名利禄等身外之物,坚守初心,涵养定力,以淡泊之心对待名,以知足之心对待利,以敬畏之心对待权,才能永葆赤子之心,实现人生价值,获得更高成就。

知恩图报。"感谢国家,忠于国家,勤于职守,谨守俸禄,不敢忘义"是邹家家训内容之一。邹长春在《辛巳重赋》中有句"举杯应知家计足,放怀更觉国恩宽""平生不忘人间粟,自有灵台对苍天";在《辛巳除夕》中有句"小诗飞报通明殿,食禄莫忘人间恩";在《暮壮二首》中有句"既将余身许报国,秋风敢向两鬓吹"。常言道:"滴水之恩,当涌泉相报。"邹长春说:对于别人的帮助,要铭记于心;对于别人的扶持,要学会感恩。邹长春在其《惜阴室随录》之《祖父轶事》里记载了一个相传几代的报恩故事:本县有一位刘氏,因为不孕不育,被她的丈夫赶出家门,无奈之下,只好在城东门外赁房卖酒,与祖父邹士麟课徒之处不远。祖父日常完课,常常到此独饮,日久渐熟。某日,祖父去还酒债,刘氏问为何多日未来,祖父回答说囊中羞涩。刘氏说:"您是一个讲诚信的人,无须自疚。恕容冒昧,我没有后人,又缺亲少故。现年过五十,早晚会倒在路边沟壑里。我一向无所求,您如不嫌弃,等我死后,若逢年过节到我坟上压个坟头顶,烧个纸钱,祭奠祭奠,不教苦命人做个游魂野鬼,我就感恩戴德了。区区几个酒钱算什么!望君不以唐突见外,尽管来饮就是!"说完泪如雨下。祖父念其至诚,于是答应了她。其后数年,刘氏不仅馈之以酒,且将余资资助祖父。等到刘氏病故,祖父变卖其资产为之营葬,并于年夕别设"刘氏之位"祭之,以感其情。祖父去世前曾将此经历详述于伯父邹金坡，嘱其勿忘。伯父深感刘氏高义，即每年书制"亡义母刘氏之位"祭祀她。等到伯父去世前又嘱于邹长春，邹长春则每年改书"亡义祖母刘氏之位"以祭之，至今依然如故。

勤俭持家。邹长春在《居家寄语》中告诉家人："居家戒奢，唯常是则。炫富夸有，贤者不为。物尽其用，余多反累。一灯便可生明，何须满屋陆离；片镜足以照面，岂用四壁闪缀。华居未必是福，俭朴实是良德。腹有诗书，奚能谓贫？胸无点漆，云何言贵！多读经用之书，少置无需之器。心存温柔敦厚，行念礼义廉耻。温饱自得，怡然度岁。孟子曰：'居移气，养移体。'居家理家，斯言可味。"

与人友善。邹龙友在其《我的书学之路》中有句："我平生最喜与人友善，有求必应，不求闻达，随和处世。"邹长春说，他的父亲邹龙友别具一格的"邹体"风靡一时，常为人所效。曾有一人仿冒"邹体"售卖春联，邹龙友找到仿冒之人，当面揭穿他的谎言，作伪者无地自容，哀求老先生高抬贵手。不料邹龙友只是宽厚地说道："你要真是为生计所迫，仿就仿吧，但是不能拿我的名气牟利。"他并没有过分为难仿冒者，仿冒者十分感激邹龙友的大度和宽容。邹长春秉持"己所不欲，勿施于人"的古训，待人处事，常求无愧于心。他有一首《休猫赋（寄孙女）》，写来饶有趣味。他近七十岁那年，孙女刚上高一，学业重了，但是仍对宠物花猫"硕硕"爱不释手。花猫恃宠而骄，毁坏财物，噪音扰民。邹长春心里不安，于是作赋劝诫，其中有句："人生读书兮贵明道，应弃私爱乎为善举；己所不欲兮勿施于人，舍己为人乎亦何委屈？猫固妩媚兮诚可怜，惜汝溺畜乎乏驯理；应以人和兮为贵，莫以己意乎为旨；凡事须权衡兮利害，而任性乎则少人喜。当以学业为重，勿以玩物迷途；愿忍痛兮割爱，悯余之用心良苦。"孙女捧赋焕然而笑，把花猫送人，安心学习，终有所成。

潇洒豁达。邹龙友和他的子孙们潇洒闲逸，心态平和，豁达偶傥，与时谐和。工作之余，书法之外，或唱戏曲，或诗酒唱酬，与世无竞，其乐融融。邹龙友一生除写字外，尚酷嗜京剧，尤工小嗓，甜润流畅，即使行家也每每赞许。新中国成立初期，工商界组建"铜锣会"（如今为"京剧票友社"），每逢活动，他的父亲必先到达，摆座烧水，招呼同仁。抗美援朝时，曾粉墨登场，参加义演，与当时名生崔占育合演《武家坡》，唱作俱佳，深受欢迎。此好至老不衰，晚年每有"消夏晚会"等户外演出，无不踊跃参加，故时有"书痴""戏迷"之称。邹长春年轻时候酒量较好，每当酒酣耳热，也会亮亮嗓子，来个京剧小段，常常赢得阵阵喝彩。偶尔饮酒过量，酒后往往写诗自嘲，晚年对于诗与酒更是有独到的理解，曾云：对中国古代的文人来说，诗与酒是缺一不可的，有酒必有诗，无酒诗不仙。有诗《醉中吟二首》，中有句"口燥索茶饮，无奈难起身。老妻沏龙井，犹道铁观音"；有诗《酒愧二首》，其一云"每因豪饮费精神，语惊四座意自陈。一晌春风解醉后，羞在人前悔在心"；其长诗《醉中吟》更是荡气回肠，令人拍案叫绝，结句"天生我辈作诗客，应为明天唱大风"，潇洒豪迈之情跃然纸上。"小邹"邹治方也如父祖一样，"不为穷达生闲愁"，为人仗义，平易近人，与三五好友小酌，兴致一来，也好击节而歌，人们为之倾倒。他的书斋曰"庸庵"，自称"庸庵主人"。邹治方、任喜叙、单既然、高禅侠、单涛等一批志同道合之人建立一个名为"润物细无声"的小群，谈诗论书，互相唱酬。邹治方曾有句"宝砚磨穿五更月，愧我滥竽一散庸"，虽是自谦之句，也是疏散悠闲心态的写实，真所谓绍祖继武，一门风雅，品重一方。

终向书丛寄余生

邹氏一门秉持诗书传家的古训，励志读书，初心不改，皆为饱学之士。邹龙友一生好学，可惜所留作品不多，传世的文学作品只有自传《我的书学之路》；邹长春酷爱读书作诗，研究学问，其在《自述二首》中有句"虽为家贫学涂鸦，终向书丛寄余生"；《浮生二首》中有句"莫道良田可负郭，一床诗书也风流"，即是他刻苦读书、踏实做学问的真实写照。邹长春所著《〈三李诗钞〉析注》具有极高学术价值，成为研究"三李先生"和"高密诗派"的教科书；所著《惜阴室随录》是一部笔记体考据之作，夹叙夹议，颇有见地，是研究高密文史以及中国儒家文化的重要资料；《惜阴诗存》则是其晚年诗词著作，清新厚重，深得唐诗三昧，具有极高文学价值。晚年，他与高密西乡王洪修书信往来颇多，探究诗词和文史，王洪修所著《乡村九月》中附录不少邹长春诗词、书信，计有诗十六首、书信五封，王洪修和诗十六首、回信札六封。邹长春还为《乡村九月》撰写序言，两位耄耋之年的老人埋头学问，皓首论艺，堪为高密学界师表，成就一段乡贤佳话。邹长春《惜阴室随录》所载《书窗赘语》一节，颇有古人风致，可以作为邹氏一门励学的最好注脚，现摘录如下：

己丑年秋，新置两个书橱，余特撰小文并书其门扇，以寓心迹。

（一）

惜阴轩，斗室也，曰轩者，附庸也。主人者，寒士也。生来命蹇运舛，到老一事无成。读书志未高远，遗恨长萦于胸。叹往昔之已逝，望来日有所逢。幸遇赋闲之岁，身健家齐世平。落霞已知向晚，伏枥犹思一鸣。朝闻夕死，圣训难致；开卷有益，古语可从。结诗书为师友，谢应酬于门庭。心无旁骛，寸阴是竞。揽古今之胜概，感岁月之多情。每得片羽，辄存帙中，一身通泰，四时无穷。自谓惜阴即福，其乐融融，此斗室所以颜之"惜阴轩"，主人所以号之"惜阴室主"者也。

（二）

《朱子治家格言》曰："子孙虽愚，经书不可不读。"书如良药美食，足可疗饥医愚，故为人不可不读书也。人非生而知之，舍书无由进步。读书在勤，勤能补拙，懒则无知。读书须静，静能生明，躁则难悟。读书务精，精能达识，贪则无益。读书应恒，恒能久得，浮则自误。读书贵用，用能济人，玩则欺世。学无止境，固不可已矣。惜余少年家贫，壮岁艰难生计，既穷可登之梯，每恨自堕其志。读书无成，空言其趣，回首思之，曷胜叹息！兹将惨痛教训，留于后人长记。

（三）

天长地久，人事瞬变。江山终古多娇，光阴一去不返，青春壮岁公务，夕照白发晚年。回头细检往迹，俯仰无愧于天。于是，读书于西斋，种菜于东园。时赋诗以自娱，辄挥毫而适闲。抚修竹以啸傲，临小池而流连。亲朋好友，鲁酒可醉；雅士骚客，齐歌尽欢。识圣贤之寂寞，感明时之夷安。尚千秋之道义，视穷达如云烟。纵情不逾规矩，处事慎独己先。养浩然之气，破修短之关。悠哉卒岁，顺其自然。老得此兴，夫复何憾！

（四）

　　夫若白雪之来欺，青云之失路。矜功名于昔时，悔得失于此际。植树与人成荫，纳凉于我无益。车马声绝自门，日月光临他户，如此凄惶晚景，云何世间恩义？无奈常怀幽愤之心，时发不平之气。花木少美艳之色，山川失锦绣之姿。世无可近之人，目无可读之书。恨东篱之菊未栽，怒北山移文先至。斥五经之荒谬，毁百家之不齐。怨天尤人，患得患失；长吁短叹，自暴自弃。乃至席难安枕，味无可食，借酒浇愁，愤懑无期。阅世如此，真可谓至死不悟也，又争识赋闲之岁月哉！

　　邹治方好学不倦，于书法之外，精篆刻，擅绘事，长于书画鉴赏，熟悉地方文化名人掌故，于戏曲、文史、民艺民俗多有涉猎，著有《邹治方书画篆刻集》。

跋

语云:"一勤天下无难事",真笃论也。夫勤有"四德":曰劳、曰苦、曰志、曰成,即常言"勤能补拙""勤学苦练""勤而无怨"和"业精于勤"之谓。举世凡学有建树者,无不具此"四德"。邑人槐常辉君,即其个中人也。

素闻槐君好学,自谓喜爱文史、诗词,尤致力于地方文献之挖掘整理,故其于乡贤之诗文无不留意,广泛搜集,到处拾遗。及囊丰箧满,辄结集成书,数年间竟出版若干种,其用力之勤,固可知矣!

槐君虽无高深学历,竟以多人望之却步之古文史为其学业依归,且视畏途为赏心乐事,临危不惧,迎难而上,良复不易。事唯不易,行故可贵。其决难之心,昭然若揭,则其用力之勤,愈可知矣!

槐君日常有岗有业,有职有责。故其名山之业,只能于业余。事功可竟于业余,而其学境绝不停乎业余,非深谙"学不可以已"之道者,不能有此怀抱。盖为学志存高远,必造成才之路,理固其然也。然其用力之勤,愈加可知矣!

目前,槐君又携其新作见余,并要余作跋,余欣然诺之。及阅后,颇觉是书结构宏伟,自辟町畦,内容富赡,资料翔实,较之早时经营,更多创貌。余有感于"天道酬勤",为之是跋。

邹长春
时年八十有二
2022 年 2 月

参考文献

[1] 陈子恒.二十五史[M].长春:吉林摄影出版社,2002.

[2] 王思平.晏子春秋(全文注释本)[M].北京:华夏出版社,2002.

[3] 耿天勤.郑玄志[M].济南:山东人民出版社,2003.

[4] (宋)司马光.资治通鉴[M].长沙:岳麓书社,1990.

[5] (清)毕沅.续资治通鉴[M].长沙:岳麓书社,1992.

[6] 王钟翰点校.清史列传[M].北京:中华书局,1987.

[7] 中国第一历史档案馆.乾隆朝上谕档[M].北京:档案出版社,1991.

[8] 徐柯.清稗类钞[M].上海:中华书局,1984.

[9] 李金科.高密历史人物传略[M].北京:中国文史出版社,2016.

[10] 姜祖幼.高密史话[M].北京:人民日报出版社,2011.

[11] (清)窦光鼐.单烺墓志铭[Z]//槐常辉.高密历代文史集萃.青岛:青岛出版社.2019.

[12] (清)单可基.在庵笔闻[M]//山东文献集成编纂委员会.山东文献集成.济南:山东大学出版社,2010.

[13] (清)单襄棨.梦筑堂诗初集[M]//山东文献集成编纂委员会.山东文献集成.济南:山东大学出版社,2010.

[14] (清)王宁焯.直庵诗稿[M]//山东文献集成编纂委员会.山东文献集成.济南:山东大学出版社,2010.

[15]（清）单烺．大昆嵛山人稿［M］//山东文献集成编纂委员会．山东文献集成．济南：山东大学出版社，2010.

[16]（清）单烺．大昆嵛山人稿别集［M］//山东文献集成编纂委员会．山东文献集成．济南：山东大学出版社，2010.

[17]（清）单可基．竹石居稿［M］//山东文献集成编纂委员会．山东文献集成．济南：山东大学出版社，2010.

[18]（清）刘延圻．东武刘氏诗萃［M］//山东文献集成编纂委员会．山东文献集成．济南：山东大学出版社，2010.

[19]（清）单可垂．课心斋稿［M］//山东文献集成编纂委员会．山东文献集成．济南：山东大学出版社，2010.

[20]（清）王功后．岑溪令逸事［Z］//李丹平．高密诗派研究．济南：山东画报出版社，2011.

[21] 王戎笙．清代全史［M］．沈阳：辽宁人民出版社，1995.

[22] 王钟翰．清史新考［M］．沈阳：辽宁大学出版社，1997.

[23] 张其凤．刘墉（史实卷）［M］．北京：人民日报出版社，2004.

[24] 王宪明．清爱堂逸闻［M］．杭州：西泠印社出版社，2007.

[25] 赵辉．刘墉［M］．北京：中国文史出版社，2006.

[26] 单应桂．容园绘事（上下）：单应桂谈画［M］．青岛：青岛出版社，2010.

[27] 王洪修．乡村九月［M］．兰州：甘肃人民出版社，2018.

[28]（清）孙凤云．孙凤云集［M］．南京：凤凰出版社，2019.

[29] 邹长春．惜阴室随录［M］．烟台：黄海数字出版社，2017.

[30] 王炜辰．诸城县乡土志［M］．石印本．1920.

[31] 余有林，等．高密县志［M］．1935续修．

[32] 姜祖幼．明清进士传略．高密文史资料选辑（第十五辑）［M］．2000.

[33] 李锡符，等．高密李氏家谱［M］．石印本．1871（清同治十年）．

[34] 王赞唐，等．高密（周阳）王氏族谱［M］．续修本．1890（光绪十六年）．

[35] 仪策献,等.高密仪氏族谱[M].1931.

[36] 单嵩龄,等.高密单氏家乘[M].续修本.1910(清宣统二年).

[37] 高密傅氏族谱[M].石印本.1917.

[38] 綦衍明,等修.高密綦氏族谱[M].续修本.1927.

[39] (清)李诒经.卓庵吟草[M].格庐刻本.1820(清嘉庆二十五年).

[40] (清)任士鐏等.高密任氏族谱[M].清乾隆版.

[41] (清)袁枚.巡视台湾监察御史李公元直墓志铭[Z]// 袁枚.小仓山房文集:卷二十五[M].随园刻本.

[42] (清)单步青.高密单氏诗文汇存五十七种八十四卷[M].石印本.1927.

[43] (清)单紫浩.高密单氏实绩[M].清同治间稿本.

[44] (清)张鹏展辑.国朝山左诗续钞[M].四照楼刻本.1813(清嘉庆十八年).

[45] (清)秦瀛.小岘山人诗文集[Z].清嘉庆刊本.

[46] (清)韩梦周.理堂文集[M].静恒书屋刻本.1823(清道光三年).

[47] (清)王芑孙.惕甫未定稿(卷二十五)[Z].刻本.1804(清嘉庆九年).

[48] (清)王赓言纂.东武诗存[M].1820(清嘉庆二十五年).

[49] 高密王氏(柏城)族谱.

[50] 高密王氏(城律)族谱.

[51] 高密张氏(松园)族谱.

[52] (清)高密张氏(河湾)族谱[M].刊本.1796(清嘉庆元年).

[53] 高密高氏(小王庄)族谱.

[54] 任怀信,任树恭.梁尹任氏始祖福公家世暨梁溪文化探源研讨文集.2018.

[55] 任怀信.等.高密梁尹任氏世业(续修).2014.

[56] 刘景文.伴松居诗草(未刊本).

[57] 刘镜如．学海一蠡（修订本）（未刊本）．2012.

[58] 刘镜如．雪松诗词稿（未刊本）．2015.

[59] 邹长春．惜阴诗存（未刊本）．2000.

[60] 中国人民政治协商会议山东省高密市委员会文史资料委员会．高密文史选粹（内部资料）．2002.

后 记

《密水家风——高密历代名人家风集萃》终于出版了。这本书从写作到面世，历经三年，期间甘苦，不需赘言。倘若能够通过此书，把高密历代先贤家族中的优良家风挖掘呈现出来，对当下社会的不良风气有所警诫，对当今文明新风有所促进，对社会进步有所助推，我们就会心满意足，神清气爽，至于功名利禄，置之度外可也。

高密有丰富的历史文化资源。历朝历代，也出现了各有千秋的世家大族和历史文化名人。由于年代久远，遗世历史文化资料有限，加上篇幅和文化水平所限，仅仅选取了五十个家族的家风故事。这些家风故事的一个共同特点，就是上可以追溯其父祖，下可以涉及其儿孙甚至其曾孙、玄孙，乃至更远，这样能够形成一个完整的家风链条，让人知其家风由来及其后人传承沿袭状况。再就是，这些家族具有相对明确的家风体系，既包括通过诗词、楹联、家书、箴言、格句、著作体现出来的家训、庭训、祖训等，也有祖孙几代践行流传情况，保证做到家风故事丰满充实。为保证材料充实和真实可靠，笔者查阅了大量的历史资料，包括《二十五史》《资治通鉴》《续资治通鉴》《山东文献集成》《清代诗文集汇编》、历代《高密县志》，等等，几乎查阅了本书所有涉及家族的族谱家谱和私人收藏材料，取得了第一手资料。在本书的撰写过程中，高密市文联副主席李金科提供了大量历史资料，高密收藏家孙涛提供了许多收藏的诗文书籍、书画作品，在此深表感谢。为了保持作品的真实性、权威性，笔者征求了许多专家老师和当世家族传承人的意见和建议。特别是当今著名画家单应桂教授，在撰写《门风长肃穆　家国满情怀——单庭兰的家风》一文时，我们征求了她的意见。她对清末解元、爷爷单庭兰的教诲记忆犹新，许多地方加以改动，对自己的著作生涯也作了补充，我们从中受益很大。在撰写"邹体"创始人邹龙友的家风时，根据邹长春的《惜阴室随录》《惜阴诗存》，我们做了整理，并征求了邹治方的意见，邹治方提供了许多家族资料，我们更加信心满满。

本书前二十五篇由代金喜撰写，后二十九篇由槐常辉撰写，全书由槐常辉通稿。

孙敬明先生亲自为本书撰写了序，邹长春先生亲自撰写了跋，对两位先生的辛苦付出表示诚挚的感谢。

在本书编辑出版过程中，中共高密市纪委书记、市监委主任张维兵给予了极大肯定，市纪委副书记、市监委副主任滕坤星，市纪委常委、市监委委员王鹏飞，柴沟镇注沟社区党委书记李延宗等给予了大力支持，这里一并表示感谢。

著　者

2022 年 1 月